2021
中国家具年鉴

CHINA
FURNITURE YEARBOOK

中国家具协会 编

中国林业出版社

中国家具协会 CHINA NATIONAL FURNITURE ASSOCIATION

地址：北京市西城区车公庄大街 9 号院五栋大楼 A 栋 2 单元 15 层
Add：Floor 15，Unit 2，Building A，No.9，Chegongzhuang Avenue，
Xicheng District，Beijing
电话 Tel：010-87732311/87766795
邮箱 E-mail：xinxi@cnfa.com.cn
官网 Official Website：https://www.cnfa.com.cn

中国家具协会
微信公众号

审图号：GS（2021）4768 号

图书在版编目（CIP）数据

2021 中国家具年鉴 / 中国家具协会编 . -- 北京：中国林业出版社，2021.8

ISBN 978-7-5219-1246-3

Ⅰ . ① 2… Ⅱ . ①中… Ⅲ . ①家具工业 – 中国 – 2021 – 年鉴 Ⅳ . ① F426.88

中国版本图书馆 CIP 数据核字（2021）第 129610 号

策划编辑：杜娟		**责任编辑**：杜娟　陈惠	
电　　话：（010）83143553		传　　真：（010）83143516	

出版发行　中国林业出版社（100009　北京市西城区刘海胡同 7 号）
印　　刷　河北京平诚乾印刷有限公司
版　　次　2021 年 8 月第 1 版
印　　次　2021 年 8 月第 1 次印刷
开　　本　787mm×1092mm 1/16
印　　张　21.75
字　　数　650 千字
定　　价　230.00 元

未经许可，不得以任何方式复制或抄袭本书之部分或全部内容。

版权所有　侵权必究

2021 中国家具年鉴

编委会

主　　任：徐祥楠

副 主 任：张冰冰　屠　祺

主　　编：屠　祺

副 主 编：张　婷

委　　员（按姓氏拼音排序）：

　　　　　曹选利　曹泽云　陈豫黔　池秋燕　丁　勇
　　　　　高　伟　高秀芝　古皓东　何法涧　侯克鹏
　　　　　胡盘根　靳喜凤　居朝军　李安治　李凤婕
　　　　　梁纳新　刘　伟　倪良正　牛广霞　任义仁
　　　　　沈洁梅　唐吉玉　王　克　王学茂　吴国栋
　　　　　席　辉　谢文桥　解悠悠　张　萍　赵立君
　　　　　赵　云　祖树武

编　　辑：郝媛媛　孙　浩　林为梁　戴志鹏　潘晓霞
　　　　　王　蕃

目 录

01 专题报道
Special Report

抗击疫情，家具行业在行动	**013**
中国家具协会第七次会员代表大会在西安盛大召开	**017**
中国家具协会理事长徐祥楠在中国家具协会第七次会员代表大会上的工作报告	**020**
"环球并蓄·与时偕行"——中国家具行业发展论坛在西安召开	**026**
全球家具行业发展展望	**029**

02 政策标准
Policy Standard

2020年政策解读	**040**
2020年全国家具标准化工作概述	**047**
2020年标准批准发布汇总	**054**

03 年度资讯
Annual Information

中国家具协会及家具行业2020年度纪事	**058**
2020年国内外行业新闻	**070**

CONTENTS

04 数据统计
Statistical Data

全国数据 — 090

2020 年全国家具行业规模以上企业营业收入表 — 090

2020 年全国家具行业规模以上企业利润表 — 090

2020 年全国家具行业规模以上企业出口交货值表 — 090

2020 年全国家具行业规模以上企业主要家具产品产量表 — 091

2020 年全国家具及子行业进出口情况表 — 091

2018—2020 年全国家具及子行业规模以上企业数情况表 — 091

地方数据 — 092

2020 年家具行业规模以上企业分地区家具产量表 — 092

2020 年全国家具行业规模以上企业分地区家具出口交货值统计表 — 093

05 行业分析
Industry Analysis

2020 年中国家具行业出口贸易与经营发展的特征分析 — 096

双循环经济下家具企业做强之路——"智能制造一体化" — 103

我国家具行业市场营销现状及未来趋势 — 106

06 地方产业
Local Industry

北京市	**112**
上海市	**116**
天津市	**120**
重庆市	**123**
河北省	**126**
山西省	**131**
内蒙古自治区	**133**
辽宁省	**135**
哈尔滨市	**140**
江苏省	**142**
浙江省	**146**
福建省	**154**
江西省	**159**
山东省	**162**
河南省	**167**
湖北省	**169**
武汉市	**170**
湖南省	**172**
广东省	**175**
广州市	**180**
四川省	**183**
成都市	**186**
贵州省	**191**
陕西省	**193**
西安市	**195**
甘肃省	**197**

07 产业集群
Industry Cluster

中国家具产业集群分布图	**202**
中国家具产业集群分布汇总表	**203**
中国家具产业集群——传统家具产区	**204**
中国红木家具生产专业镇——大涌	**206**
中国苏作红木家具名镇——海虞	**210**
中国红木（雕刻）家具之都——东阳	**213**
中国京作古典家具产业基地、中国京作古典家具发祥地——涞水	**216**
中国广作红木特色小镇——石碁	**218**
中国家具产业集群——木质家具产区	**220**
中国实木家具之乡——宁津	**222**
中国欧式古典家具生产基地——玉环	**225**
中国板式家具产业基地——崇州	**229**
中国中部家具产业基地——南康	**233**
中国弯曲胶合板（弯板）之都——容县	**236**
中国香杉家居板材之乡——融水	**239**
中国家具产业集群——办公家具产区	**242**
中国办公家具产业基地——杭州	**244**
中国办公家具重镇——东升	**246**
中国家具产业集群——商贸基地	**248**
中国家居商贸与创新之都——乐从	**250**
中国北方家具商贸之都——香河	**253**
中国家具展览贸易之都——厚街	**255**
中国家具产业集群——出口基地	**258**
中国椅业之乡——安吉	**260**
中国家具出口第一镇——大岭山	**263**

中国出口沙发产业基地——海宁	268
中国家具产业集群——新兴家具产业园区	**270**
中国华中家具产业园——潜江	272
中国东部家具产业基地——海安	273
中国长江经济带（湖北）家居产业园——监利	277
中国中部（清丰）家具产业园——清丰	278
中国（信阳）新兴家居产业基地——信阳	280
中国兰考品牌家居产业基地——兰考	283
中国家具产业集群——综合产区	**286**
中国家具设计与制造重镇、中国家具材料之都——龙江	288
中国特色定制家具产业基地——胜芳	290
中国金属家具产业基地——樟树	294
中国软体家具产业基地——周村	297

08 行业展会
Industry Exhibition

2020 年国内家具及原辅材料设备展会一览表	**302**
第 26 届中国国际家具展 & 摩登上海时尚家居展	**306**
第 45 届中国（广州）国际家具博览会	**312**
2020 中国沈阳国际家博会	**318**

09 行业大赛
Industry Competition

2020 年全国行业职业技能竞赛 ——第四届全国家具职业技能竞赛总决赛成功举办	**324**
2020 年全国行业职业技能竞赛 ——第四届全国家具职业技能竞赛总决赛获奖名单	**332**
2020 年全国行业职业技能竞赛 ——第四届全国家具职业技能竞赛总决赛作品展示	**337**

专题报道
Special Report

—01—

编者按：2020 年，新冠肺炎疫情发生后，中国家具协会坚决贯彻落实党中央、国务院关于疫情防控的重要决策部署，积极参与抗击疫情工作。协会联合各省市家具协会主动发出参与抗击疫情的倡议；广大家具企业勇担社会责任，第一时间向武汉等地捐款捐物，为疫情防控做出了重要贡献。2020 年 10 月 19 日上午，中国家具协会第七次会员代表大会在古都西安举行。大会选举徐祥楠为中国家具协会第七届理事会理事长，张冰冰为副理事长，屠祺为副理事长兼秘书长，选举产生中国家具协会第七届理事会。19 日下午，"环球并蓄·与时偕行"中国家具行业发展论坛同期举办，大会取得圆满成功。

徐祥楠
世界家具联合会主席
亚洲家具联合会会长
中国家具协会理事长

全球家具行业抗击疫情倡议

全球家具行业抗击疫情倡议

自新冠肺炎疫情暴发以来,世界经济受到冲击,全球家具制造业面临巨大挑战。为了保护行业利益,抵御风险,提振经济,增进世界人民健康与福祉,我们倡议:

一、坚定行业发展信念。妥善应对疫情给各国家具行业带来的短期挑战,稳定行业增长预期,促进未来繁荣。

二、提高产业链凝聚力。充分理解部分家具产业链遭遇的困难,上下游产业积极合作,共渡难关。

三、准备企业应急方案。合理预测疫情影响,加强经营活动韧性,完善远程办公、健康管理等制度。

四、开展人员防疫工作。遵从科学指导,积极采取行动,阻断疫情扩散,包括室内环境消毒清洁,室外提倡自我保护,以及防范相邻社区传播。

五、管控活动潜在风险。考虑全球疫情扩散形势,会议、展会等活动适当调整日期安排,避免危险时期组织人群聚集。

希望全球家具同仁团结一心,共同战胜疫情,迎接美好明天。

2020年3月4日
中国 北京

  新冠肺炎疫情发生以来，党中央高度重视，中共中央政治局多次召开会议，研究部署疫情防控工作。习近平总书记发表重要讲话，强调做好疫情防控工作，直接关系人民生命安全和身体健康，直接关系经济社会大局稳定，也事关我国对外开放。我们要按照坚定信心、同舟共济、科学防治、精准施策的要求，切实做好工作，同时间赛跑、与病魔较量，坚决遏制疫情蔓延势头，坚决打赢疫情防控阻击战。

  中国家具协会坚决贯彻落实习近平总书记重要讲话精神和党中央、国务院关于疫情防控的重要决策部署，积极参与抗击疫情工作，与全行业共渡难关。中国家具协会联合各省市家具协会主动发出参与抗击疫情的倡议，凝聚了万众一心的行业力量，展现了无私奉献的行业精神。广大家具企业勇担社会责任，众多家具行业企业及相关单位伸出援手，尽最大力量支援疫情防控工作。他们集结物资，第一时间驰援医院建设；他们捐赠善款，支持各方有效防控疫情；他们向经销商等群体推出免租、让利等帮扶措施，为疫情防控做出了重要贡献，为行业发展提振信心。

  中国家具协会将部分企业奉献爱心的信息加以汇总，旨在报道企业回馈社会、回馈行业的善举，宣传和弘扬家具行业正能量，让更多人了解家具行业为防控疫情工作所做的努力。

全国家具行业新冠肺炎疫情捐赠光荣榜

福乐家具有限公司	♥ 捐赠 300 套医疗床具,价值 80.9 万元
武汉金马凯旋家居有限公司	♥ 捐赠 200 余万元,消毒液等防疫物资
喜临门家具股份有限公司	♥ 捐赠床垫 1450 张、枕头 550 个,承担加盟商导购员一个月底薪
梦百合家居科技股份有限公司	♥ 捐赠 4790 张零压床垫和 140 个枕头
武汉欧亚达商业控股集团有限公司	♥ 捐赠 200 万元,2000 张床铺物资,推出帮扶措施
北京居然之家投资控股集团有限公司	♥ 捐赠现金 1000 万元和价值 1000 万元的医疗物资,推出融资等帮扶措施
慕思健康睡眠股份有限公司	♥ 捐赠 300 万元和 100 万个一次性口罩
深圳市家具行业协会	♥ 捐款 100 万元
海太欧林集团有限公司	♥ 捐款 10 万元
圣奥集团有限公司	♥ 捐赠 1000 万元及各类医护物资
顾家家居股份有限公司	♥ 捐赠 200 万元、100 万双专业医护手套,承担全国经销商全年干线物流费用
全友家私有限公司	♥ 捐赠 200 万元及口罩等物资
上海博华国际展览有限公司	♥ 员工捐赠善款 88888 元
敏华控股有限公司	♥ 捐赠 500 万元,投入 7 亿元帮扶全国经销商和商场
深圳市左右家私有限公司	♥ 捐赠 100 万元,出厂价直降等支持措施
陕西南洋迪克家具制造有限公司	♥ 捐赠 100 万元,全系产品出厂价补贴 10%
廊坊华日家具股份有限公司	♥ 捐款 50 万元
广州尚品宅配家居股份有限公司	♥ 捐款 200 万元,价值 50 万元空气净化器
江苏斯可馨家具股份有限公司	♥ 捐赠 20 万只口罩,出厂价让利 10% 三个月
成都八益家具股份有限公司	♥ 捐赠医用口罩 1 万个,免除全体商家因疫情延假期间的所有房租费
中山市中泰龙办公用品有限公司	♥ 捐款、让利、员工关爱逾 1000 万元
青岛一木集团有限责任公司	♥ 捐款 30 万元,价值 35000 元帐篷物资
深圳长江家具有限公司	♥ 捐款 10 万元,推出免租措施
大自然科技股份有限公司	♥ 捐赠 1100 套床垫(价值 110 万元),随后又向贵阳医院捐赠 100 套床垫
广东联邦家私集团有限公司	♥ 捐赠 20 万元和消毒液等物资,推出让利措施
江西远洋保险设备实业集团有限公司	♥ 捐款 12 万元
美克投资集团有限公司	♥ 捐款 100 万元
湖南省晚安家居实业有限公司	♥ 捐赠价值 130 万元的酒精、隔离衣、床垫等物资
淄博宝恩家私有限公司	♥ 捐款 10 万元

恒林家居股份有限公司	♥ 捐赠1100把办公椅，200把午休椅，40套沙发
永艺家具股份有限公司	♥ 董事长个人、集团、员工捐款共109.28万元
曲美家居集团股份有限公司	♥ 出厂价补贴等措施
广州市百利文仪实业有限公司	♥ 捐款6万元
台山市伍氏兴隆明式家具艺术有限公司	♥ 捐款11.78万元
广州市番禺永华家具有限公司	♥ 捐赠20万元和防控物资
河北蓝鸟家具股份有限公司	♥ 价值3万元的防疫物资
红星美凯龙家居集团股份有限公司	♥ 设立基金，推出免租、金融服务等措施
浙江梦神家居股份有限公司	♥ 推出承担导购员工资等支持措施
公牛集团股份有限公司	♥ 捐赠1000万元和5000余个墙壁开关插座
宜家贸易（中国）有限公司	♥ 捐赠各类物资11.7万件，总价值约944万元
福建省三福古典家具有限公司	♥ 捐款20万元
中山市东成家具有限公司	♥ 累计捐款46万元
珠海展辰新材料股份有限公司	♥ 捐赠100万元
广东迪欧家具实业有限公司	♥ 累计捐款、减租超210万元
三棵树涂料股份有限公司	♥ 捐赠1050万元及相应物资
中山市华盛家具制造有限公司	♥ 企业捐款220万元，员工捐款202002.02元
广东华颂家居集团有限公司	♥ 捐款100万元
北京非同家具有限公司	♥ 捐款50万元
廊坊爱依瑞斯家具有限公司	♥ 捐款50万元，出台让利措施
北京黎明文仪家具有限公司	♥ 累计捐款110万元
北京世纪京泰家具有限公司	♥ 捐款60万元，价值20万元的口罩、酒精、消毒液等物资
深圳市松堡王国家居有限公司	♥ 捐赠防疫物资，推出承担工资等措施
志邦家居股份有限公司	♥ 捐款200万元，推出各项减免措施
山西黎氏阁商业投资有限公司	♥ 捐款100万元
宁波柏厨集成厨房有限公司	♥ 推出降价、减免物流费等措施
福建省古典工艺家具协会	♥ 捐款710382.66元，口罩2000个
周村区家具产业联合会	♥ 捐赠价值5000余元物资
西安大明宫建材实业（集团）有限公司	♥ 捐款1000万元，推出免租等措施
广东欧派家居集团有限公司	♥ 捐款200万元，推出补贴措施
深圳七彩人生家具集团有限公司	♥ 捐赠10万元，另捐100万元奖励第一家研制出新冠肺炎疫苗的团队，推出免租措施

厦门松霖科技股份有限公司	❤ 捐赠200万元及物资
浙江高裕家居科技有限公司	❤ 捐赠100万元
罗莱生活科技股份有限公司	❤ 捐赠100万元及物资，增设民用口罩生产线
德华兔宝宝装饰新材股份有限公司	❤ 母公司德华集团捐赠500万元，兔宝宝推出帮扶措施

注：以上企业捐赠为不完全统计，统计时间截至2020年2月底，企业排名不分先后。

中国家具协会第七次会员代表大会在西安盛大召开

2020年10月19日上午，中国家具协会第七次会员代表大会在古都西安举行。十二届全国人大内务司法委员会委员、中央编办原副主任，现中国轻工业联合会党委书记、会长张崇和，中国轻工业联合会党委副书记、中国家具协会理事长徐祥楠，中国轻工业联合会党建人事部主任杨曙光，中国家具协会原理事长贾清文、朱长岭，中国家具协会副理事长兼秘书长张冰冰，中国家具协会副理事长屠祺，中国家具协会专家委员会副主任刘金良、陈宝光，东莞市厚街镇镇长叶可阳，东莞市厚街镇人大主席方活力，龙江镇副镇长卢国汉，海虞镇副书记李春洪以及来自全国的会员代表500多人出席大会。会议由中国家具协会副理事长兼秘书长张冰冰主持。

张崇和会长在讲话中指出，家具是轻工传统优势产业，与人民美好生活息息相关，是亿万家庭的

中国家具协会第七次会员代表大会

中国轻工业联合会党委书记、会长张崇和讲话

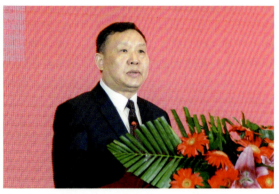

中国家具协会理事长徐祥楠作《中国家具协会第六届理事会工作报告》

中国轻工业联合会党建人事部主任杨曙光宣读《关于中国家具协会第七届理事会、监事会领导成员人选的通知》

幸福陪伴。在历届领导班子的带领下，中国家具协会坚持服务宗旨，坚持当好政府参谋，平台建设优质高效，传承创新有效有力，集群建设做优做强，国际交流精彩纷呈，为推动行业持续健康发展，做了大量富有成效的工作。本次大会上的中国家具协会新一届理事会人选，是在广泛征求意见和深入考察基础上，中国轻工业联合会党委认真研究，慎重决策提出的。

张崇和会长对中国家具协会今后的工作提出五点希望：一是坚守初心使命，提升服务实力；二是践行"双循环"，激发市场活力；三是推动"六稳""六保"，增强内生动力；四是做好"十四五"规划，保持前瞻能力；五是加强协会建设，挖掘自身潜力。

徐祥楠理事长作《中国家具协会第六届理事会工作报告》，报告回顾了协会在第六届理事会期间所做的主要工作及取得的成绩，并对协会未来五年的工作做了总体部署。他指出，五年来，理事会团结带领全国家具行业企业，积极应对国内外复杂局面，贯彻新发展理念，着力推动行业在经济效益、社会效益、生态效益等方面取得新的进展，各项工作有力推进，行业发展整体进度符合预期，为实现"十四五"良好开局打下了坚实的基础。面对今年全球新冠肺炎疫情，全行业同仁发挥了各方的积极性、主动性、创造性，各项经济活动逐步恢复，行业发展形势明显好于预期，朝着全年发展目标任务不断迈进，为我国经济建设和社会稳定发挥了重要作用。

徐祥楠理事长对第七届理事会工作提出七点展望：一是加强协会建设，强化主体意识；二是鼓励改革创新，引导产业升级；三是引导扩大内需，促进国内大循环；四是紧抓质量标准，规范行业发展；五是优化会展服务，打造合作平台；六是深化区域建设，促进协调发展；七是巩固国际地位，铸就家具强国。

大会换届选举工作总监票人、广州市家具协会秘书长陈允，宣读《中国家具协会第七次会员代表大会选举办法》。经现场无记名投票，大会选举徐祥楠为中国家具协会第七届理事会理事长，张冰冰为副理事长，屠祺为副理事长兼秘书长，吴国栋为监事长。选举产生中国家具协会第七届理事会副理事长（特邀副理事长）183名，常务理事（特别常务理事）337名，理事636名。同时《中国家具协会章程》《中国家具协会会费收取办法》一并审议通过。

中国家具协会第七届理事会理事长徐祥楠发表就职讲话，他表示感谢中国轻工业联合会党委的信任，感谢各位理事和全体会员的支持，将与全体

中国家具协会副理事长张冰冰主持大会

中国家具协会副理事长兼秘书长屠祺作《中国家具协会第六届理事会会费收支情况的报告》

理事和行业同仁一道，认真履责，负责尽责，团结共赢，做好新一届理事会的各项工作，开启建设家具强国的全新篇章。

中国家具协会第七届理事会副理事长兼秘书长屠祺宣读《关于聘任人选的意见》。根据中国家具协会工作需要，经理事长办公会研究、理事长扩大会审议通过，聘任丁勇为财务总监，解悠悠为副秘书长。

2020年10月19日下午，举行中国家具协会第七届理事会副理事长颁牌仪式。中国家具协会理事长徐祥楠、副理事长张冰冰、副理事长兼秘书长屠祺为副理事长（特邀副理事长）颁发铜牌和证书。中国家具协会监事长吴国栋主持颁牌仪式。

大会审议通过了各项决议，产生了新一届协会领导班子。第七届理事会，将坚决贯彻党中央以人民为中心的发展思想和稳中求进的工作总基调，按照中国轻工业联合会"政府信赖、行业依托、企业满意"的工作要求，实事求是，统筹兼顾，全力推动家具行业新一轮的繁荣发展，为满足亿万人民美好生活做出贡献，为实现中华民族伟大复兴奋勇前行！

中国家具协会理事长徐祥楠在中国家具协会第七次会员代表大会上的工作报告

中国家具协会理事长　徐祥楠

各位代表、同志们、朋友们：

在我国全面建成小康社会和"十三五"规划圆满收官之年，在实现第二个百年奋斗目标新征程的历史时刻，中国家具协会第七次会员代表大会在这里隆重举行。大会的主题是：以习近平新时代中国特色社会主义思想为指导，全面贯彻党的十九大和十九届三中、四中全会精神，不忘初心，勇于担当，不断开创家具行业新局面，为推动我国繁荣昌盛贡献力量。

第六届理事会期间，我们大家一起努力、共同奋斗，付出了很多辛劳，收获了丰硕果实。我们团结带领全国家具行业企业，积极应对国内外复杂局面，贯彻新发展理念，着力推动行业在经济效益、社会效益、生态效益等方面取得新的进展，各项工作有力推进，行业发展整体进度符合预期，为实现"十四五"良好开局打下了坚实的基础。在这里，我代表中国家具协会和第六届理事会，向积极进取、勇于奉献的家具行业全体同仁，向始终关心支持家具行业发展的各级领导、各界人士、各位朋友，表示衷心的感谢！

这次大会的主要任务是：总结第六届理事会五年来的重点工作，展望下一个五年家具行业的发展，选举产生第七届理事会。会议的召开具有重要意义。

首先，我向大会报告第六届理事会的主要工作，请予以审议。

第六届理事会于2015年12月选举产生以来，理事会认真贯彻党中央和国务院的各项方针政策，有序推动行业工作。在国资委、民政部、中国轻工业联合会的正确领导和全体会员的大力支持下，顺利完成理事会的各项工作，理事会与各位会员一道，齐心协力、并肩而行，继续推动家具行业的健康发展。

五年来，理事会紧密团结会员单位，为促进行业转型升级，积极应对经济下行带来的困难，发挥了重要作用。同时，协会加强了内部建设，服务能力和服务水平得到进一步提升。经过全行业的共同努力，中国家具协会在国内外的知名度进一步提高，凝聚力进一步增强，在行业发展中作用不断显现，是民政部授予的5A级社会组织。

今年，面对全球新冠肺炎疫情，在第六届理事会和各省市协会的协调带动下，全行业同仁发挥各方面的积极性、主动性、创造性，各项经济活动逐步恢复，行业发展形势明显好于预期，朝着全年发展目标任务不断迈进，为我国经济建设和社会稳定发挥了重要作用。

一、第六届理事会工作回顾

1. 行业研究工作全面深入推进

行业研究是发现行业运行规律、预测未来发展趋势、决定企业正确决策的重要依据。为了深入研究家具行业运行现状、竞争能力、产业格局和发展政策，五年来，我们科学运用综合分析工具，加强信息统计分析，每月定期面向会员企业分级开放统计信息，公布运行走势；每年出版《世界家具展望报告》《中国家具年鉴》《中国家具行业发展报告》等国际国内专业报告，信息来源范围辐射全球30多个产区国家，国家统计局、国家海关、国内省市协会、产业集群、重点企业，全面展示世界家具产业全貌；前往亚欧美各大洲、国内各省市进行行业调研，掌握行业真实现状；开展工业和信息化部（以下简称"工信部"）"家具行业高质量发展政策研究"项目，上报家具产品出口退税率调整建议、中美经贸摩擦及新冠肺炎疫情对行业的影响报告；上报发改委新冠肺炎疫情下家具行业补贴建议、家具行业两业融合报告等。多次参加商务部、生态环境部、工信部、中轻联重要会议，实时汇报行业情况；研究制订《家具行业"十四五"规划》，指导行业发展路线。通过各项行业研究工作的开展，全面提升说清行业、服务行业的能力，为增进政企理解、促进科学规划、研判行业走势、指导战略决策发挥了积极作用。

2. 会员服务工作取得重要进展

会员是协会健康发展的前提和基础，没有会员就没有协会。为了不断做好会员服务工作，壮大协会组织，五年来，我们积极团结行业企业，开展行业推优活动，表彰先进典型，吸纳会员776家。2020年1—9月就有186家企业申请入会，协会直接会员数量超过2000家，朋友圈和影响力不断扩大；隆重庆祝协会成立30周年，全体成员深情献唱《我爱你中国》，对话时代、唱响未来，继续谱写行业发展新篇章；在协会通讯会刊、杂志、官方网站、微信、微博全平台开展行业宣传，展示中国优秀品牌和设计趋势，宣传企业最新资讯，发布展会展览、质量标准、政策法规信息，切实做好宣传服务；组织开展家具制作、家具雕刻、家具设计师等国家级竞赛，弘扬工匠精神，培养优秀人才，推动技能培训工作迈向新起点；汇聚行业力量，组织举办上海、广州、沈阳等国际性、专业性、区域性等各类国内外展会、论坛、研讨会等活动，提供相关会展服务，打造行业交流合作平台；扎实推进办公、标准、设计、传统、软垫等专委会工作，成立青年企业家委员会，团结各领域力量，全面推动行业发展。通过各类会员服务工作，不断深化服务行业、服务企业的职能，为促进行业全面发展贡献积极力量。

3. 集群建设工作迈出积极步伐

产业集群对促进区域企业加强有效合作、提升创新能力、共享行业资源具有重要作用，对繁荣区域经济建设、促进社会协调发展等方面发挥着积极作用。为了积极做好家具行业集群建设工作，五年来，协会脚步遍布全国各个省市产业集群、特色区域、新兴园区。支持东阳、大涌、大江、三乡、阳信、仙游、石碁、涞水等传统家具集群发展，举办专题展会、论坛活动，弘扬中国家具悠久文化；关注龙江、信阳、厚街、乐从等设计创新集群发展，推动培训基地建设、支持设计活动，提升集群发展质量；支持香河、乐从等流通集群建设，主办家具展、文化节、信息大会，促进商贸合作；培育杭州、东升、胜芳等细分、特色类产业集群，宣传大型展会、参与交流活动，做精做优专业领域；共建清丰、海安、南康等产业基地，举办专业赛事、参与发展规划，促进区域协调发展。截至目前，协会共授予和共建产业集群53个，成为推动我国家具行业持续发展的中坚力量。

4. 标准化工作取得丰硕成果

标准化是现代化大生产的必要条件，有利于稳定和提高产品质量，促进企业走质量效益型发展道路，提高企业竞争力。为了有效调整家具产业结构，提升发展质量水平，五年来，协会作为全国家具标准化委员会主任单位，加快实施标准化战略，坚持贯彻执行强制性国家标准体系建设，促进推荐性标准体系优化，在推动家具标准制修订工作、标准宣贯工作、标准和质量提升工程推进等方面做了大量的工作；积极做好协会质量标准委员会工作，努力开展协会团体标准建设，健全产品质量安全标准，优化制造业高端化的标准体系；有力推动国际标准化工作，参与家具国际标准制订，实现家具领域国际标准制订零的突破，进一步提升我国家具行业国际标准化话语权。截至2020年8月，中国家具行业现行国家标准85项、行业标准77项，中国家具协会发布团体标准9项，从标准体系改进完善、标准化人才队伍建设、标准化工作系统规划等方面均取得丰硕成果，有效实现了家具标准的引领作用，提升了经济效益和社会效益。

5. 国际交流工作取得巨大成就

国际交流合作在全球经济一体化的今天，对帮助企业获得更充足的国际资本支持、更先进的科学技术、更科学的管理方法和更专业的人力资源具有重要作用。为了有力推动中国家具行业的国际化发展，五年来，我们成功开展瑞典、芬兰、加拿大等合作项目，倡导可持续发展理念，促进上下游产业合作；组织举办亚洲家居展、世界家具论坛、世界家具大会、世界家具产业峰会等高规格国际活动，坚定不移树立大国形象，深化对外交流；与全球主要家具生产国使领馆、行业协会、科研院所、展览机构、知名企业建立联系，开展交流互访活动，获取国际资讯，不断提升行业国际影响力；顺利当选世界家具联合会主席单位，两次连任亚洲家具联合会会长单位，巩固家具大国地位，提升国际话语权。通过国际交流工作的深入推进，为中国家具企业掌握传统市场情况、拓展新兴市场资源搭建了国际桥梁。

五年来的发展成绩，是全体行业同仁共同奋斗的结晶。我代表中国家具协会，向全体会员、各位朋友对推动中国家具业持续进步所做的积极贡献，致以崇高的敬意和衷心的感谢！

在肯定成绩的同时，我们也要清醒看到面临的问题。当前，全球新冠肺炎疫情影响仍在持续，世界经济深度衰退、国际贸易和投资大幅萎缩、国际金融市场动荡、国际交往受限、经济全球化遭遇逆流。国内消费、投资放缓，家具出口下滑，家具企业特别是中小微企业困难凸显，行业转型升级面临瓶颈。摆在我们面前的国际国内形势异常严峻，需要在第七届理事会任职期间积极应对、妥善解决。第七届理事会将肩负重担，努力改进工作，切实履行职责，在以下几个方面继续努力，尽心竭力不辜负行业的期待。

二、第七届理事会工作展望

1. 加强协会建设，强化主体意识

我们要发挥好企业家精神。企业是行业经济活动的主要参与者、就业机会的主要提供者、技术进步的主要推动者，在行业发展中发挥着十分重要的作用。我们要鼓励优秀企业家参与行业管理，发挥行业协会和企业家作用，实现政府治理、协会调节和行业自治的良性互动。发挥企业家精神，努力成为新时代构建新发展格局、建设现代化经济体系、推动高质量发展的生力军；鼓励企业家坚定文化自信，增强爱国情怀。深刻理解中华文明历经五千多年的演进，形成了独特的价值体系、文化内涵和精神品质，铸就了中华民族博采众长的文化自信。号召行业企业家要对国家、对民族怀有崇高使命感和强烈责任感，把企业发展同国家繁荣、民族兴盛、人民幸福紧密结合在一起，主动为国担当、为国分忧，带领企业奋力拼搏、力争一流，实现质量更好、效益更高、竞争力更强、影响力更大的发展；支持鼓励企业家承担社会责任。发挥今年疫情防控中企业家所体现的奉献精神，继续真诚回报社会、切实履行社会责任，做符合时代要求的企业家，为实现"六稳""六保"和全面脱贫做出更大贡献。

我们要培养行业优秀人才。在中国特色社会主义进入新时代，即将迈向建设社会主义现代化国家的新征程背景下，家具行业的发展迫切需要培养造就一大批具有国际水平的战略人才、科技人才、青年人才和创新人才。我们要继续完善家具行业职业教育和培训体系，深化产教融合、校企合作，参与行业相关学科建设，实现高等教育与行业发展的有效对接；支持行业企业等社会力量兴办教育，办好继续教育，鼓励建设学习型企业，大力提高从业人员素质；紧密联系家具行业相关院校，适应新的形势和任务要求，加强顶层设计和长远谋划，瞄准科技前沿和关键领域，完善人才培养体系，加快培养行业急需的高层次人才，为建设社会主义现代化强国提供更坚实的人才支撑。

我们要加强专委会建设。家具行业作为重要的民生产业，涉及的领域众多，专业委员会是协会服务细分领域的重要抓手。我们要在各个专委会组建

一批具有专业经验知识、熟悉本专业工作的企业、专家团队，深入研究本专业发展情况，开展各项专业工作，不断丰富协会工作职能，在各领域深入、全面发展；在对本行业有关问题作出深入准确的分析判断后，及时向协会秘书处提交专业报告，切实解决行业问题，提高协会整体工作质量和效率。

我们要做好党建和秘书处工作。以党的政治建设为统领，全面加强协会党建，我们要发挥好党组织的战斗堡垒作用，担负起组织、宣传、凝聚、服务行业和群众的职责。我们要加强自身建设，进一步增强"四个意识"，坚定"听党话、跟党走"的政治自觉，注重选拔政治素养高、专业能力强的优秀干部，增强干部队伍适应新时代发展要求的能力；大力培养储备干部，注重在行业一线锻炼年轻干部，突出政治标准，坚持"能者上、优者奖、庸者下、劣者汰"的原则要求，选拔任用经过实践考验的年轻优秀干部和专业人才；坚持激励和约束并重原则，完善干部考核评价机制，鼓励敢于担当、踏实做事、不谋私利的优良作风；营造善于学习、勇于实践的浓厚氛围，增强秘书处的改革创新本领，运用互联网等先进技术手段开展工作，不断开创行业发展新局面；优化整合内设机构，创新工作机制和方式方法，发挥秘书处联系会员的桥梁纽带作用，坚持谋实事、求实效，积极处理各种复杂矛盾，勇于攻坚克难，做实、做细、做好各项行业工作，不断增强秘书处的向心力和凝聚力。

2. 鼓励改革创新，引导产业升级

我们要推动科技创新。创新是引领发展的第一动力，科技是战胜困难的有力武器。我们要深入实施创新驱动发展战略，顺应新一轮科技革命和产业变革趋势，以协会为平台，推进新一代信息技术和家具制造业融合发展，运用人工智能等前沿技术，以智能制造为主攻方向，支持重点企业申报工信部智能制造试点示范项目，加快工业互联网在家具行业的创新发展；促进家具制造企业生产方式和企业形态根本性变革，推动管理模式、管理理念等生产组织创新，提供精益生产指导服务，促进行业企业从数字化到智能化再到智慧化的转变；抓住产业数字化、数字产业化赋予的机遇，依靠数字经济赋能产业转型升级，加快推动行业5G网络、数据中心等新型基础设施建设，打造数字经济新优势，着力壮大新增长点、形成发展新动能。

我们要促进设计创新。设计能力是家具制造业创新能力的重要组成部分。我们要促进行业企业提升设计能力，为家具产品植入更高品质、更加绿色、更可持续的设计理念；鼓励在设计环节应用新材料、新技术、新工艺、新模式，促进科技成果转化应用；支持各级政府、省市协会、科研院所、知名企业建设和申报国家级工业设计中心、工业设计研究院、创意设计园区、设计创新培训基地，打造设计创新骨干力量，引领家具设计发展趋势；顺应网络协同设计趋势，积极在家具行业普及先进适用的设计软件，推进三维几何建模引擎等研发设计软件的关键核心技术攻关，降低企业研发成本；鼓励知识产权快速维权机制和知识产权成果转化平台的建立；加强设计类评奖、大赛、展览的知识产权保护，促进行业设计创新水平的全面提升。

我们要推动家具业与服务业的创新融合。先进制造业和现代服务业融合是增强核心竞争力、实现高质量发展的重要途径。我们要引导家具制造企业与服务企业合作，发展"产品+内容+生态"全链式生态服务，探索新业态、新模式、新路径；倡导企业通过体验互动等方式，增强定制服务能力，实现以用户为中心的定制和按需灵活生产；发挥大数据、技术、渠道、创意等要素优势，鼓励引导电商、文化旅游等服务企业与家具企业的深度合作；深化家具研发、生产、流通、消费等环节关联，加快业态模式创新升级，实现制造先进精准、服务丰富优质、流程灵活高效、模式互惠多元，提升全产业链价值。

3. 引导扩大内需，促进国内大循环

我们要挖掘国内市场潜力。内需是我国经济发展的基本动力，扩大内需是满足人民日益增长的美好生活需要的必然要求。扩大内需，既为中国经济稳定发展提供了巨大潜力和强力支撑，也为应对国际不确定性因素提供了巨大回旋余地。我们要加大提供个性化、定制化、多样化的产品，不断丰富家具商品品类，提升商品服务质量，改善家具供给结构；增强供给结构对需求变化的适应性和灵活性，顺应消费升级趋势，加快促进营销模式革新，更好满足人民群众对家具产品的个性化、多元化需求；挖掘新型城镇化建设、改造城镇老旧小区、乡村振

兴战略等发展机遇，合理扩大有效投资，提供与之相匹配的有效供给，不断适应城乡居民居住生活新需求。

我们要推动出口转内销。当前，世界经济形势严峻、复杂、多变，作为全球第一大家具出口国，中国家具出口受到了冲击。我们要响应党和政府号召，支持外贸型家具企业出口转内销。要发挥行业协会的作用，切实了解"出口转内销"企业实际困难，加强政策指导和业务培训，宣传推广可行、有益的经验做法；积极搭建转内销平台，鼓励外贸企业对接电商平台，组织开展出口产品转内销活动；引导外贸企业对接消费需求，研发适销对路的内销产品，利用新业态、新模式，促进企业线上线下融合发展。

4. 紧抓质量标准，规范行业发展

我们要做好标准建设工作。在推动供给质量提升、促进经济高质量发展中，标准化的支撑和引领作用日益凸显。我们要继续做好标准化工作，不断推进我国家具标准化工作向更高境界迈进。要强化强制性国家标准的宣贯，为国家标准的有效实施提供助力；优化行业标准，重点制订重要产品、工程技术、服务和行业管理标准，提升单项行业标准覆盖面；聚焦行业新技术、新业态和新模式，扩大家具团体标准的有效供给；积极参与国际标准化活动，推动国内外标准互认，加快家具标准的国际化发展。

我们要推动品牌建设工作。品牌是企业与国家竞争力的综合体现，是高质量发展的要求，可为中国品牌的创新发展和引领世界提供新动能。我们要做好中国家具品牌建设，形成合力，大力弘扬工匠精神，以匠心铸精品，以质量树品牌，用高品质家具产品打造中国制造优质形象；摒弃并通报侵犯知识产权的不良行为，让优质产品、优秀品牌在公平竞争的市场环境下不断发展；研究国际品牌发展历程，加强中国品牌国际合作，打造更多适合国际市场需求、具有国际影响力的世界级中国家具品牌，改变世界品牌版图，推动家具大国向家具强国转变。

我们要加强生态建设。良好生态环境是最普惠的民生福祉，改善生态环境就是发展生产力。我们要以绿色发展为前提，探索以生态优先、绿色发展为导向的发展路线，处理好企业发展与生态保护的关系，在环境效益、经济效益、社会效益等多重目标中寻求动态平衡，重视生态环境保护的倒逼、引导、优化和促进作用，在家具行业形成绿色发展方式；在行业企业中倡导资源节约和循环利用，在绿色原材料研发、环保设备应用等重点领域取得实质性突破，珍惜木材等自然资源，降低能耗、物耗，减少废气、废水、废物排放，实现生产系统和生活系统循环链接；执行污染排放标准，为蓝天白云、绿水青山做出家具人的贡献。

5. 优化会展服务，打造合作平台

我们要举办并支持各类展会。会展业作为国际贸易推动的平台，对社会稳定和世界经济发展做出了巨大贡献。我们要集中精力继续主办好上海展、广州展、沈阳展等行业展会，发挥协会平台优势，引入优势行业资源，推动展会向更高水平迈进；支持各地展会的举办，因地制宜提供支持服务，不断激发会展经济的拉动作用；强化展会在客流、物流、资金流、信息流的交互作用，重视行业催化和发展功能，促进家具展会长足发展。

我们要加快展会创新。新冠肺炎疫情在全球范围内的蔓延，有力推动了展会业态的创新，促进了线上展会的快速发展。我们要利用新技术、新模式、新工具为企业线上参展搭建优质平台，不断完善线上展会管理系统，在线上展示、在线直播、智能匹配、网上洽谈、在线活动、数据管理等方面不断升级；注重做好推广引流、线上对接、流量运营、数据分析、安全保障等关键环节工作，为线上展会的持续健康发展打好基础；促进展会线上线下相互融合、长期共存、相互促进，发挥各自优势，助推会展经济做大做强。

6. 深化区域建设，促进协调发展

我们要做好区域规划建设。新形势下促进区域协调发展，需要符合客观经济规律，落实区域发展战略。我们要深化家具行业区域合作，为东部家具产业向西部梯度转移，实现产业互补、人员互动、技术互学提供便利服务；关注西部大开发、东北全面振兴、中部地区崛起、东部率先发展相关要求，提供合理规划建议；推动家具行业在京津冀协同发展、粤港澳大湾区建设、长三角一体化发展、成渝地区双城经济圈，以及革命老区、民族地区、边疆地区、贫困地区

等区域发展中发挥重要作用，促进各类要素合理流动和高效集聚，增强区域创新发展动力。

我们要引导集群高水平发展。 产业集群是现代产业发展的重要组织形式，是国际经济竞争的战略性力量。我国家具行业集群从东到西覆盖全国各个区域，为家具行业实现由弱到强的历史性飞跃做出了重要贡献。伴随着国际产业竞争形势发生重大变化以及国内要素成本的不断上升，使我国产业集群竞争力面临严峻挑战。我们要在未来的工作中，推动产业集群发展动力变革。率先建设一批高新科技型产业集群，坚持高水平规划、高标准建设，走集约化、内涵式发展道路，打通产业链、供应链，在区域经济发展中发挥带动和辐射作用；支持建设以集群企业为主体、以市场为导向、产学研深度融合的技术创新体系，依托重点骨干企业建立产业共性技术平台，不断促进技术外溢与转移；加强产业集群内企业和相关机构、组织的经济联系和技术合作，着力培育和发挥产业集群的核心优势，培育世界级先进产业集群。

7. 巩固国际地位，铸就家具强国

我们要深入开展国际合作。 虽然近几年来经济全球化遭遇逆流，经贸摩擦加剧，但各国利益高度融合，合作共赢仍是大势所趋。我们要继续朝着开放、包容、普惠、平衡、共赢的方向，借助世界家具联合会、亚洲家具联合会等国际平台，加强与各国家具行业的国际交流，积极开展展览、会议、交流互访等国际活动，深化落实国际合作；立足中国、放眼世界，提高把握国际市场动向、国际规则和需求特点的能力，提高防范国际市场风险的能力，努力在更高水平的对外开放中实现更好发展，为促进国内国际双循环，贡献行业力量；以产能合作为路径，调整出口产品构成，增加自有品牌和自主知识产权产品比重，构建形成安全、稳定、良性、互动的新发展格局；创新对外投资方式，形成面向全球家具市场的贸易、投融资、生产、服务网络，加快形成国际竞争新优势，不断提升中国家具业的国际地位。

我们要引导开拓新兴市场。 当前，世界经济格局不断演变，调整国际产业布局和全球资源配置已成为国际化企业必须采取的措施。我们要坚持共商、共建、共享原则，继续扩大对外开放，努力同更多新兴市场国家开展合作；深度融入共建"一带一路"大格局，加快形成面向中亚、南亚、西亚国家的通道、商贸物流枢纽，构筑内陆地区效率高、成本低、服务优的国际贸易通道，推动区域经济一体化。

各位代表、同志们、朋友们：

奋斗创造历史，实干成就未来。2021年即将到来，"十四五"规划将开始实施，这是我国开启全面建设社会主义现代化国家新征程的第一个五年规划。当前和今后一段时期，我国发展仍处于战略机遇期，但机遇和挑战存在新的发展变化。中国家具协会第七届理事会将继续团结行业各方，深刻认识我国社会主要矛盾发展变化带来的新特征、新要求，不断增强机遇意识和风险意识，把握经济发展规律，坚定信心，埋头苦干，扎实做好各项工作，在危机中育新机、于变局中开新局，带领全行业积极进取、奋勇向前，共同走向家具大国高质量发展的新的高峰。

谢谢大家！

"环球并蓄·与时偕行"
——中国家具行业发展论坛在西安召开

2020年10月19日,"环球并蓄·与时偕行"中国家具行业发展论坛在西安召开。论坛由中国家具协会主办,陕西省家具协会承办。中国家具协会理事长徐祥楠、副理事长张冰冰、副理事长兼秘书长屠祺,上海博华国际展览有限公司创始人、董事王明亮,深圳市家具行业协会主席侯克鹏,深圳市左右家私有限公司董事长黄华坤,克拉斯(北京)投资有限公司董事长王大为,郑州大信家居有限公司总裁庞理等领导和嘉宾,以及参加中国家具协会第七次会员代表大会的会员单位代表出席论坛。中国家具协会理事长徐祥楠主持论坛。

徐祥楠理事长指出,当前,我国提出构建国内大循环为主体,国内国际双循环相互促进的新发展格局,这为家具行业的发展带来了新机遇,也提出了新要求。协会和企业应顺应潮流、把握大势、共同

中国家具协会理事长徐祥楠主持论坛

"环球并蓄·与时偕行"中国家具行业发展论坛

携手，推动行业进一步发展。今天的论坛，协会邀请六位协会副理事长代表分别从全球家具产业格局、行业创新发展、品牌战略规划、青年企业家的责任担当等方面进行交流分享，希望能为大家在新形势下找到新的突破口和增长点，实现更高质量发展。

中国家具协会副理事长兼秘书长屠祺首先作主旨演讲，她以《全球家具行业发展展望》为题，运用大量数据和实例，以生动形象的方式，分享了全球宏观经济环境、全球家具行业发展情况、中国家具行业未来展望等内容，为企业了解全球产业状况，部署发展战略，推动行业健康、可持续发展，提供了依据和指导方向。

深圳市家具行业协会主席侯克鹏以《中国家具转型之路》为题作主旨演讲。侯克鹏主席以深圳家具展为例，介绍了深圳家具协会和深圳家具行业的发展之路。他建议家具企业要进行高标准的市场化、法制化、国际化、数字化转型，加强自主研发、自主设计，实现企业的高质量发展。

中国家具协会副理事长兼秘书长屠祺作主旨演讲

上海博华国际展览有限公司创始人、董事王明亮作主旨演讲

深圳市家具行业协会主席侯克鹏作主旨演讲

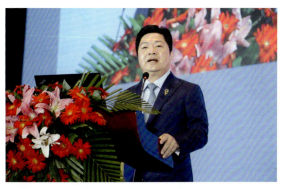
深圳市左右家私有限公司董事长黄华坤作主旨演讲

克拉斯（北京）投资有限公司董事长王大为作主旨演讲

郑州大信家居有限公司执行总裁庞理作主旨演讲

论坛现场

深圳市左右家私有限公司董事长黄华坤作《中国家具品牌发展》的主旨演讲。他介绍了左右家私的品牌发展历程，分享了企业如何在差异化发展过程中，提升自我认识，寻找品牌定位，塑造品牌形象，从而为弘扬民族精神，提升文化自信，重塑中国制造在世界的形象做出贡献。

克拉斯（北京）投资有限公司董事长王大为以《消费升级下的新零售》为题作主旨演讲。他以美国家具电商企业为例，讲解了家具行业新零售的未来，以及新零售对经销商提出的新要求。未来，经销商要从"人""货""场"三个方面实现升级，向服务商、运营商、"生活体验中心"等角色转变。

郑州大信家居有限公司执行总裁庞理以《青年企业家的责任和担当》为题作主旨演讲。他对年轻一代企业家在企业管理和发展理念等方面提出了自己独到的见解，并表示企业家要热爱行业，懂得感恩，传承初心。企业应抓住工业化、数字化、信息化变革为行业带来的机遇，创造行业的巨变。

上海博华国际展览有限公司创始人、董事王明亮作《从展会看中国家具业发展趋势》的主旨演讲。他表示，从第二十六届中国国际家具展览会的实际效果来看，家具行业的品质、档次已显著提升，设计已成为中小家具企业的核心竞争力。当前，家具行业已逐步复苏，期待明年能有创纪录的增长。

此次论坛对当前行业发展环境和产业形势进行了多角度、系统性的梳理，提出了前瞻性的建议和可操作的路径举措。徐祥楠理事长在最后的总结中表示，中国家具业的未来之路任重道远，家具强国的梦想仍等待我们去实现。让我们坚守初心，发扬中国家具人的工匠精神和先锋精神，凝心聚力、携手并肩，共同推动家具行业持续、健康、高质量发展！

全球家具行业发展展望

中国家具协会副理事长兼秘书长　屠祺

悠悠历史千载，长安尽显繁华。很高兴与大家相聚在世界文明古都西安。这里被誉为"金城千里，天府之国"，在汉唐时期就已成为世界中心，展示着自信、开放、包容的中国面貌和民族精神。今天，我们在古都召开发展论坛，将以国际化视角，从全球宏观经济环境、国内外家具行业发展情况等方面，与大家共同探索我国家具行业未来发展之路，相信这将更具历史意义。

当前，世界格局正经历深刻变革，各国地位及影响力不断变化，国际体系深层次调整，大国博弈出现新局面。宏观环境的变动为全球家具行业发展增添了不确定性。作为全球最大的家具生产国、出口国和消费国，我国家具产业正受到世界格局变化的深刻影响。

一、全球宏观经济环境

首先来看世界经济发展情况。新冠肺炎疫情发生后，世界各国政府采取了隔离管控措施，较为混乱的经济秩序，产生了严重的连锁效应。多个国际组织认为本次经济衰退较2008年金融危机程度更深。

2020年第一季度，中国、意大利、德国等国家最先受到疫情冲击，世界经济增长态势出现第一波下滑。第二季度，疫情影响范围逐渐扩大，全球经济恶化态势逐渐加重。根据经济合作与发展组织（OECD）最新统计数据，2020年第二季度世界GDP较2019年第四季度下降12.42%，其中西方国家降幅较大，基本在15%左右，东亚国家在10%左右。生产方面，根据联合国工业发展组织（UNIDO）数据，第二季度全球制造业产值同比下降11.2%，降幅较第一季度扩大5.2个百分点。

但是，大多数国家采取的有效管控措施，保证了经济的复苏。截至第二季度末，全球生产端恢复普遍较快，从PMI指数看，许多国家明显改善，指数上升，其中，中国保持了较高水平。

近30年世界GDP增速

注：数据来源于国际货币基金组织（IMF）。

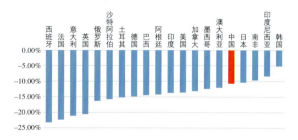

2020年第二季度较2019年第四季度全球主要国家GDP同比降幅

注：GDP按照可比价格计算。数据来源于经济合作与发展组织（OECD）。

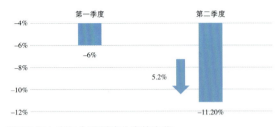

2020 年上半年全球制造业产值变化

注：数据来源于联合国工业发展组织（UNIDO）。

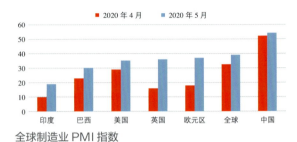

全球制造业 PMI 指数

注：数据来源于 Markit 数据、经济合作与发展组织（OECD）。

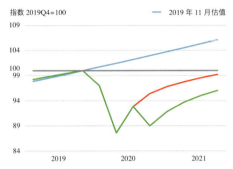

世界 GDP 变化态势预测（可比价格）

注：数据来源于经济合作与发展组织（OECD）。

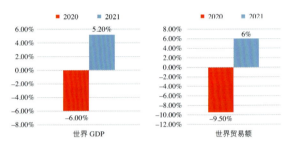

全球通货膨胀率预计为 1.5% 左右

注：数据来源于经济合作与发展组织（OECD）。

当前，世界第一波新冠肺炎疫情已经基本过去，预测经济将呈现 V 字形发展轨迹。不过，在疫苗成功研发以及广泛应用前，经济风险仍然较大，不排除 W 形的经济复苏模式。

世界经济合作与发展组织预测，在正常复苏情况下，2020 年世界 GDP 将下降 6%，2021 年有望回升至 5.2%；世界贸易额今年将下降 9.5%，2021 年回升，预计增长至 6%；值得注意的是，全球通货膨胀率将保持在较低水平，预计为 1.5% 左右，这主要是受到世界各大央行宽松货币政策的长期影响。

新冠肺炎疫情减缓了世界经济发展节奏，但在深层次上，加快了时代变革的步伐，开辟了世界经济格局调整之路。早在今年以前，国际局势不确定性已经逐渐增多，主要表现在三个方面。

第一，逆全球化思潮不断涌现。英国脱欧、美国贸易摩擦等保护主义、单边主义做法，使多边贸易体制受到冲击，增加了跨国企业和国际公司的风

世界贸易额增长乏力

注：数据来源于世界贸易组织（WTO）。

全球范围知识产权申请数量

注：数据来源于世界知识产权组织（WIPO）。

险，导致全球产业链、供应链、价值链开始调整。

第二，科技革命产生深远影响。以互联网、生命科学、人工智能等为代表的重要高科技领域日新月异，深刻改变了各国经济模式、社会发展、人民生活和国际布局。

第三，地缘政治风险逐渐上升。近年来，地区冲突时有发生，且形式多样，包括武装冲突、民间抗议、边境封锁等事件严重影响到国际社会和平与稳定，为跨国投资活动带来了冲击。

疫情发生后，国际局势进一步变化。国际贸易受到的打击使贸易保护主义进入更大的平台，多国为产业安全提升了国内需求的优先级；美国加快对华脱钩，在贸易、投资、人文、教育和金融等多领域动作频繁；另外，网络技术优势凸显，国际数字鸿沟愈发引人关注。在这样的时代背景下，中国仍然表现出良好的发展势头。

根据世界银行与国际货币基金组织的预测，到2024年，按GDP计算，中国将超过美国，成为世界最大经济体，同时，亚洲国家将在世界前五名中占据多数，而欧洲经济强国的排名会有所下降。大家可以从这张图上看到这些变化。

另一方面，中国经济不仅在体量上稳定增长，质量上也逐渐改善。随着中国供给侧改革不断推进，产能结构持续优化，新型高科技产业获得了更大支持，已在不少领域走在世界前列或处于领先水平。

长期来看，中国经济稳中向好的总体势头没有改变。中国有巨大的发展空间、充足的政策空间、广阔的改革空间，凭借坚实的经济底盘做支撑，结合日益上升的国际地位和影响力，中国将会在世界舞台上更加积极主动，为中国利益、世界人民利益争取广泛支持。

二、全球家具行业发展情况

1. 全球各地区家具生产情况

由于今年的新冠肺炎疫情具有不同步性、地区性的特点，在世界各地的社会经济影响是继发性的，大部分国家和地区从2020年3月开始采取疫情应对措施，因此在第二季度工业生产收缩幅度加大。

根据联合国工业发展组织数据，2020年第二季度全球家具产值同比下降20.6%，降幅较第一季度扩大11.6个百分点，其中除中国以外的发展中

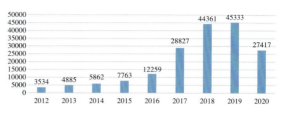

2012—2020年全球范围战争数量

注：2020年统计至10月11日。数据来源于武装冲突地点与事件数据库项目（ALCED）。

随时间变化的世界最大经济体

注：2024年为预测。数据来源于世界银行与国际货币基金组织。

中国创新指数在全球排位的变化

注：数据来源于世界知识产权组织（WIPO）。

2020年第一、二季度全球家具生产增长率（估值）

注：数据来源于联合国工业发展组织（UNIDO）。

国家家具产值同比下降27.7%，发达国家同比下降24.7%，都比第一季度进一步下降。

不过，在疫情防控形势向好后，各国逐渐恢复生产，全球家具行业开始回暖。6月，世界家具产量同比降幅已缩小至20%以内，随着全球经济转好，家具生产情况将继续改善。据米兰国际工业研究中心（CSIL）预测，2021年世界家具产量将好于2020年最低水平，但是对于大多数国家而言，要恢复至疫情发生前的水平将有一定困难。

2. 全球各地区家具进出口情况

亚太地区　以中国、日本、韩国、马来西亚、泰国、新加坡、澳大利亚等国家为例。亚太地区受疫情影响较早，3月除中国外，各国出口量开始下滑。值得注意的是，马来西亚在4月出口触底后，5月开始复工复产，完成前期积压订单，实现了快速回升。截至6月，大部分国家已恢复至疫情发生前水平，但日本由于新一轮疫情影响，生产仍未恢复。进口方面，受中国停工停产影响，2月产品供应下降，导致亚洲各国家具进口量减少，随着中国供应能力逐步恢复，进口量由降转升，但是仍低于疫情发生前水平，主要是经济整体衰退造成居民消费能力下降，市场还未完全复苏。

欧洲地区　对意大利、德国、土耳其、法国、英国、挪威、俄罗斯七个代表性的国家进行分析。欧洲家具行业是内循环占主导的地区，所以呈现出高度的发展一致性。在3月后家具进出口下降，4月降幅最大，随后逐渐回升，呈典型的V字形走势。目前不少欧洲国家出口恢复情况良好，但进口方面与亚洲类似，仍低于疫情前水平。

2020年6月世界家具产量同比

注：数据来源于联合国工业发展组织（UNIDO）。

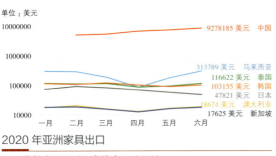

2020年亚洲家具出口

注：数据来源于国际贸易中心（ITC）。

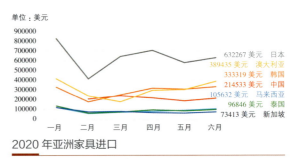

2020年亚洲家具进口

注：数据来源于国际贸易中心（ITC）。

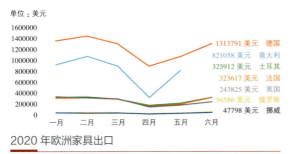

2020年欧洲家具出口

注：数据来源于国际贸易中心（ITC）。

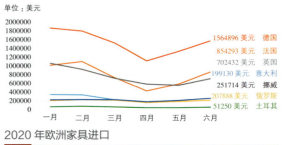

2020年欧洲家具进口

注：数据来源于国际贸易中心（ITC）。

美洲地区 此处选取了北美的美国、加拿大，南美的巴西、乌拉圭、巴拉圭几个国家作为参考。3月全球疫情暴发以来，美洲各国的家具出口量大幅下降，值得注意的是，巴西在疫情暴发前有效地弥补了国际市场空缺，1—2月实现了家具出口的增长。截至6月，美国、加拿大、巴西等美洲国家出口已逐步回升。进口方面，美洲国家表现低迷，消费需求处于较低水平，其中情况比较好的是美国，在经历5月的最低点之后，消费呈现出上升趋势，但巴西的消费今年以来持续下跌。

非洲地区 非洲家具生产量和贸易量在世界的比重最小，这里仅以南非作为代表。可以直观看到，3—4月南非的家具出口量出现了断崖式下跌，5—6月明显反弹。剧烈的波动是政府较为严厉的管控措施带来的影响，4月全面且紧迫地停工停产后，南非第二季度GDP下降了50%。而进口方面，南非自疫情发生后需求下降了一半左右，消费能力保持在较低水平。

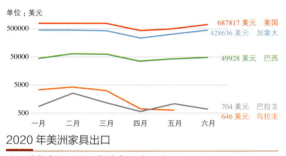

2020年美洲家具出口

注：数据来源于国际贸易中心（ITC）。

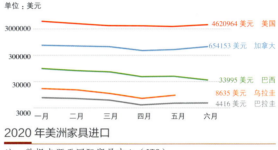

2020年美洲家具进口

注：数据来源于国际贸易中心（ITC）。

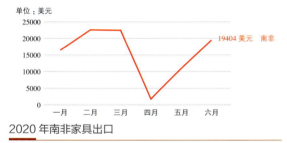

2020年南非家具出口

注：数据来源于国际贸易中心（ITC）。

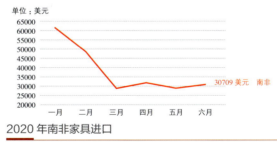

2020年南非家具进口

注：数据来源于国际贸易中心（ITC）。

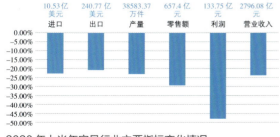

2020年上半年家具行业主要指标变化情况

注：数据来源于国家统计局、海关总署。

整体而言，世界各地都不同程度地受到了新冠肺炎疫情的影响，国际家具贸易呈现出较为低迷的态势。但随着各国疫情转好，管控放松，经济恢复，许多地区家具产业开始复苏。

3. 中国家具行业情况

2020年上半年，中国在疫情防控的不同阶段，采取了相应的管控措施，家具行业运行呈现明显的波动变化。第一季度，受企业停工停产的影响，营业收入、利润、进出口、产量、消费等跌幅超过20%，尤其是利润同比降低47.84%。第二季度，随着企业复工复产，行业景气度回升。截至7月，行业规模以上企业营业收入同比降幅较第一季度收窄17.84个百分点；利润同比降幅收窄21.33个百分点。行业限额以上单位累计零售额同比降幅收窄10.2个百分点。产量同比降幅收窄12.64个百分点。出口同比降幅收窄11.2个百分点；进口降幅扩大了12.2个百分点。

分地区看，第一季度产量都有所下降，产量排名前十的省份中，第一位浙江产量同比下降了19.33%，辽宁同比降幅最大为44.6%。至第二季度，疫情好转，各地区产量回升，排名前三的是浙江、广东、福建。江苏产量增速最大，较一季度上升21.48个百分点，这得益于江苏取得良好的疫情防控效果，复工复产走在了前列。其次是河南和江西，较第一季度分别上升12.61个百分点和16.72个百分点。辽宁产量下降最多，但降幅也较一季度收窄1.61个百分点。

疫情期间，在各项政策的支持下，宏观环境不断改善。同时，企业自发性革新，通过内部优化管理、上下游相互支持、线上销售探索等积极措施，行业景气度大幅上升。第二季度中国GDP已由负转正，经济运行逐步恢复正常。相信随着国家一系列政策和措施落地，宏观环境将为行业进一步发展创造有利条件。

出口方面，中国家具第一季度出口同比下降了20.77%，家具出口主要集中在广东、浙江、江苏等地区。第二季度跌幅收窄，1—6月，出口额240.77亿美元，降幅较第一季度收窄8.79个百分点。分地区看，排名前三位的出口省份中，广东出口降幅较第一季度收窄8.2个百分点，浙江收窄10.87个百分点，江苏收窄2.63个百分点。预计下半年我国出口将进一步改善。中部地区的江西、河南、安徽表现较好，均实现正增长，得益于中西部地区外贸依存度普遍较低，外贸方式主要是一般贸易，在抗击风险上比沿海地区有结构上的优势，受欧美疫情影响相对比较小。

2020年上半年，中国家具主要出口到美国、日本、英国等国家和地区。由于美国目前仍在疫情影响下，经济秩序还未稳定，海外订单需求仍然维持低位，造成了中国向美国出口的降幅较大。相比之下，新加坡和韩国从我国进口涨势良好。于新加坡而言，中国疫情后快速恢复，提供了所需的商品，成为重要的贸易伙伴。韩国主要是因为整体经济维持了基本稳定，是亚洲地区家具进口恢复最好的国家，由此从我国进口的数额保持了较高水平。

三、家具行业未来发展方向

新冠肺炎疫情给国际经济稳定性造成了冲击，全球家具行业发展也普遍遇到挫折，为了更好地解决行业面临的问题，我们需要从以下几个方向努力：

1. 主动调整供应链，合理规划国内国际布局

目前，我国整体进出口总额基本持平，但是，家具行业进出口贸易比例悬殊。以上半年为例，出口是进口的近23倍，国内市场的国际开放度只有不

2020上半年主要省市家具产量同比情况

注：数据来源于国家统计局、海关总署。

2020上半年主要省市家具出口同比情况

注：数据来源于国家统计局、海关总署。

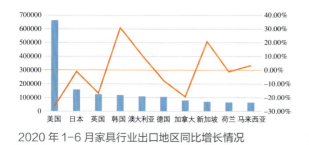

2020年1-6月家具行业出口地区同比增长情况

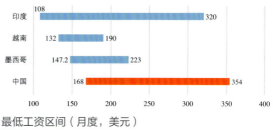

最低工资区间（月度，美元）

农村人均可支配收入

人口老龄化趋势

有关预测显示，2019年我国银色经济相关产业规模为4.3万亿元，2020年为4.9万亿元；预计未来养老产品及服务市场将快速增长，2021年总体市场规模达到5.7万亿

注：数据来源于国家统计局。

到2%，凸显出家具行业外向发展而内向封闭的格局。本次疫情凸显出全球化产业链存在的风险，促使各行业的国际分工由效益为主导的发展模式，转变为"效益+安全"的发展模式，这将导致供应链多元化的转变。

越南、印度、墨西哥等新兴国家具有成本优势，是中国家具产业的潜在竞争者和替代者。同时，一些发达国家甚至考虑将一部分原材料和产品的供应需求转移到本国国内。这种供应链分散化、供应链缩短的现象将冲击到中国家具行业，尤其是对出口带来了挑战。

中国企业需要调整国内、国际两个市场的策略，形成以国内大循环为主体，国内国际双循环相互促进的新发展格局。

有关预测显示，2019年我国银色经济相关产业规模为4.3万亿元，2020年为4.9万亿元；预计未来养老产品及服务市场将快速增长，2021年总体市场规模达到5.7万亿。

国内方面，坚持依托于中国完备的工业体系和先进的制造能力，抓住细分市场出现的机会，例如在养老、健康、特殊人群、农村等领域，具有庞大的潜在消费力量，为特色品牌提供了充分的成长空间。其次，积极引入国外优秀产品，满足当前消费升级的需要。国际方面，我们要不断提升出口韧性。一方面国际新兴市场需求潜力大，应加强出口目的地多元化。

进口导向型的中东地区近年来加大旅游业开发，基础设施建设规模大，消费能力强，具有良好发展前景。非洲地区前景同样可观，这里拥有丰富的资源，预期平均GDP增长率显著高于世界平均水平，随着城市化推进、居民可支配收入增长，有很大的开发潜力。

另一方面，我们要加强出口自主能力，以原创设计和本土化品牌进入别国市场，结合当地供应链，实现本地化生产和运营，同时坚持可持续发展，稳定提升市场认可度。

2. 重视企业各方利益，实现高效益发展模式

随着时代发展，企业遵循的利润最大化原则短板凸显，要实现可持续发展，企业必须保护和发展各利益相关方，这些利益相关方包括投资者、员工、供应商、客户、社会、自然等方面。

世界经济论坛在今年达沃斯年会上明确提出，倡导兼顾各方利益的商业模式，有利于企业的长期发展，更在疫情后经济恢复的报告中指出，本次危机下，能够妥善处理各相关方利益的企业，更好地度过了困难时期，长远来看，经济效益也超过市场平均业绩。

在家具行业，已经有一些企业走在了前列，疫情发生后，他们快速成立了应急工作组，为员工、供应商、客户提供防疫物资、法律咨询、快速付款等方面的支持，保证了供应链稳定，为行业疫情后恢复打下了很好的基础。同时，曲美、左右等现代化企业秉持长期的可持续发展愿景，支持利益相关方，获得了品牌和经济的双重效益。未来，中国家具企业要坚持可持续发展，加强社会责任意识，从而提高在国际市场上的竞争力，让中国家具走向世界。

3. 坚持产业升级，挖掘潜在增长点

长远来看，全球制造业将出现多方面升级。目前，世界领先的制造业国家，如美国、德国、日本等，都先后提出了制造业发展战略，中国也提出《中国制造2025》，加大力度挖掘制造业增长潜力。

通过各国比较，我们可以看出未来制造业将出现两大趋势。一方面，全球制造业将普遍加大研发力度，持续增强技术和产品创新。日本、德国、美国研发投入占GDP的比重都已达到3%左右，明显高于中国的2.23%，而且未来这些国家将继续提升研发投入，增强自身科技实力。

强大的基础研究和成果转化是国家制造业领跑世界的重点，也是企业的发力点。中国家具企业应积极对接科研院所和研究机构，支持有市场潜力的基础研究工作，在新材料、新工艺、新美学等方面

中东地区市场43%由进口满足

非洲人均GDP

中东地区、非洲地区相关情况

曲美家居：收购挪威上市家居企业Ekornes ASA

顾家家居：越南建设首个海外产能，提升全球市场竞争力

敏华：国内五大园区同越南平阳、北欧波兰、立陶宛、爱沙尼亚、乌克兰等地的产业园区形成全球化十二大生产基地布局，协同发展、高效配送

……

国内相关情况

🇨🇳	《中国制造2025》
🇺🇸	国家制造业创新网络计划（NNMI）
🇩🇪	德国高科技战略2025
🇯🇵	机器革命方案（RRI）

各国制造业升级

国家	研发力度（2019年）	未来目标	国家战略
日本	3.26%	加大研发投入，成为世界领先机器人开发和应用国家	机器革命方案（RRI）
德国	3.13%（2018）	研发力度提高至3.5%	德国高科技战略2025
美国	2.83%	加大技术研发和成果转化；提高制造业人员水平；提升国内制造业供应链能力。	国家制造业创新网络计划（NNMI）
中国	2.23%	2025年实现规模以上制造业研发经费内部支出占主营业务收入1.68%	中国制造2025

各国制造业发展趋势

2018—2019年度全球研发投入最高的2500家企业

寻求突破，通过成果转让、技术开发、人才培养、共建实体等模式，加强技术创新、设计创新，形成品牌核心竞争力。大信家居在这方面做出了积极探索，通过自主研发的软件系统为依托，实现定制家居的大规模个性化定制。

另一方面，数字化将持续推动产业革命，成为制造业新的增长点。中国家具行业在很多方面存在数字化的空间，包括供应链管理、生产控制、产品设计、内部运营等方面。比如，敏华控股积极抓住时代趋势，与世界IT巨头微软联合开发了信息化系统，全方位推动智慧门店应用，为用户构建完善的线上线下一体化解决方案。目前，家具行业普遍在数字化营销方面探索较多。但是，我们要鼓励越来越多的企业进行数字化转型，采取数字生产、数字管理等措施。

4. 加强资源整合与配置，共享平台模式新机遇

随着信息技术的开发和应用，全球范围兴起了平台模式新业态，这种围绕资源整合与配置发展的商业范式，成为工业4.0革命的重要组成部分。希望每一家企业都能通过搭建平台，提高生产效率，激发创新活力。如全球领先的海尔集团，创造了人单合一模式，同时对外搭建无边界的开放生态系统，成为用户、员工、合作方进行需求与供应接合的大平台。德国宝马集团统筹分布在14个国家的30个制造工厂，将集团技术创新通过数字平台在工厂间共享，实现更大范围的技术升级，不断改善各地生产流程。家具行业也有平台模式的成功实践

数字化变革

者，国际领先的办公企业Steelcase为其产业链全程搭建了沟通交流的平台，帮助自身发现供应链和市场的新机遇，从而保持战略前瞻性。除企业自身融通资源，行业内也涌现出许多服务平台，如实现线上贸易对接的上海浦东展"家具在线"。深圳市家具行业协会多年来致力于服务行业发展，打造了多位一体的平台模式。这些平台通过共享模式，实现产业跨界融合、业态创新，帮助企业降低成本、优化生产过程。在家具行业未来的发展中，我们要鼓励行业互联和企业内部融通，积极利用平台经济新优势。

女士们，先生们！

道阻且长，行则将至。经过2020年，中国家具行业证明了自身坚实的风险抵御能力、温暖的团结互助精神、优秀的自我革新品质。相信风雨后的家具行业将更具韧性，孕育出更强大的发展生命力。

让我们共同携手，踏浪前行，共同迎接属于家具行业的美好未来！谢谢大家！

-02-

政策标准

Policy Standard

编者按：2020 年，国家出台了多项利好政策，努力做好"六稳""六保"工作，为家具行业快速回暖提供了有力保障。本篇主要围绕与家具行业紧密相关的提振家具消费、支持企业发展、推进工业互联、规范产业转移四个专题进行分类解读，使读者快速了解一年内家具行业相关新政策。当年，我国家具行业标准制修订工作有序推进，出台国家标准 18 项，是近年来国家标准发布数量之最；此外，行业标准出台 2 项，中国家具协会团体标准出台 3 项。截至 2020 年底，我国家具行业现有国家标准共计 87 项，行业标准共计 77 项。本篇对以上标准进行了简要介绍，并对部分地方及团体标准、国际标准化工作等方面进行了归纳总结。

2020 年政策解读

提振家具消费

国家部署家具购置补贴政策

发布时间：2020 年 11 月 18 日

政策解读：2020 年，为提振经济、扩大内需，国家出台了多项惠及家具行业的利好政策，为行业稳健发展提供了有力保障。11 月 18 日，国务院总理李克强主持召开国务院常务会议，部署提振大宗消费、重点消费，促进释放农村消费潜力。会议指出，要促进家具家装消费，鼓励有条件的地区淘汰旧家具，并对购买环保家具给予补贴。这一指示，是家具行业的重大利好，极大提高了家具消费力度，带动了行业发展。

《关于全面推进城镇老旧小区改造工作的指导意见》

发布时间：2020 年 7 月 20 日
发布单位：国务院办公厅

政策解读：该文件指出，2020 年将新开工改造城镇老旧小区 3.9 万个，涉及居民近 700 万户；到 2022 年，基本形成城镇老旧小区改造制度框架、政策体系和工作机制；到"十四五"期末，结合各地实际，力争基本完成 2000 年底前建成的需改造城镇老旧小区的改造任务。意见要求，改造内容可分为基础类、完善类、提升类 3 类，各地因地制宜确定改造内容清单、标准。2020 年 12 月 24 日，住房和城乡建设部发布公告，根据各地上报情况汇总，2020 年 1—11 月，全国已新开工改造城镇老旧小区 3.97 万个，涉及居民 725.27 万户，总体上已完成目标任务。政策的出台使家具及相关的家装消费逐步成为国家大宗消费的代表，成为企业新的业绩附着点，撬动行业变革，激发新的消费行为和需求。

《关于以新业态新模式引领新型消费加快发展的意见》

发布时间：2020 年 9 月 21 日
发布单位：国务院办公厅

政策背景：近年来，我国以网络购物、移动支付、线上线下融合等新业态新模式为特征的新型消费迅速发展，特别是新冠肺炎疫情发生以来，传统接触式线下消费受到影响，新型消费发挥了重要作用，有效保障了居民日常生活需要，推动了国内消费恢复，促进了经济企稳回升。数据显示，2019 年消费对我国经济增长的贡献率为 57.8%，消费已连续 6 年成为拉动经济增长的第一动力。2020 年 1—8 月，全国实物商品网上零售额同比增长 15.8%，高出社会消费品零售总额 24.4 个百分点，实物商品网上零售额已经将近占到了社会消费品零售总额的 1/4。但也要看到，新型消费领域发展还存在基础设施不足、服务能力偏弱、监管规范滞后等突出短板和问题。在常态化疫情防控条件下，为着力补齐新型消费短板，以新业态新模式为引领加快新型消费发展，经国务院同意，提出《关于以新业态新模式引领新型消费加快发展的意见》(以下简称《意见》)。

主要措施：《意见》提出了 4 个方面 15 项有针对性的政策措施。在促进线上线下融合消费方面，《意见》明确提出"支持互联网平台企业向线下延伸拓展""推动线上线下消费高效融合、大中小企业协同联动、上下游全链条一体发展"；在新型消费基础设施建设方面，《意见》要求进一步加大 5G 网络、数据中心、工业互联网、物联网等新型基础设施建设力度，优先覆盖核心商圈、重点产业园区、重要交通枢纽、主要应用场景等；在优化新型消费发展环境方面，《意见》给出了加强相关法规制度建设、深化包容审慎和协同监管、健全服务标准体系、简化优化证照办理等多项具体措施。

（解读参考：国务院政策例行吹风会）

支持企业发展

《关于健全支持中小企业发展制度的若干意见》

发布时间：2020 年 7 月 24 日
发布单位：工业和信息化部、国家发展和改革委员会、科学技术部、财政部、人力资源和社会保障部、生态环境部、农业农村部、商务部、文化和旅游部、中国人民银行、海关总署、国家税务总局、国家市场监督管理总局、国家统计局、中国银行保险监督管理委员会、中国证券监督管理委员会、国家知识产权局

政策背景：中小企业贡献了 50% 以上的税收、60% 以上的 GDP、70% 以上的技术创新、80% 以上的城镇劳动就业、90% 以上的企业数量，是国民经济和社会发展的主力军，是建设现代化经济体系、推动经济实现高质量发展的重要基础，是扩大就业、改善民生的重要支撑。推动中小企业健康发展，对于当前做好"六稳"工作、

落实"六保"任务，实现整个国民经济的高质量发展具有重要意义。党中央、国务院高度重视促进中小企业发展工作，近年来出台了一系列有针对性的政策措施，有关工作取得积极成效，但仍存在一些短板和突出问题，支持中小企业发展制度有待健全。特别是新冠肺炎疫情对我国中小企业生存和发展带来了严重冲击，不少中小企业生产经营困难增多，一些基础性、制度性问题凸显。

对此，工业和信息化部会同国务院促进中小企业发展工作领导小组成员单位坚决贯彻党中央、国务院决策部署，深入学习领会贯彻落实党的十九届四中全会精神，立足坚持和完善社会主义基本经济制度，坚持"两个毫不动摇"，在多措并举帮助中小企业有序复工复产、度过当前困境的同时，结合当前中小企业面临的新形势、新问题，着眼于长期制度建设，加强顶层设计，共同研究制定《关于健全支持中小企业发展制度的若干意见》(以下简称《若干意见》)。

政策解读：《若干意见》聚焦落准、落细、落实，既提出了缓解中小企业融资难、融资贵等突出问题的具体措施，又对加大财税支持、优化服务体系、保护中小企业合法权益等方面进行了制度设计，同时对完善基础性制度、压实地方政府责任提出了要求，共从 7 方面提出了 25 条具体措施。总体来看，《若干意见》具有以下几个特点：一是更加突出了完善支持中小企业发展的基础性制度。二是更加突出了金融和财税支持。三是更加突出了提升创新和专业化能力水平。四是更加突出建立和保障促进中小企业发展的长效机制。

（解读参考：工业和信息化部）

《关于进一步优化营商环境 更好服务市场主体的实施意见》

发布时间：2020 年 7 月 21 日
发布单位：国务院办公厅

政策背景：党中央、国务院高度重视深化"放管服"改革优化营商环境工作。近年来，我国营商环境明显改善，但仍存在一些短板和薄弱环节，特别是受新冠肺炎疫情等影响，企业困难凸显，亟须进一步聚焦市场主体关切，对标国际先进水平，既立足当前又着眼长远，更多采取改革的办法破解企业生产经营中的堵点痛点，强化为市场主体服务，加快打造市场化法治化国际化营商环境，这是做好"六稳"工作、落实"六保"任务的重要抓手。为持续深化"放管服"改革优化营商环境，更大激发市场活力，增强发展内生动力，国务院办公厅发布《关于进一步优化营商环境更好服务市场主体的实施意见》。

主要内容：该文件明确提出 6 个方面 20 条意见。一是持续提升投资建设便利度，优化再造投资项目前期审批流程，进一步提升工程建设项目审批效率，深入推进"多规合一"。二是进一步简化企业生产经营审批和条件，进一步降低市场准入门槛，精简优化工业产品生产流通等环节管理措施，降低小微企业等经营成本。三是优化外贸外资企业经营环境，进一步提高进出口通关效率，拓展国际贸易"单一窗口"功能，进一步减少外资外贸企业投资经营限制。四是进一步降低就业创业门槛，优化部分行业从业条件，促进人才流动和灵活就业，完善对新业态的包容审慎监管，增加新业态应用场景等供给。五是提升涉企服务质量和效率，推进企业开办经营便利化，持续提升纳税服务水平，进一步提高商标注册效率，优化动产担保融资服务。六是完善优化营商环境长效机制，建立健全政策评估制度，建立常态化政企沟通联系机制，抓好惠企政策兑现。

《关于深化商事制度改革 进一步为企业松绑减负激发企业活力的通知》

发布时间：2020年9月10日
发布单位：国务院办公厅

政策背景：党中央、国务院高度重视商事制度改革。近年来，商事制度改革取得显著成效，市场准入更加便捷，市场监管机制不断完善，市场主体繁荣发展，营商环境大幅改善。但从全国范围看，"准入不准营"现象依然存在，宽进严管、协同共治能力仍需强化。在统筹推进新冠肺炎疫情防控和经济社会发展的形势下，需要进一步深化商事制度改革，加快打造市场化、法治化、国际化营商环境，充分释放社会创业创新潜力、激发企业活力。

主要内容：文件明确提出4个方面12项改革举措。一是推进企业开办全程网上办理，全面推广企业开办"一网通办"，持续提升企业开办服务能力。二是推进注册登记制度改革取得新突破，加大住所与经营场所登记改革力度，提升企业名称自主申报系统核名智能化水平。三是简化相关涉企生产经营和审批条件，推动工业产品生产许可证制度改革，完善强制性产品认证制度，深化检验检测机构资质认定改革，加快培育企业标准"领跑者"。四是加强事中事后监管，加强企业信息公示，推进实施智慧监管，规范平台经济监管行为。

推进工业互联

《关于工业大数据发展的指导意见》

发布时间：2020年5月13日
发布单位：工业和信息化部

政策背景：党中央、国务院高度重视大数据发展，强调推动大数据在工业中的应用。《促进大数据发展行动纲要》《关于深化"互联网＋先进制造业"发展工业互联网的指导意见》等政策文件均提出要促进工业大数据的发展和应用。2020年4月，党中央、国务院印发《关于构建更加完善的要素市场化配置体制机制的意见》，明确提出要支持构建工业等领域规范化数据开发利用的场景，提升数据资源价值。

我国是全球第一制造大国，工业大数据资源极为丰富。但相比于互联网服务领域大数据应用的普及和成熟，工业大数据更加复杂，还面临数据采集汇聚不全面、流通共享不充分、开发应用不深化、治理安全短板突出等问题，总体上仍处于探索和起步阶段，亟待拓展和深化。制定出台《关于工业大数据发展的指导意见》

（以下简称《指导意见》）意义重大。一是贯彻落实党中央、国务院工作部署的重要举措。二是有利于加快工业数字化转型进程。三是有利于凝聚各方共识，构建协同推进的工作体系，形成发展合力，着力解决突出问题，共建共创工业大数据生态。

主要内容：《指导意见》提出了 7 个方面 21 项指导意见。一是加快数据汇聚，推动工业数据全面采集，加快工业设备互联互通，推动工业数据高质量汇聚，统筹建设国家工业大数据平台。二是推动数据共享，推动工业数据开放共享，激发工业数据市场活力，三是深化数据应用，推动工业数据深度应用，开展工业数据应用示范，提升数据平台支撑作用，打造工业数据应用生态。四是开展数据管理能力评估贯标，推动标准研制和应用，加强工业数据分类分级管理，五是强化数据安全，构建工业数据安全管理体系，加强工业数据安全产品研发。六是促进产业发展，突破工业数据关键共性技术，打造工业数据产品和服务体系。七是加强组织保障。

（解读参考：工业和信息化部）

《"工业互联网 + 安全生产"行动计划（2021—2023 年）》

发布时间：2020 年 10 月 19 日

发布单位：工业和信息化部、应急管理部

政策背景："安全生产"是实现工业高质量发展的重要保障。党中央、国务院高度重视"工业互联网"和"安全生产"，2020 年 4 月 10 日，习近平总书记就全国安全生产工作作出重要指示，要求针对安全生产事故主要特点和突出问题，层层压实责任，狠抓整改落实，强化风险防控，从根本上消除事故隐患，有效遏制重特大事故发生。6 月 30 日，中央全面深化改革委员会第十四次会议审议通过了《关于深化新一代信息技术与制造业融合发展的指导意见》，要求充分利用工业互联网等新一代信息技术提高重点行业安全生产水平。工业互联网与安全生产的有机结合，既有利于加快制造业数字化转型过程，推动提质增效降本，又有利于提升重点行业企业本质安全水平，优化生产环境，降低生产风险。两措并举，合力助推制造业高质量发展，着力解决突出问题。

重点任务：第一，建设"工业互联网 + 安全生产"新型基础设施，建设网络监管平台，提升数据服务能力。第二，打造基于工业互联网的安全生产新型能力。建设快速感知能力、实时监测能力、超前预警能力、应急处置能力和系统评估能力。第三，深化工业互联网和安全生产的融合应用，深化数字化管理应用、网络化协同应用和智能化管控应用。第四，构建"工业互联网 + 安全生产"支撑体系，坚持协同部署，聚焦本质安全。完善标准体系，培育解决方案，强化综合保障。

（解读参考：工业和信息化部）

《关于深入推进移动物联网全面发展的通知》

发布时间：2020 年 10 月 10 日

发布单位：工业和信息化部办公厅

政策背景：党中央、国务院高度重视移动物联网发展。习近平总书记指出，要"大力培育人工智能、物联网、下一代通信网络等新技术新应用"。2013年2月，国务院印发《关于推进物联网有序健康发展的指导意见》，2018年12月，中央经济工作会议提出新型基础设施的概念，强调要"加快5G商用步伐，加强人工智能、工业互联网、物联网等新型基础设施建设"，2020年3月4日，中央政治局常务委员会会议指出，要加快5G网络、数据中心等新型基础设施建设进度。

为深入贯彻落实党中央、国务院决策部署，推进移动物联网全面发展，工业和信息化部在广泛征求地方、产业、研究机构等各方面意见的基础上，制定并印发《关于深入推进移动物联网全面发展的通知》（以下简称《通知》），提出加快移动物联网网络建设、加强移动物联网标准和技术研究、提升移动物联网应用广度和深度、构建高质量产业发展体系、建立健全移动物联网安全保障体系等5个方面11项具体任务，推动移动互联网产业全面、健康、快速发展。

主要目标：准确把握全球移动物联网技术标准和产业格局的演进趋势，推动2G/3G物联网业务迁移转网，建立NB-IoT（窄带物联网）、4G（含LTE-Cat1，即速率类别1的4G网络）和5G协同发展的移动物联网综合生态体系，在深化4G网络覆盖、加快5G网络建设的基础上，以NB-IoT满足大部分低速率场景需求，以LTE-Cat1（以下简称"Cat1"）满足中等速率物联需求和话音需求，以5G技术满足更高速率、低时延联网需求。

到2020年底，NB-IoT网络实现县级以上城市主城区普遍覆盖，重点区域深度覆盖；移动物联网连接数达到12亿；推动NB-IoT模组价格与2G模组趋同，引导新增物联网终端向NB-IoT和Cat1迁移；打造一批NB-IoT应用标杆工程和NB-IoT百万级连接规模应用场景。

重点任务：在标准和技术研究方面，《通知》强调，加快制订移动物联网与垂直行业融合标准，推进NB-IoT标准纳入ITU IMT-2020 5G标准。同时，推进移动物联网终端、平台等技术标准制订与实施，提升工业制造、智能家居、物流跟踪等领域的标准化水平。在融合应用方面，围绕产业数字化、治理智能化、生活智慧化三大方向，推动移动物联网创新发展。广泛征集实践案例建设移动物联网资源库，遴选其中优质案例打造试点示范，提升移动物联网应用深度和广度。

保障措施：一是制定移动物联网发展路线图，引导新增物联网终端不再使用2G/3G网络，推动存量2G/3G物联网业务向NB-IoT/4G/5G网络迁移。二是建立移动物联网发展指数模型，开展移动物联网发展水平评估，促进和指导各地移动物联网应用和产业发展。三是在基础设施建设中统筹考虑智慧应用需求，提前做好移动物联网基础设施建设或预留空间。四是落实监管责任，健全物联网骚扰电话和垃圾短信的监测、发现和处置机制，引导企业依法依规推出各类移动物联网终端新产品，营造有序市场环境。五是发挥国家物联网产业示范基地和移动物联网产业联盟的示范引导和资源聚集作用，加强移动物联网优秀案例和标杆工程的宣传推广，鼓励融合创新，营造良好政策环境。

（解读参考：中国信息通信研究院）

规范产业转移

《中西部和东北重点地区承接产业转移平台建设中央预算内投资专项管理暂行办法》

发布时间：2020 年 3 月 13 日

发布单位：国家发展和改革委员会

政策背景：为促进中西部和东北地区积极有序承接国内外产业转移，加强重点地区承接产业转移平台建设中央预算内投资专项管理，提高中央预算内投资使用效率，推进中央预算内投资管理制度化、规范化、科学化，近日国家发展和改革委员会印发《中西部和东北重点地区承接产业转移平台建设中央预算内投资专项管理暂行办法》（以下简称《暂行办法》）。

主要内容：《暂行办法》包括 5 个部分，共 23 条，对中西部和东北重点地区承接产业转移平台建设中央预算内投资专项的支持范围、补助标准、资金申请和下达、监督检查作出了规范。

《暂行办法》明确，专项采取直接投资、资本金注入、投资补助等方式安排到项目。专项支持范围包括中西部、东北地区国家级新区范围内的重点园区，国务院或国家发展改革委批复设立的承接产业转移示范区范围内的重点园区。专项重点支持园区基础设施项目、公共服务平台项目建设，提高承接产业转移能力。中部、西部和东北地区项目，中央预算内投资补助标准分别按照不超过项目总投资的 30%、45%、45% 控制。

《暂行办法》明确，由国家发展改革委研究提出年度投资计划工作的总体要求，组织有关省级发展改革委申报年度投资，审核下达投资计划。有关省级发展改革委是年度投资计划的汇总申报、转发下达、组织实施和监管部门，组织相关市县发展改革部门和相关单位申报项目，按国家级新区、承接产业转移示范区两个方向报送年度投资计划。

《暂行办法》明确，国家发展改革委持续开展日常监测，对发现的问题严格按照有关法律法规及相关规定进行处理。有关省级发展改革委制定项目监管方案，加强项目调度跟踪、绩效评价和监督检查。市县发展改革部门采取督促自查、现场督导等多种方式开展项目检查。项目日常监管直接责任单位及监管责任人对项目申报、建设管理、信息报送等履行日常监管直接责任。项目单位作为年度投资计划申报和执行，以及项目建设和管理的责任主体，应当严格履行项目审批程序，落实建设资金，组织建设并做好竣工验收工作，应当自觉接受审计、监察等部门的监督检查，保证中央预算内投资的合理使用和项目顺利实施。

《暂行办法》自公布之日起施行，有效期至 2024 年 12 月 31 日。

（解读参考：国家发展和改革委员会）

2020 年全国家具标准化工作概述

一、国家标准

2020 年，按照国务院办公厅《国家标准化体系建设发展规划（2016—2020 年）》《消费品标准和质量提升规划（2016—2020 年）》以及国家标准委《2020 年全国标准化工作要点》要求，我国家具标准建设各项工作积极有序推进，不断推进行业标准化提升工作。

2020 年国家市场监督管理总局、中国国家标准化管理委员会联合发布了家具相关国家标准 18 项，是近年来国家标准发布数量之最，涉及家具产品技术、绿色发展、检测、服务等诸多领域。18 项国家标准中，有 14 项主管部门为中国轻工业联合会，相应归口单位为全国家具标准化技术委员会。

按标准类别统计，18 项国家标准包含方法标准、基础标准和产品标准，其中方法标准和基础标准数量居前两位，分别为 9 项、7 项。按制修订情况统计，除了《家具工业术语》《家具表面漆膜理化性能试验 第 2 部分：耐湿热测定法》《家具表面漆膜理化性能试验 第 3 部分：耐干热测定法》3 项标准为修订，其他均为首次制订。从采标情况看，3 项办公家具标准采用了 ISO 国际标准：《办公椅 尺寸测量方法》等同采用 ISO 24496：2017，《办公工作椅 稳定性、强度和耐久性测试方法》等同采用 ISO 21015：2007，《桌台类 稳定性、强度和耐久性测试方法》等同采用 ISO 21016：2007。

在新颁布的国家标准中，《定制家具 通用设计规范》等定制类家具系列标准将有效填补定制家具标准体系的空白，让定制家具设计、标识等环节有规可依、有据可循。截至 2020 年底，中国家具行业现行国家标准 87 项。

二、行业标准

2020 年相关行业部门发布 2 项家具行业标准，一是国家林业和草原局批准发布的《圆竹家具通用技术条件》，二是工信部批准发布的《绿色设计产品评价技术规范 家具用免磷化钢板及钢带》，2 项标准均为首次制订。截至 2020 年底，中国家具行业现行行业标准 77 项。

2020 年有 14 项家具行业标准制修订项目立项，均为推荐行业标准，计划 2022—2023 年完成。中国轻工业联合会、全国家具标准化技术委员会负责组织开展这些行业标准的制修订工作。

2020 年我国家具行业标准制修订立项项目

序号	标准项目名称	制修订	标准化技术组织	主要起草单位
1	木制柜	修订	全国家具标准化技术委员会	上海市质量监督检验技术研究院、明珠家具股份有限公司、广东联邦家私集团有限公司等 代替标准 QB/T 2530—2011

续表

序号	标准项目名称	制修订	标准化技术组织	主要起草单位
2	家用婴幼儿护理台	制订	全国家具标准化技术委员会	上海市质量监督检验技术研究院、上海芙儿优婴童睡眠科技股份有限公司、好孩子儿童用品有限公司等
3	木家具表面涂装技术要求	修订	全国家具标准化技术委员会	南京林业大学、浙江圣奥家具制造有限公司、浙江省轻工业品质量检验研究院、昆山市白玉兰家具有限公司 代替标准 QB/T 4461—2013
4	家具表面涂覆水性木器涂料施工技术规范	修订	全国家具标准化技术委员会	南京林业大学、浙江大风范家具股份有限公司、昆山市白玉兰家具有限公司 代替标准 QB/T 4373—2012
5	家具用封边条技术要求	修订	全国家具标准化技术委员会	东莞市华立实业股份有限公司、南京林业大学、浙江升华云峰新材股份有限公司 代替标准 QB/T 4463—2013
6	木家具 质量检验及质量评定	修订	全国家具标准化技术委员会	广东省东莞市质量监督检测中心、海太欧林集团有限公司、广东联邦家私集团有限公司、明珠家具股份有限公司、中山市华盛家具制造有限公司、东莞市铭晋家具有限公司、东莞市世尚家具有限公司、广东华润涂料有限公司、广州市番禺永华家具有限公司、深圳市赛德检测技术有限公司 代替标准 QB/T 1951.1—2010
7	软体家具 发泡型床垫	修订	全国家具标准化技术委员会	广东省东莞市质量监督检测中心、东莞市慕思寝室用品有限公司、佛山市顺德区华伦蒂诗家具有限公司、喜临门家具股份有限公司、烟台吉斯家具有限公司、江苏爱德福乳胶制品有限公司、湖北联乐床具集团有限公司、湖南星港家居发展有限公司、南京金榜麒麟床具有限公司、东莞市赛泰鞋材有限公司、深圳市赛德检测技术有限公司 代替标准 QB/T 4839—2015
8	软体家具豆袋椅	制订	全国家具标准化技术委员会	深圳家具研究开发院、顾家家居股份有限公司、广东联邦家私集团有限公司、深圳市赛德检测技术有限公司、宜家（中国）测试中心
9	木家具绿色工厂评价要求	制订	中国轻工业联合会	南京林业大学、上海市质量监督检验技术研究院等
10	软体家具绿色工厂评价要求	制订	中国轻工业联合会	上海市质量监督检验技术研究院、慕思健康睡眠股份有限公司、南京金榜麒麟家居股份有限公司、湖北联乐床具集团有限公司、喜临门家具股份有限公司等
11	金属家具绿色工厂评价要求	制订	中国轻工业联合会	深圳市计量质量检测研究院、海太欧林集团有限公司等
12	塑料家具绿色工厂评价要求	制订	中国轻工业联合会	顺德职业技术学院、浙江利帆家具有限公司、浙江森川家具有限公司、佛山市精一家具有限公司等
13	玻璃家具绿色工厂评价要求	制订	中国轻工业联合会	青岛市产品质量监督检验研究院、上海市质量监督检验技术研究院、河北省金属玻璃家具产品质量监督检验中心、浙江顾家工艺沙发制造有限公司等
14	室内用石材家具绿色工厂评价要求	制订	中国轻工业联合会	佛山市顺德家具研究开发院有限公司、上海市质量监督检验技术研究院、顺德职业技术学院、广东省室内用石材家具行业协会、广东丰辉石业有限公司等

三、地方标准

2020 年我国发布及实施的家具地方标准

序号	标准号	标准名称	地区	实施日期
1	DB5101/T 68—2020	成都市木质家具制造企业三级安全生产标准化现场管理评定规范	成都市	2020-03-31
2	DB50/T 867.12—2020	安全生产技术规范 第 12 部分：家具制造企业	重庆市	2020-08-01
3	DB14/T 1961—2019	麻纤维床垫技术要求	山西省	2020-03-20
4	DB35/T 1885—2019	仙作古典家具产品信息分类与代码	福建省	2020-03-19
5	DB51/T 2654—2019	木竹藤结合家具生产工艺规程	四川省	2020-01-01

注：2020 年我国家具地方标准实施 5 项，其中 2 项为 2020 年发布。

四、团体标准

1. 中国家具协会发布第三批团体标准

2020 年度中国家具协会颁布实施的团体标准

序号	标准概况	
1	标准号：T/CNFA 10—2020	标准名称：公共家具采购质量控制及验收规范 （Specification for quality control and acceptance of public procurement furniture）
1	本标准规定了家具采购过程中采购方的质量控制方法以及成品验收要求。适用于办公、酒店、校用、实验室等公共采购家具的质量控制及验收。其他类家具采购可参照执行。不适用于生产企业的质量控制和出厂验收	
1	起草单位：北京市产品质量监督检验院（国家家具及室内环境质量监督检验中心）、中央国家机关政府采购中心、中共中央直属机关采购中心、中国家具协会、北京家具行业协会、海军北京专用装备物资器材采购站、火箭军军事设施建设局、上海市质量监督检验技术研究院、江西省家具产品质量监督检验中心、深圳市计量质量检测研究院、浙江省轻工业品质量检验研究院、广州市家具行业协会、杭州恒丰家具有限公司、浙江圣奥家具制造有限公司、湖南省晚安家居实业有限公司、北京黎明文仪家具有限公司、合肥恒业家具有限公司、江苏奥美丽实业有限公司、上海爱舒床垫销售有限公司、中国质量认证中心、中山市华盛家具制造有限公司、湖北联乐床具集团有限公司、广州市至盛冠美家具有限公司	
2	标准号：T/CNFA 11—2020	标准名称：家具生产企业控制挥发性有机化合物释放管理指南 （Management guide for volatile organic compounds control of furniture manufacturing enterprises）
2	本标准提供了家具生产企业控制挥发性有机物释放控制管理的指导和建议，给出了人员、生产设备设施、检测设备设施、挥发性有机物检测过程控制（采购、过程产品、成品）、不合格品控制、纠正和预防措施、改进要求等方面的有关信息。适用于木家具生产企业、软体家具生产企业挥发性有机化合物释放控制的实物和过程，其他家具生产企业挥发性有机化合物释放控制可参照执行	
2	起草单位：上海市质量监督检验技术研究院、宜华科技生活股份有限公司、喜临门家具股份有限公司、亚振家具股份有限公司、上海爱舒床垫销售有限公司、中山市华盛家具制造有限公司、湖北联乐床具集团有限公司	

续表

序号	标准概况	
3	标准号：T/CNFA 12—2020	标准名称：家具中植物纤维用天然乳胶（Natural latex used for plant fibers in furniture）
	本标准规定了家具中植物纤维用天然乳胶的术语和定义、技术要求和试验方法。适用于家具中植物纤维用天然乳胶。本文件家具中植物纤维包括草、竹、剑麻、麻类植物和棕榈科植物的根、茎、叶及其分离出的纤维等	
	起草单位：大自然科技股份有限公司、上海市质量监督检验技术研究院、上海爱舒床垫销售有限公司、浙江想能睡眠科技股份有限公司、湖北联乐床具有限公司	

2020 年，中国家具协会组织完成第三批团体标准起草、论证、发布工作，于 2020 年 11 月 1 日颁布《公共家具采购质量控制及验收规范》《家具生产企业控制挥发性有机化合物释放管理指南》《家具中植物纤维用天然乳胶》3 项团体标准，2020 年 12 月 1 日起实施。中国家具协会与公牛集团合作立项了《家具用嵌入式电器附件常用尺寸和安全装置要求》团体标准，填补了家具用电标准空白，实现了家具标准跨行业联合制订。自 2016 年中国家具协会启动团体标准制修订工作以来，不断构建与完善团体标准框架体系，截至 2020 年底，已正式发布团体标准 12 项。

此外，2020 年 6 月中国家具协会对《床垫质量安全等级评定》等 4 项团体标准项目计划立项，计划在 2021 年 6 月前完成制订任务。

2020 年，中国家具协会对《中国家具协会团体标准管理办法（试行）》进行了修订，不断推进我国家具标准化工作向规范化迈进。

2020 年中国家具协会团体标准计划立项项目

序号	标准名称	牵头单位	完成日期
1	床垫质量安全等级评定	上海市质量监督检验技术研究院	2021 年
2	沙发质量安全等级评定	北京市产品质量监督检验院	2021 年
3	办公椅质量安全等级评定	浙江省轻工业品质量检验研究院	2021 年
4	屏风桌质量安全等级评定	上海市质量监督检验技术研究院	2021 年

2. 社会组织、行业协会团体标准制订情况

近年来，团体标准以其快速满足市场和创新需要的优势，得到了迅猛发展，每年都有数量众多的团体标准发布。根据国家标准委官网信息不完全统计，2020 年，影响面较大的社会团体发布了近 50 项家具团体标准，从地区分布看，广东省数量最多。这些标准或技术要求高于国家、行业标准，或填补空白，或在先进性和创新性方面具有优势，在引领市场方面发挥了积极作用。

2020年部分社会组织、地方协会颁布的家具团体标准

序号	标准编号	标准名称	发布日期
\multicolumn{4}{c}{深圳市家具行业协会}			
1	T/SZFA 3001—2020	真空压缩（卷装）床垫	2020-05-15
2	T/SZFA 3002—2020	懒人沙发	2020-05-15
3	T/SZFA 3003—2020	中小学课桌椅	2020-05-15
4	T/SZFA 3004—2020	躺椅	2020-04-10
5	T/SZFA 3005—2020	软体家具 普通沙发	2020-06-04
6	T/SZFA 3006—2020	办公家具 办公椅	2020-06-04
7	T/SZFA 1002—2020	家具 外观通用要求	2020-04-10
8	T/SZFA 1003—2020	家具 理化性能通用要求	2020-04-10
9	T/SZFA 1004—2020	家具 有害物质限量通用要求	2020-04-10
10	T/SZFA 1005—2020	家具 带电家具电气安全通用要求	2020-05-15
11	T/SZFA 1006—2020	智能家具 通用要求	2020-05-15
12	T/SZFA 1007—2020	多功能家具 通用要求	2020-04-10
13	T/SZFA 1008—2020	"领跑者"标准评价要求 办公椅	2020-10-10
14	T/SZFA 1009—2020	"领跑者"标准评价要求 屏风桌	2020-10-10
15	T/SZFA 1010—2020	"领跑者"标准评价要求 课桌椅	2020-10-10
16	T/SZFA 1011—2020	"领跑者"标准评价要求 沙发	2020-10-10
17	T/SZFA 1012—2020	"领跑者"标准评价要求 双层床	2020-10-10
		广州市家具行业协会	
1	T/GZF 1—2020	家具企业突发公共卫生事件防控规范	2020-03-26
		广东省标准化协会	
1	T/GDBX 030—2020	铝合金家具 柜类通用技术条件	2020-06-30
		佛山市南海区家具行业协会	
1	T/NHFA 04—2020	多功能保健按摩椅	2020-10-25
		中山市红木家具行业协会	
1	T/ZSRFA 5—2020	中式硬木工艺家具	2020-05-26
2	T/ZSRFA 6—2020	中式硬木工艺家具售后服务规范	2020-05-26
3	T/ZSRFA 7—2020	中式硬木工艺家具 锯材常规干燥工艺操作规程	2020-05-26
4	T/ZSRFA 8—2020	中式硬木工艺家具 锯材干燥质量	2020-05-26

续表

序号	标准编号	标准名称	发布日期
天津市家居商会			
1	T/JJSH 002—2020	绿色环保办公家具	2020-01-06
常州市地板协会			
1	T/CZFA 0001—2020	轻简板式家具	2020-09-10
2	T/CZFA 0002—2020	轻简钢木家具	2020-09-10
中国消费品质量安全促进会			
1	T/CPQS MBPAC007—2020	儿童高椅安全要求和测试方法	2020-01-09
2	T/CPQS F001—2020	木质办公家具环保等级评价技术要求	2020-07-22
3	T/CPQS F002—2020	金属办公家具环保等级评价技术要求	2020-07-22
4	T/CPQS F003—2020	软体办公家具环保等级评价技术要求	2020-07-22
贵州省家具协会			
1	T/GZFA 002—2020	定制木质家具验收及售后服务规范	2020-07-27
青岛市标准化协会			
1	T/QDAS 041—2020	办公家具 屏风	2020-06-29
浙江省品牌建设联合会			
1	T/ZZB 1537—2020	布艺沙发	2020-03-01
2	T/ZZB 1545—2020	野营用户外折叠布面桌	2020-03-09
3	T/ZZB 1598—2020	智能床	2020-05-08
4	T/ZZB 1600—2020	电动床垫	2020-06-19
5	T/ZZB 1609—2020	幼儿桌椅	2020-06-19
6	T/ZZB 1614—2020	体育场馆公共座椅	2020-06-19
7	T/ZZB 1692—2020	慢回弹床垫	2020-09-16
8	T/ZZB 1860—2020	中小学实验桌	2020-11-18
睢宁县沙集镇电子商务协会			
1	T/SJDS 001—2020	沙集电商家具 子母床	2020-12-23
2	T/SJDS 002—2020	沙集电商家具 衣柜	2020-12-23

五、国际标准化工作

2020年4月,由我国召集的"ISO/TC 136/WG7 床垫测试方法"工作组通过网络成功召开了第一次视频研讨会。来自中国、意大利、美国、德国、英国、法国、瑞典、比利时8个国家的20多位专家参加了此次会议。与会专家针对我国牵头承担的 ISO 23769《家具 床垫 功能特性测定方法》草案进行了深入的研讨,项目顺利通过委员会草案(CD)阶段。

同月召开的"ISO/TC 136/WG6 儿童家具"和"WG8 家具表面性能"工作组研讨会上,由我国牵头承担的 ISO 23767《儿童家具 童床用床垫 安全要求及测试方法》和 ISO 4211-5《家具 漆膜理化性能试验 第5部分:耐磨性测定法》均通过了审定。目前,上述3项国际标准均已顺利进入国际标准草案(DIS)阶段。

2020年7月,我国牵头申报修订的 ISO 9098-1《双层床 安全要求和测试 第1部分:安全要求》和 ISO 9098-2《双层床 安全要求和测试 第2部分:测试方法》2项国际标准新项目提案顺利通过委员会投票,正式获批立项,并由我国承担的"ISO/TC 136/WG 床 测试方法"工作组归口管理。我国在家具国际标准化领域的话语权不断提升。

六、国家级消费品标准化试点

2020年,由上海市质量监督检验技术研究院、广东联邦家私集团有限公司、贵州大自然科技股份有限公司分别申报的"国家级消费品标准化试点",经过2年多的精心筹划和有序实施,全部顺利通过验收。各试点单位通过此次创建活动,完善了自身的标准化体系建设,增强了质量管理能力,切实提高了标准实施效果。此次标准化试点单位的创建活动,响应了家具领域新技术、新产品、新业态的标准化需求,为家具乃至整个消费品标准化领域树立了先进标杆。

2020年标准批准发布汇总

家具标准项目汇总

2020年国家标准批准发布一览表

序号	标准编号	标准名称	主要内容	发布日期	实施日期
1	GB/T 38467—2020	家具用改性木材技术条件	本标准规定了家具用改性木材的术语和定义、产品分类、要求、试验方法、检验规则及标志、包装、使用说明、运输、贮存。适用于家具用改性木材,其他用途的改性木材可参照执行	2020-03-06	2020-10-01
2	GB/T 38466—2020	藤家具通用技术条件	本标准规定了藤家具的术语和定义、产品分类、要求、试验方法、检验规则及标志、使用说明、包装、运输、贮存。适用于藤家具产品,其他家具的藤制件可参照执行	2020-03-06	2020-10-01
3	GB/T 38611—2020	办公家具 办公工作椅 稳定性、强度和耐久性测试方法	本标准规定了办公工作椅的稳定性、强度和耐久性的测试方法。给出了测试用力值、循环次数等的指导。测试方法为已经完整装配好并可以使用的产品而制定。测试方法中的尺寸仅适用于供成年人用的办公工作椅	2020-03-06	2020-10-01
4	GB/T 38607—2020	办公家具 桌台类稳定性、强度和耐久性测试方法	本标准规定了设计用于坐姿或站姿用办公桌的稳定性、强度和耐久性测试方法,包括工作台、高度可调节的桌、会议用桌。适用于已经完整装配好可以使用的产品。不包含存储功能部分的测试方法。除了桌面挠度测试,本测试在评估性能时不考虑材料、设计、结构和生产过程等因素	2020-03-06	2020-10-01
5	GB/T 38733—2020	办公家具 办公椅尺寸测量方法	本标准规定了办公椅尺寸的测量方法。不包括办公椅尺寸的规定或要求	2020-04-28	2020-11-01
6	GB/T 38724—2020	家具中有害物质放射性的测定	本标准规定了家具中放射性物质测试方法的术语和定义、原理、仪器设备、样品、试验步骤、试验数据处理及测量不确定度。适用于含有无机非金属材料制成的家具产品及其部件	2020-04-28	2020-11-01
7	GB/T 38723—2020	木家具中挥发性有机化合物释放速率检测 逐时浓度法	本标准规定了木家具中甲醛、苯、甲苯、二甲苯、总挥发性有机化合物(TVOC)的释放速率的逐时浓度检测方法的原理、术语和定义、试验方法和结果计算。适用于木家具中甲醛、苯、甲苯、二甲苯、总挥发性有机化合物(TVOC)释放速率的检测,其他挥发性有机化合物的释放速率的检测可参照执行	2020-04-28	2020-11-01

续表

序号	标准编号	标准名称	主要内容	发布日期	实施日期
8	GB/T 38794—2020	家具中化学物质安全 甲醛释放量的测定	本标准规定了家具中甲醛释放量测试方法的收集方法和分析方法。适用于室内用家具产品甲醛释放量的测定。室内装饰装修材料和室外用家具可参照执行	2020-06-02	2021-01-01
9	GB/T 39016—2020	定制家具 通用设计规范	本标准规定了定制家具设计中的术语和定义、通用设计要求。适用于各类定制家具设计	2020-07-21	2021-02-01
10	GB/T 39019—2020	定制家具 组合组装标识技术要求	本标准规定了定制家具组合组装标识的术语和定义、要求。适用于定制家具组合组装标识	2020-07-21	2021-02-01
11	GB/T 4893.2—2020	家具表面漆膜理化性能试验 第2部分：耐湿热测定法	本标准规定了家具表面耐湿热测定的方法。适用于所有经涂饰处理家具的固化表面，且在未使用过的家具或试验样板表面上进行的试验。不适用于皮革和纺织品表面	2020-07-21	2021-02-01
12	GB/T 4893.3—2020	家具表面漆膜理化性能试验 第3部分：耐干热测定法	本标准规定了家具表面耐干热测定的方法。适用于所有经涂饰处理家具的固化表面，且在未使用过的家具或试验样板表面上进行的试验。不适用于皮革和纺织品表面	2020-07-21	2021-02-01
13	GB/T 39223.3—2020	健康家居的人类工效学要求 第3部分：办公桌椅	本标准规定了办公桌椅的人类工效学技术要求和检测方法。适用于满足基本性能质量和安全环保要求的室内工作用办公桌椅	2020-11-19	2021-06-01
14	GB/T 39223.4—2020	健康家居的人类工效学要求 第4部分：儿童桌椅	本标准规定了儿童桌椅的人类工效学技术要求与检测方法。适用于满足基本的性能质量和安全环保标准的4～14岁儿童使用的可调尺寸的学习用桌椅	2020-11-19	2021-06-01
15	GB/T 39223.5—2020	健康家居的人类工效学要求 第5部分：床垫	本标准规定了成人床垫的人类工效学技术要求和检测方法。适用于满足基本的性能质量和安全环保标准供睡眠休息使用的床垫人类工效学设计和评价	2020-11-19	2021-06-01
16	GB/T 39223.6—2020	健康家居的人类工效学要求 第6部分：沙发	本标准规定了沙发的人类工效学技术要求和检测方法。适用于满足基本的性能质量和安全环保标准的以坐姿活动为主的靠背沙发	2020-11-19	2021-06-01
17	GB/T 39386—2020	定制家具 挥发性有机化合物现场检测方法	本标准规定了定制家具中挥发性有机化合物现场检测的原理、试验条件、仪器设备、样品、试验步骤、数据处理。适用于以板材为基材的定制家具中挥发性有机化合物释放速率测定	2020-11-19	2021-06-01
18	GB/T 28202—2020	家具工业术语	本标准界定了家具工业的术语。适用于各类家具	2020-12-14	2021-07-01

2020年家具行业标准批准发布一览表

序号	标准编号	标准名称	主要内容	批准日期	实施日期
1	LY/T 3200—2020	圆竹家具通用技术条件	本标准规定了圆竹家具的术语和定义、分类、要求、检验方法、检验规则及标识、包装、运输和贮存。适用于以圆竹为主体框架制成的室内家具	2020-03-30	2020-10-01
2	YB/T 4870—2020	绿色设计产品评价技术规范 家具用免磷化钢板及钢带	本标准规定了家具用免磷化钢板及钢带绿色设计产品的术语和定义、评价原则和方法、评价要求、生命周期评价报告编制方法。适用于家具用免磷化钢板及钢带，也可用于电气柜、货架等免磷化钢板及钢带绿色设计产品评价	2020-12-09	2021-04-01

-03-
年度资讯
Annual Information

编者按：2020年，世界经济面临着疫情带来的巨大考验。家具行业作为耐用消费品行业，在困境中实现触底反弹，企业积极转变经营思维，破除传统商业模式，拥抱新技术与新模式，行业从第二季度起逐步回暖，整体发展稳中有进。头部企业精准布局，生产经营规模不断扩大；拓展细分业务领域，积极调整企业布局；电商直播模式进入爆发阶段，消费体验持续升级；跨界与多元经营持续发酵，强强合作助推资源整合，全行业以创新发展为动力向高质量发展迈进。针对2020年度行业发展现状及热点问题，本篇总结出14个核心观点，汇集国内外重点新闻事件，带读者一起快速回顾过去一年家具行业的新变化。

中国家具协会及家具行业 2020 年度纪事

 中国家具协会办公家具专业委员会第四届委员大会筹备会在广州召开

2020年1月7日,中国家具协会办公家具专业委员会第四届委员大会筹备会在广州市召开。中国家具协会副理事长屠祺作《中国家具协会办公家具专业委员会第四届筹备工作报告》。会议通报了《中国家具协会办公家具专业委员会工作条例(筹备会讨论稿)》《中国家具协会办公家具专业委员会第四届组织机构提名名单(筹备会讨论稿)》。根据专委会相关工作要求,提名中国家具协会副理事长屠祺为主任委员,美时、圣奥两家企业为执行主席单位,合肥蓝天、中泰龙、百利文仪、海太欧林、至盛冠美、蓝鸟、震旦、长江、春光名美、永艺、华盛、励致洋行为主席单位,中国家具协会经济(国际)合作部林为梁为专委会秘书长。相关文件和提名得到与会代表的表决通过。

 "家居战疫、提振经济"家居行业直播论坛在线召开

2020年2月8日,由中国家具协会、红星美凯龙、新浪家居、乐居财经共同主办的"家居战疫、提振经济"家居行业直播论坛在线召开。中国家具协会理事长徐祥楠参加论坛并讲话。此次论坛采用线上直播方式进行,吸引了超过26.5万人观看,在行业内引起了广泛关注和认可。与会嘉宾针对各方关心的问题进行了深入探讨,并给出了具体帮扶措施建议,为处在抗击疫情中的家具行业提振了信心。

③ 中国家具协会为企业"线上带货",双品网购节盛大开幕

2020年4月28日,由商务部、工业和信息化部、国家邮政局与中国消费者协会共同组织的第二届"双品网购节"盛大开幕,超过109家平台和企业参与。由中国家具协会重点推荐的18家家具企业名列其中,为助力家具行业高质量发展,推动优质家具企业通过线上渠道服务更多消费者做出了重要贡献。本届"双品网购节"以"品牌消费、品质消费"为主题,组织发动生产、电商、物流企业广泛参与,旨在更好激发市场活力,扩大居民消费,赋能产业发展。

④ 中国家具协会党支部深入学习贯彻十三届全国人大三次会议、全国政协十三届三次会议精神

2020年5月28日下午,中国家具协会党支部书记徐祥楠主持召开全体党员扩大会议,传达十三届全国人大三次会议、全国政协十三届三次会议精神,学习习近平总书记在内蒙古代表团、湖北代表团、解放军和武警代表团、全国政协十三届三次会议经济界委员联组会上的讲话精神,学习李克强总理的政府工作报告,学习中轻联党建工作专题会议内容,系统学习党建工作要求和制度。徐书记要求,中国家具协会全体党员群众一要在思想上高度重视,认真学习领会"两会"精神,做到真学、真懂、真会、真用;二要认真对照总书记的讲话精神和总理的政府工作报告,联系实际工作,查找自身不足,制订整改措施;三要学以致用,把"两会"精神落实到实际工作中,求真务实,积极进取,不断增强协会的凝聚力和影响力,为推动全国家具行业的高质量发展,推动全国家具行业在"六稳""六保"中做出新的更大贡献。

⑤ 中国家具协会党支部深入学习习近平总书记在中央政治局集体学习时的重要讲话精神

2020年7月8日,中国家具协会党支部召开全体党员扩大会议,深入学习6月29日习近平总书记在中央政治局第二十一次集体学习时的重要讲话精神。党支部书记徐祥楠主持学习。徐书记强调,中国家具协会党支部全体党员群众要深入学习领会习近平总书记的重要讲话精神,深刻把握新时代党的组织路线的科学内涵和实践要求,以高度的思想自觉、政治自觉和行动自觉抓好贯彻落实。

⑥ 中国轻工业联合会、中国家具协会一行前往广东考察调研

2020年7月25—26日,中国轻工业联合会党委书记、会长张崇和,中国轻工业联合会党委副书记、中国家具协会理事长徐祥楠,副理事长兼秘书长张冰冰,副理事长屠祺等中国轻工业联合会、中国家具协会一行前往广州和顺德,对广州市家具行业协会、百利集团广州分公司、广州市番禺永华家具有限公司、番禺石碁红木小镇南浦村城市更新中心、顺德(龙江)数字装备园、志豪家具、美梦思床具等进行调研。广东家具产业较为发达,为区域轻工业高质量发展,推动家具行业转型升级发挥了重要作用。

059

⑦ 第45届中国（广州）国际家具博览会开幕式暨2030+国际未来办公方式展启动仪式成功举办

2020年7月27日，第45届中国（广州）国际家具博览会开幕式暨2030+国际未来办公方式展启动仪式在11.2号馆2030+国际未来办公方式展展区成功举办。本届家博会承载了行业的殷切希望，也点燃了行业复苏的强劲动能。展会携手优质企业，紧扣行业热点与风口，内销功能进一步提升，并利用大家居全产业链优势，为上下游提供精准对接，助力行业当前发展；同时，通过举办"2030+国际未来办公方式展"和"设计之春"当代中国家具设计展两大主题特展、2020全球家具行业趋势发布会等30多场高端展示、设计论坛、趋势发布等活动，引领推动行业未来发展；展会还创新打造高流量、强互动的"云看家博会"，利用云直播、云展厅、云论坛等多元形式，联动线下展会为虎添翼，创造更时尚新颖、丰富多样的参展观展体验。

8 2030+ 国际未来办公方式展精彩启幕

2020年7月27日，2030+国际未来办公方式展在广州广交会展馆举办。展览由中国家具协会和中国对外贸易中心（集团）共同主办，总面积约1000平方米，为大家呈现了未来办公最具想象力的形态。这场未来办公的幻想之旅，以"OASIS绿洲"为主题，围绕智慧科技、自然生态、人文艺术，通过人本未来、共享未来、无界未来、自在未来、超链接未来，5大空间主题、10个演进方向展开，引领观众探讨未来办公方式的无限可能。展览凝聚世界领先办公家具品牌、联合当代新锐艺术展示，用独特兼具新意的设计语言，以着眼未来的概念驱动，为广大参展观众、品牌和行业精英、学者开启了前所未有的前沿体验。

9 携手世界、共荣共兴——2020全球家具行业趋势发布会在广州召开

2020年7月27日，"携手世界、共荣共兴——2020全球家具行业趋势发布会"在广州召开。发布会由中国家具协会主办，中国对外贸易广州展览总公司承办。中国家具协会理事长徐祥楠为发布会致辞。中国对外贸易广州展览总公司总经理刘晓敏发表主旨演讲。中国家具协会副理事长屠祺作《全球家具行业发展展望》主题演讲。瑞典宜家贸易（中国）有限公司董事总经理Rosa Qiao乔华，加拿大木业协会市场开发高级总监王笑竹，法国力克系统（上海）有限公司亚太区制造业能力中心总监唐沛等领导嘉宾分别作主题演讲。

10 中国家具协会办公家具专业委员会第四届委员大会顺利召开

2020年7月28日，中国家具协会办公家具专业委员会第四届委员大会在广州顺利召开。中国家具协会理事长徐祥楠在会上发表讲话。中国家具协会副理事长兼秘书长张冰冰宣读《关于任命中国家具协会办公家具专业委员会主任、秘书长的决定》。会议决定由屠祺担任中国家具协会办公家具专业委员会主任，林为梁任秘书长。中国家具协会副理事长、办公家具专业委员会主任屠祺作办公家具专业委员会工作报告。徐祥楠、张冰冰、屠祺为主席团和委员单位的参会代表颁发证书。圣奥集团有限公司副总裁孟勇、东莞美时家具有限公司总经理陈锦华、海太欧林集团有限公司董事长叶永珍分享了行业经验和发展建议。

11 中国家具协会一行参观第43/44届国际名家具（东莞）展览会

2020年8月21日，中国家具协会理事长徐祥楠、副理事长屠祺，东莞市厚街镇镇长叶可阳等一行在东莞名家具俱乐部理事长林炳辉、国际名家具（东莞）展览会总经理方润忠的陪同下，前往第43/44届国际名家具（东莞）展览会，考察展会及参展企业的最新情况。本届展会以"聚变2020"为主题，打造了设计+定制+成品+整装的大家居品牌展会。

12 中国家具协会青年企业家委员会成立大会盛大召开

2020年8月28日，中国家具协会青年企业家委员会成立大会在浙江慈溪盛大召开，会议由公牛集团股份有限公司承办。中国家具协会理事长徐祥楠在会上发表讲话。会议任命屠祺副理事长为中国家具协会青年企业家委员会主任，解悠悠为秘书长。公牛集团党委书记陈彩莲为大会致辞。中国家具协会副理事长、青年企业家委员会主任屠祺作青年企业家委员会工作报告。本次成立大会确定了青企委的组织架构，审议通过了工作条例，交流了当前行业发展面临的挑战、机遇、未来和无限可能，见证了中国家具行业充满激情与活力、团结与凝聚的青年力量。

13 家具用嵌入式插座安全研讨会顺利召开

2020年8月28日，家具用嵌入式插座安全研讨会在浙江慈溪顺利召开。研讨会由中国家具协会主办，公牛集团股份有限公司承办。为推动大家居行业智能用电一体化发展，根据中国家具协会团体标准工作的总体安排，中国家具协会研究决定，对《家具用嵌入式插座电器附件常用尺寸和安装配置要求》团体标准项目计划立项。会后，中国家具协会理事长徐祥楠和参会嘉宾共同参观了公牛集团

11

12

4.0智能工厂。本次研讨会的顺利召开,正式开启了家具用电的里程碑,将进一步加快家具电器行业的融合发展。

14 中国家具协会理事长扩大会议顺利召开

2020年9月8日,中国家具协会理事长扩大会议在上海顺利召开。中国家具协会理事长徐祥楠在会上发表讲话,总结了协会、行业、企业近年来各方面工作取得的成绩。中国家具协会副理事长兼秘书长张冰冰主持会议。中国家具协会副理事长屠祺介绍了《中国家具协会第七届理事会筹备工作方案(草案)》。中国家具协会专家委员会副主任刘金良宣读《中国家具协会章程(议案)》修改报告。中国家具协会专家委员会副主任陈宝光宣读《中国家具协会会费收取办法(议案)》修改报告。全体与会代表审议并通过了中国家具协会第七届理事会、监事会人选建议名单,《中国家具协会章程(议案)》及《中国家具协会会费收取办法(议案)》。

15 第26届中国国际家具展览会&2020摩登上海时尚家居展成功举办

2020年9月8—12日,第26届中国国际家具展览会&2020摩登上海时尚家居展在黄浦江边的新国际博览中心和上海世博展览馆成功举办。本届展会展览面积30万平方米,展商2000家。新国际博览中心共计接待124953人次,世博展览馆则有38011人次,超出预期;国内观众到场净人数111511人,较2019年增长4.8%。线上线下海外观众共11268人,来自136个国家和地区。2020年,浦东家具家居双展确立了全新的14字战略方针——"出口内销双循环,线上线下新零售",从纯B2B线下贸易平台发展为出口内销双循环、线上线下相结合的全链路平台,再次彰显引领中国家具产业面向未来的决心与信心。

16 中国家具协会质量标准委员会第二届委员大会在上海召开

2020年9月9日,中国家具协会质量标准委员会第二届委员大会在上海新国际博览中心召开,会议由中国家具协会主办,上海博华国际展览有限公司承办。会议审议通过了《中国家具协会质量标准委员会条例》《中国家具

协会质量标准委员会工作细则》《中国家具协会质量标准委员会第二届委员组织架构》。中国家具协会理事长徐祥楠在会上发表讲话。中国家具协会副理事长兼秘书长张冰冰宣读《关于任命中国家具协会质量标准委员会主任、秘书长的决定》。中国家具协会副理事长、质量标准委员会主任屠祺作《中国家具协会质量标准委员会工作报告》。第二届质量标委会委员经本人申请、单位推荐、秘书处审核、会议研究，层层筛选，最终确定105名委员。

17 中国家具协会设计工作委员会第三届委员大会筹备会在上海召开

2020年9月9日下午，中国家具协会设计工作委员会第三届委员大会筹备会在上海召开。中国家具协会理事长徐祥楠在会上发表讲话。中国家具协会副理事长屠祺作中国家具协会设计工作委员会筹备工作报告。与会代表就《中国家具协会设计工作委员会工作条例（筹备会讨论稿)》行业设计发展方向、存在问题和委员会工作建议等进行了热烈讨论,并对设计工作委员会的工作开展表示期待和支持。宜家家居产品开发技术服务(上海)有限公司副总经理董朝兴、宣伟华润色彩研发院项目经理刘爽爽、周宸宸设计工作室创始人周宸宸分别发表主题演讲。

18 第五届家具标准化国际论坛在上海成功举办

2020年9月9日,以"家具设计与标准化"为主题的第五届家具标准化国际论坛在上海新国际博览中心成功举办。论坛由中国家具协会、全国家具标准化技术委员会主办,上海市质量监督检验技术研究院、上海博华国际展览有限公司承办。与会代表通过本次论坛交换观点、畅谈经验,梳理了国内外家具缺陷产品召回机制,传达了以标准为基础依据的设计理念与思想,鼓励家具企业利用标准化提高产品的通用性和安全性,引导家具企业在不断提高创新能力的同时更加注重标准的指导作用,为促进我国家具产品质量安全提升、更好地走向国际市场发挥了巨大的作用。

19 第12届中国沈阳国际家博会盛大启幕

2020年9月11日,第12届中国沈阳国际家博会盛大启幕。本届展会总规模达到12万平方米,近千家企业参展,套房家具、软体家具、两厅家具、办公家具、门品定制、全屋定制、装饰建材、吊顶卫浴、木工机械、原辅材料及原创设计等11大品类,璀璨绽放。展会首次推出"沈阳家博会线上云展厅",线上、线下全面有机融合,为行业创造全面交流合作的大平台。开幕当天还举办了《疫情常态化下的家居设计思考》主题论坛、沈阳家博会——家居设计大赛"盛京奖"评选、2020国际家具设计流行趋

17

18

19

势发布、"优物设计展"开馆、沈阳家博会云直播以及多达 20 多场的专业对接、直播活动，让与会者在观展的同时，全面了解行业的最新动态。

20 中国家具协会第七次会员代表大会在西安盛大召开

2020 年 10 月 19 日上午，中国家具协会第七次会员代表大会在古都西安举行。中国轻工业联合会党委书记、会长张崇和发表讲话；徐祥楠理事长作《中国家具协会第六届理事会工作报告》；大会选举徐祥楠为中国家具协会第七届理事会理事长，张冰冰为副理事长，屠祺为副理事长兼秘书长，吴国栋为监事长。选举产生中国家具协会第七届理事会副理事长（特邀副理事长）183 名，常务理事（特别常务理事）337 名，理事 636 名。同时《中国家具协会章程》《中国家具协会会费收取办法》一并审议通过。

21 "环球并蓄·与时偕行"中国家具行业发展论坛在西安召开

2020 年 10 月 19 日，"环球并蓄·与时偕行"中国家具行业发展论坛在西安召开。论坛由中国家具协会主办，陕西省家具协会承办。中国家具协会理事长徐祥楠主持论坛；中国家具协会副理事长兼秘书长屠祺作《全球家具行业发展展望》主旨演讲；深圳市家具行业协会主席侯克鹏、深圳市左右家私有限公司董事长黄华坤、克拉斯（北京）投资有限公司董事长王大为、郑州大信家居有限公司执行总裁庞理、上海博华国际展览有限公司创始人及董事王明亮作分别作主旨演讲。此次论坛对当前行业发展环境和产业形势进行了多角度、系统性的梳理，提出了前瞻性的建议和可操作的路径举措。

22 2020 年全国行业职业技能竞赛——第四届全国家具职业技能竞赛总决赛成功举办

2020 年 11 月 1—2 日，2020 年全国行业职业技能竞赛——第四届全国家具职业技能竞赛总决赛在浙江东阳成功举办。本次竞赛由中国轻工业联合会、中国家具协会、中国就业培训技术指导中心、中国财贸轻纺烟草工会全国委员会主办，东阳市人民政府承办。竞赛包含手工木工与家具设计师两个赛项，其中手工木工选手 55 名，家具设计师选手 54 名。本次竞赛是疫情防控常态化下，家具行业举办的首场全国性职业技能竞赛。

23. 中国家具协会党支部深入学习党的十九届五中全会精神

2020年11月5日，中国家具协会党支部书记徐祥楠主持召开全体党员扩大会议，深入学习党的十九届五中全会精神。徐书记强调，中国家具协会党支部全体党员群众要认真学习领会五中全会精神。一要深入学习贯彻落实，二要做好行业发展工作，三要加强协会建设工作。会议认为，党的十九届五中全会是在全面建成小康社会胜利在望、全面建设社会主义现代化国家新征程即将开启的重要历史时刻召开的一次十分重要的会议，对动员和激励全党全国各族人民战胜前进道路上的各种风险挑战，为全面建设社会主义现代化国家开好局、起好步，具有十分重大的现实意义和深远的历史意义。

24. 家具消费迎来利好，协会作用更加凸显

2020年11月18日，国务院总理李克强主持召开国务院常务会议，部署提振大宗消费重点消费。会议指出，要促进家具家装消费，鼓励有条件的地区淘汰旧家具，并对购买环保家具给予补贴。这一提法，是家具行业的重大利好，彰显了中国家具协会在反映行业诉求、提供政策建议、参与政府决策等方面发挥的积极作用。2020年4月，工信部组织开展《家具行业高质量发展政策研究》专题项目。中国家具协会承接相关工作，并随即在行业内开展了调查活动。协会于5月完成相关工作，撰写了调研及政策建议，其中包括希望给予消费补贴、出台家具下乡政策拉动内需市场，以及降低中小企业融资贷款难度、加大减税降费支持力度等具体内容。协会提交的政策建议得到了工

信部等相关部门的充分认可和高度重视，为国家进一步出台相应政策提供了依据。

2020年中国家具协会传统家具专业委员会主席团工作会议顺利召开

2020年12月5日，中国家具协会传统家具专业委员会主席团工作会议在江苏省常熟市顺利召开。徐祥楠理事长在会上对传统家具专业委员会工作进行了充分肯定。屠祺副理事长兼秘书长对专委会工作提出了希望。杨波主席作2020年红木家具行业概况及未来发展趋势报告。京东零售家居事业部高级经理周旭，结合红木家具电子商务营销形势、消费痛点及京东与红木家具未来发展趋势作分析介绍。伍炳亮、张正基、李兴畅、谷建芳、黄俊豪、吴腾飞、张向荣等主席团成员及代表，积极交流，充分探讨，就如何加强专业委员会的会员管理，更好的发挥主席团主席责任、提升专委会影响力等话题展开了热烈讨论。

中国家具协会选拔推荐选手参加中华人民共和国第一届职业技能大赛

2020年12月10日，中华人民共和国第一届职业技能大赛在广东省广州市开幕。大赛是新中国成立以来首次举办的竞赛规格最高、项目最多、规模最大、技能水平最高的综合性国家职业技能大赛。受中国轻工业联合会党委书记、会长张崇和委托，12月8日，中国轻工业联合会党委副书记、中国家具协会理事长徐祥楠作为团长，带队参加家具制作、精细木工、木工等5个项目的比赛。经过激烈比拼，由中国家具协会选拔推荐的3名选手分别获得家具制作项目金牌、精细木工项目金牌、木工项目银牌，并全部入选第46届世界技能大赛中国集训队。集训队选手将作为全国顶尖技能种子选手进行深入培训考核选拔，最终决出各赛项的"全国第一"，出征2022年在上海举办的第46届世界技能大赛。

2020中国家具协会木工机械产业供需交流座谈会在顺德伦教成功召开

2020年12月10日，2020中国家具协会木工机械产业供需交流座谈会在佛山顺德伦教成功召开。中国家具协会副理事长张冰冰主持会议。会议介绍了中国家具协会拟筹备成立中国家具协会智能制造装备委员会，开展针对性服务的工作情况。通过推动装备升级实现家具行业制造水平的智能化提升。会议期间，家具生产企业及木工机械企业双方代表就产业新技术新方向等领域了展开了深入交流，并对智能制造装备委员会的未来工作方向进行了互动讨论。

"中国传统古典家具生产基地"考评工作会议在广东新会召开

2020年12月25日，"中国传统古典家具生产基地"考评工作会议在广东新会召开。中国轻工业联合会、中国家具协会组成专家组对新会传统古典家具产业进行现场考评，新会区政府及当地相关单位领导和负责人出席并接受考评，会议由中国家具协会副理事长张冰冰主持。经会议讨论决定，新会区传统古典家具产业是当地的重要产业之一，其产业规模、产业链配套、社会影响力等方面符合《中国轻工业特色区域和产业集群共建管理办法（修订版）》有关规定，专家组同意建议中国轻工业联合会和中国家具协会授予新会区"中国传统古典家具生产基地·新会"称号。

2020年全国家具行业标准化工作会暨全国家具标准化技术委员会第三届二次全体委员会议

29 全国家具行业标准化工作会暨全国家具标准化技术委员会第三届二次全体委员会议在深圳成功召开

2020年12月27—30日，由中国家具协会、全国家具标准化技术委员会主办，深圳市家具行业协会、深圳市赛德检测技术有限公司承办的"全国家具行业标准化工作会暨全国家具标准化技术委员会第三届二次全体委员会议"在深圳顺利召开。中国轻工业联合会党委副书记、中国家具协会理事长、全国家具标准化技术委员会主任委员徐祥楠在会上讲话，中国家具协会副理事长兼秘书长屠祺出席会议。

会议组织开展了GB/T1.1—2020《标准化工作导则》GB/T 20001.4—2015《标准编写规则》等知识的培训，审定了《家具中有害物质限量》等8项家具国家标准，审议通过了《全国家具标准化技术委员会标准制修订管理办法（草案）》《中国家具标准化"十四五"发展规划（草案）》，表彰了2020年度标准化先进集体和先进个人。

2020 年国内外行业新闻

精准布局　头部企业生产经营规模不断扩大

家具企业扩张步伐不断推进，产能布局是保障市场供应的重要一环。不同于前十年企业将生产基地选择广东、江浙一带，现在更多家具企业把目光瞄准西南、西北、华北、华中等目标市场覆盖率低的区位，以求提升品牌影响力和市场占有率。2020 年，顾家、城市之窗、敏华、美克、金牌厨柜等企业在中部及西部扩建工厂，麒盛科技、金牌厨柜、美克、华盛等企头部企业加速布局智能制造，红星、居然等流通企业在国内外开设新的商场，高品质产品和高标准服务让更多消费者受益。

◆ **顾家斥资 10 亿建设湖北黄冈生产基地**　12 月 10 日，顾家家居发布公告称，公司拟于湖北黄冈建设华中（黄冈）第二制造基地。本项目预计投资约 10 亿元，用地约 300 亩，实现年产能 12 万标准套产品和 500 万立方米定制家居产品，实现营业收入约 15 亿元。

◆ **麒盛科技 2915 万买地建设智能床总部**　12 月 23 日，麒盛科技发布公告称，公司以 2915.45 万元竞得嘉兴市 2020 嘉秀洲-040 号国有建设用地使用权，将用于年产 400 万张智能床总部项目（二期）研发中心及生产配套厂房项目。

◆ **城市之窗湖南生产基地项目开工**　12 月 2 日，城市之窗项目生产厂房及综合楼奠基仪式在桂阳家居智造产业园举行。基地占地约 150 亩，设有利普、意瑞、天辰三大项目生产厂房及综合大楼，可实现年产值 6 亿元以上。

◆ **华盛家具 2.5 亿智能制造工业项目即将启动**　12 月 19 日，华盛家具在中山举行华盛家具智能产业大楼奠基典礼。该项目占地面积 30084 平方米，计划建筑面积 105000 平方米，总投资 2.5 亿元，将结合 5G 新时代工业互联网的办公家具产业布局，打造集产品研发、产品销售、系统服务、品牌推广等一体的商业综合体。

◆ **红星美凯龙投资 50 亿于烟台造购物公园**　12 月 14 日，烟台恒星置业有限公司（红星美凯龙）摘得烟台幸福新城 L5-1 地块为商住地，成交总价 36200 万元，成交楼面价 4132 元/平方米，拟总投资 50 亿元，打造"爱琴海购物公园"，导入体验式商业 MALL、玫瑰天街精品商业街区和大型水秀喷泉广场等产业。

◆ **敏华控股在陕西咸阳建西北生产基地**　9 月 15 日，敏华控股与咸阳市举行西北生产基地项目签约活动。该项目总投资约 40 亿元，建设集研发、制造、销售和服务于一体的智能家居生产线。预计建成投产后实现年销售收入约 20 亿元，新增就业岗位约 5000 个。

◆ **美克家居拟 3 亿元投建数创智造园区**　4 月 28 日，美克家居发布公告称，美克国际家居用品股份有限公司在赣州市南康区与南康区人民政府签署了《工业项目投资合同书》，拟在南康区投资 3 亿元建设"美克数创智造园区"。项目达产达标后，预计实现年销售额 8 亿元。另外，公司计划在南康区注册全资子公司用于该项目运营，注册资本不低于 3000 万元。

◆ **金牌厨柜 12 亿投资西部物联网智造基地** 7 月 30 日，金牌厨柜与成都市双流区人民政府签订了《投资合作协议》，投资项目为"西部物联网智造基地项目"。项目预计固定资产投资约 12 亿元，包括土地、建筑物、附着物、生产性固定资产的投入。

◆ **索菲亚拟设供应链子公司** 7 月 17 日，索菲亚家居股份有限公司发布公告称，拟使用自有资金 1 亿元设立全资子公司"广州索菲亚供应链有限公司"。将在增城宁西工业园建设索菲亚华南区定制家居智能化工业 4.0 工厂，首期投资金额达 5.1 亿元，资金由索菲亚自筹。

◆ **顾家投资 5 亿建越南生产基地** 11 月 24 日，顾家家居发布公告称，拟使用自筹资金约 5.05 亿元投资建设越南基地，该项目将年产 50 万标准套家具产品。

◆ **居然之家首家境外店落地柬埔寨** 6 月 1 日，居然之家首家境外项目于柬埔寨金边店顺利签约，这是居然之家踏出国门的首家店。

开放与融合　家具企业拓展细分业务领域

近年来，医养和教育成为办公家具行业最为热门的细分领域。2018 年底，中泰龙、冠美、百利等企业推出医疗家具产品，开始试水医养家具市场；2019 年，震旦携带医疗家具新品亮相第 20 届全国医院建设大会，圣奥智慧医疗亮相第六届世界互联网大会……头部办公企业都在进入医养家具领域。除医养之外，教育也是不可忽视的市场蓝海。自 2017 年开始，学校家具采购一直占据政府家具采购霸主地位，以绝对优势领先其他细分市场。此外，酒店、租赁等领域受到企业重视，尤其在 2020 年，家装业务家居行业的重要流量入口，尚品宅配、索菲亚、顾家、亚振、金牌、好莱客等家具企业，阿里巴巴、腾讯、网易、京东等互联网巨头，红星美凯龙、国美等卖场企业，东鹏、联塑等建材企业，海尔、美的等家电企业都纷纷通过全屋定制、整体家装等方式切入家装市场，强占市场份额，行业融合现象日益广泛。

◆ **喜临门拟成立子公司拓展酒店渠道业务** 12 月 3 日，喜临门发布公告称，拟出资 5000 万元设立全资子公司喜途科技，负责酒店渠道业务的开拓和发展。

◆ **索菲亚与圣都家居成立合资公司，发力整装市场** 10 月 29 日晚间，索菲亚发布公告称，全资子公司索菲亚家居有限公司与圣都家居装饰有限公司在对浙江省金华市共同投资设立一家有限责任公司达成合意。合资公司注册资本 5000 万元，其中浙江索菲亚认缴出资比例达 51%，圣都家居认缴出资比例达 49%。11 月 26 日，索菲亚与圣都家居达成战略合作，其预备通过双方的资源整合，涉足国内整装市场。

◆ **亚振新增装修业务** 9 月 23 日，亚振家居经营范围发生变更，新增专业设计服务、住宅室内装饰装修等相关服务。

◆ **迪欧集团进军教育家具** 12 月 1 日，迪欧集团宣布，迪欧"教育家具"板块正式上线，集团核心业务调整为"办公、酒店、医养、教育"四大板块。

◆ **富森美首届供应链大会在蓉启幕** 7 月 23 日，富森美首届供应链大会在蓉启幕。成都 20 家知名装饰公司、100 家装饰辅材商、100 家装修建材商、100 家具软装商齐聚一堂，共建战略合作关系。本次活动是富森美家居全面发力供应链建设的创新之举。

◆ **恒林股份拟 7 亿元收购厨博士 100% 股权** 5 月 12 日，恒林股份发布公告称，公司拟以现金收购 GLORY WINNER TRADING LIMITED 持有的东莞厨博士家居有限公司 100% 的股权，估值 7 亿元。厨博士家居是目前国内房地产精装修工程业务领域的优秀企业，主要合作方为万科、碧桂园、保利、阳光城、旭辉、蓝光、金科等房地产龙头企业。

◆ **掌上明珠推出全屋家装战略** 掌上明珠依托成品家具,推出全屋家居战略,实现成品+定制的融合,推出整家设计、整家交付服务,由卖单品转变为卖套餐,从卖产品向卖生活方式转变,帮助用户完成理想生活模式、生活空间的打造,展开新模式店态的探索。

◆ **永艺家居与金鼎成立产业基金** 10月28日,永艺家居发布公告称,与方圆金鼎共同设立永艺金鼎家具产业基金管理中心。基金计划总规模为1亿元,公司认缴出资募集规模的60%,方圆金鼎认缴募集规模的2%,方圆金鼎负责剩余资金的社会募集。该基金将作为永艺产业投资、并购的平台,助力快速完成产业链布局。

◆ **皇朝家居进军融资租赁业** 12月23日,皇朝家居发布公告称,间接全资附属公司舒适梳化同意以现金向科学城融资租赁注资7500万元。注资完成后科学城融资租赁股权将由科学城、舒适梳化及中国金融租赁分别持有75%、22.5%及2.5%。科学城融资租赁为科学城的附属公司,而科学城为皇朝家居的控股股东。皇朝家居表示,收购将有助于集团进军融资租赁业。

◆ **富森美间接入股两家军工企业** 12月24日,富森美发布公告称,公司通过"县域贰号基金""县域叁号基金"间接入股九洲防控和九洲空管两家军工类企业。其中,"县域贰号基金"以现金认购九洲防控492.61万股,占其股本总额11.42%;"县域叁号基金"以现金方式认购九洲空管1459.85万股,占其股本总额8.145%。

◆ **酷家乐正式更名为群核科技发布"4+4+N"产品矩阵** 11月25日,在2020酷+酷科技·全空间数字化生态大会上,酷家乐发布了"4+4+N"产品矩阵,并正式宣布更名为"群核科技",决心从单一的家居场景拓展至全空间。

◆ **美克联合西蒙李成立纳斯特家居** 11月30日,美克家居新增对外投资企业上海纳斯特家居用品有限公司,投资数额1500万元,投资比例60%,西蒙李能源有限公司持有其40%股份。

◆ **好莱客收购千川木门** 7月31日,好莱客发布公告称,拟收购骆正任等持有的湖北千川门窗有限公司51%的股权,交易对价不高于8.25亿元。交易完成后,千川将成为好莱客的控股子公司。千川在工程领域势头强劲,好莱客在零售领域深耕多年,此次结合或将形成强强联合态势。

◆ **金牌厨柜入股马来西亚最大橱柜及定制家居品牌SIB** 据报道,金牌厨柜成功入股马来西亚上市公司SIB,持续推进品牌国际化。SIB是马来西亚最大、东南亚品牌知名度最高的厨柜及定制家居品牌,在本土具有强大的品牌影响力。

◆ **宜家正式入驻天猫** 3月10日,宜家家居正式入驻天猫,这是宜家在全球首次与第三方平台合作销售产品。宜家天猫旗舰店将上架3800余款产品,包括客厅、卧室等品类的畅销商品,并与宜家自有电商平台一样提供送货、安装和退货服务。目前,上海、江苏、浙江、安徽地区的消费者可以在天猫下单宜家产品,之后将逐步拓展至全国其他省市。

◆ **菲林格尔家居亚太研究中心将落户上海** 3月4日,菲林格尔发布公告称,公司全资子公司上海菲林格尔与上海南虹桥投资开发有限公司达成合作,拟在上海虹桥商务区投建菲林格尔家居亚太研究中心项目,项目投资估算3.6~3.8亿元;建设内容为以绿色环保宜居为主题的家居研发中心,包括国家实验室、创新中心等。

◆ **南兴装备拟成立工业互联网研究院** 11月24日,木工机械行业的南兴装备拟以不超过1亿元设立全资子公司"厦门市南兴工业互联网研究院有限公司",构建家具专用装备制造和IDC及云服务两大板块业务的交叉融合。

家具企业进入电商直播爆发阶段

疫情影响下，2020年开年，家具企业、代理商陷入停摆状态。在严峻形势下，电商直播模式一触即发，直播、社群等线上引流获客方式逐渐成熟。红星美凯龙、居然之家等家居卖场推出了品牌联合、"总裁带货"等营销方式；索菲亚联合天猫家装、主播薇娅在直播间联合发布新品；曲美家居发动经销商共同完成超过1600场的直播活动；慕思、尚品宅配等一大批家具生产企业开启电商直播，利用大数据、云计算等数字化技术，在零售端，重构"人、货、场"新场景，构建场景化体验的智慧门店。家居消费需求、渠道、市场格局等发生了结构性变化，企业数字化转型提档升级。本篇仅摘录了部分企业直播营销案例，供读者参考。

◆ **慕思打造直播热点案例** 2020年初，慕思借助直播、社群等做法，1个月成交15万张订单。该营销动作事后获得广泛传播，成为2020年初家居界标志性案例。据公开信息显示，慕思从无实践经验、无运营账号、无直播网红做起，开辟三条战线：一是组建97个微信团队，运营私域流量；二是全国直播，实现用户裂变与在线销售；三是与居然之家合作直播与在线引流。慕思在30天建立了54个直播团队，动员1万人，设立2亿元补贴，展开特惠直播；微信私域成交3万单、全国特惠直播成交10多万单，550多万人关注，128万人转发，150多万消费者自动生成代言海报。居然之家合作直播落地54个城市，成交2万多单。

◆ **尚品宅配联手300个大V发力直播** 315活动期间，尚品宅配联合300个家装大V做活动，包括设计师阿爽、wuli设计姐、设计帮帮忙、设计好房子等。同时在抖音、快手、天猫、京东、看点5个平台，发起直播，老板电器、喜临门等50余个家居大牌共同参与，全国2000家门店在线下联动配合。战果显示：3月14日观看量3017万，免费设计数2.1万多户，全国总订单数18664笔。3月15日返场订单数18664笔。

◆ **金牌厨柜慕思寝具联手打造"中国健康家居直播节"** 11月22日，由金牌厨柜与慕思寝具两大家居头部品牌联手打造的"中国健康家居直播节"拉开帷幕。此次活动借助江西卫视《金牌调解》栏目展开，直播现场采用绿幕特效黑科技，以数字化科技升级数字化营销，新颖别致。

◆ **富森美联手快手打造西南泛家居产业带直播基地** 1月6日，"快手西南泛家居产业带直播基地"在富森美成都总部正式揭牌，由快手科技、富森美、新东方展览共同打造，这是成都市首个双线智慧会展平台在家居产业的落地应用。

◆ **居然之家汪林朋直播首秀** 11月6日，居然之家董事长汪林朋首次直播出镜，联手十余个家居一线大牌，以"老汪来了"为热梗，亲切现身"BOSS来了年度大赏"。此次直播在线围观数量达234万人次、互动点赞数突破3328万、引导成交3.87万单，最终锁定成交金额4.65亿元。此战绩位列当日天猫双11巅峰家具排行榜榜首。

◆ **红星美凯龙五大总裁直播** 3月6日，红星美凯龙"BUY家女王直播大赏"重磅开播。红星美凯龙家

居集团总裁谢坚、红星美凯龙家居集团执行总裁兼大营运中心总经理朱家桂等5大总裁亮相直播间，联手9大高端家居品牌引爆流量上限，狂揽112.72万人次在线观看，包揽家居行业直播四项第一，直播每小时观看人次超千万级网红，跻身全淘宝直播TOP10，再创新家居直播营销新高。

◆ **曲美开启素人直播** 从2月19日开始，启动"爱在春天，曲美人线上狂欢"直播活动，持续20天，到3月9日累计直播400+场次，1000+个曲美家居专业素人主播上线，累计观看人数1000万+人次，获取订单6万+，预计转化销售超过4亿+。

新零售模式日益创新　消费体验持续升级

2020年，新零售依然是家居企业的主战场，部分起家于工程、外贸的公司，也在努力进军国内零售市场。行业内的龙头企业不断拓展新的零售业务，释放出强烈的进取信号。企业主动营销成常态；设计型导购成终端竞争力标配；卖场零售面临挑战，两极分化将持续加剧。富森美、红星美凯龙、居然之家等纷纷引进家电业态，家居与家电的融合趋势已十分显著。以海尔三翼鸟为代表的场景品牌不断提升消费者的购物体验。此外，随着国家精装修楼盘交付比例继续上升，部分家具软装企业组织经销商转型，投入重点力量开发拎包入住渠道，与房企合作，成为精装房的合作供应商。新零售在2020年大放异彩。

◆ **富森美首家新零售自营店亮相** 12月12日，富森美首家线下自营店在成都总部市场亮相，新店营业面积约1000平方米，目标是打造"新零售时代的中国版宜家"，也是该公司今年推进"巩固基本盘，发力新赛道"新发展战略的又一注脚。12月16日，富森美公告称，拟2亿元自有资金设立全资子公司"成都富森美新零售有限公司"，整合公司资金、平台、品牌以及供应链资源等，以新零售模式启动自营业务。

◆ **自营IP首次披露，居然之家谋划六条新赛道** 12月19日，居然之家在新零售成果暨数字化战略发布会上，首次披露六大自营IP，提出将发力包括设计、施工、材料采购、家具采购、物流配送和居家服务在内的六条新赛道。这六条赛道，分别为提供设计服务的躺平设计家、提供全链路数字化家装服务的居然装饰、线上线下合一的基材辅材销售平台丽屋超市、提供仓储配送服务的智慧物联、提供智慧美学生活服务的居然数码以及提供一站式后家装服务的居然管家。

◆ **苏宁首家县级家电+家具店开业** 6月26日，苏宁零售云首个家电家居综合店在福建尤溪开业。门店1100平方米，销售家电、沙发、床、卫浴、日用品等多个品类。店内融合了家电、家居和3C等品类，并通过零售云的云货架和微店等数字工具，联通了苏宁易购线上全品类商品。喜临门、A家家居等家具品牌进驻。

◆ **慕思儿童节超级IP 助力品牌六一营销破圈** 慕思儿童结合六一儿童节，以创新的方式与消费者沟通，借助打造品牌专属IP"慕思儿童节"，通过在全国终端门店落地"买成人主卧送儿童房"的营销活动，在微信发起"给孩子选zui好"的千人拼团，在全国四大城市落地亲子泡泡跑活动以及线上网红直播等一系列营销活动，成为家居行业与消费者互动的经典案例。

◆ **顾家"全民顾家日"晒出25亿元战果** 7月，顾家家居第七季816全民顾家日启动，现场打造沉浸式场景"816顾家公寓"，客餐卧一应俱全，以歌唱、朗诵、杯子舞等形式演绎家居空间体验。战果显示，零售录单总额25.36亿元，同比增长50.4%。

◆ **海尔三翼鸟场景方案卖出68万多套** 2020年9月，海尔智家推出全球首个场景品牌——"三翼鸟"，正式吹响了进军智能家居高端市场的号角，开辟了从卖产品到卖场景的新赛道。2020前三季度，三翼鸟表现抢眼，场景方案销售68.7万套，同比增长24.5%，生态收入增长114%。第三季度生态收入34亿元，增长138%。

2020年家居企业年报发布　行业发展趋势如何

2020年，对家居行业来说充满了困难与挑战。一批企业在大浪淘沙中被淘汰，也有一批企业在困难中找到新的机遇，实现逆势增长。盘点2020行业年度财报，市场在下半年整体回暖，行业运行呈现逐月改善的良好局面。本篇搜集整理了38家家居上市企业公司经营数据，包括家具企业24家、家居卖场3家、原辅材料及设备企业4家、建材企业5家、室内装饰企业2家。18家企业净利润同比增长超过10%，15家企业营业收入同比增长超过10%。

家具企业领域：欧派、顾家营收超过百亿；9家定制家居企业中有6家实现了营收、净利润双增长，企业差距逐渐拉大；软体类家具业绩整体表现较好；美克家居继续保持木家具龙头地位，曲美家居保持较高的利润增速。

家居卖场领域：三大卖场的下滑情况与其门店数量、商户稳定性关系较大，卖场数量遍布全国的红星美凯龙和居然之家净利润下滑势态较重，而区域性卖场富森美表现更为稳健。

建材及室内装饰领域：金螳螂持续领跑，东易日盛净利润由亏转赢，三棵树净利润增长率显著提升。

家具原辅材料领域：南兴、弘亚、丰林、捷昌四家企业整体表现较好，均取得了营收和净利润的正增长。

2020年上市家具及相关企业业绩汇总表

企业	类别	营业收入（亿元）	营收同比（%）	净利润（亿元）	利润同比（%）
欧派家居	家具	147.4	8.91	20.63	12.13
顾家家居	家具	126.66	14.17	8.45	−27.19
索菲亚	家具	83.53	8.67	11.92	10.66
梦百合	家具	65.3	70.43	3.79	1.31
尚品宅配	家具	65.13	−10.29	1.01	−80.81
喜临门	家具	56.23	15.43	3.13	17.61
浙江永强	家具	49.63	5.92	5.3	6.09
美克家居	家具	45.71	−18.19	3.06	−33.91
曲美家居	家具	42.79	−0.01	1.04	26.41
汇森家居	家具	38.96	4.7	5.41	−4.9
志邦家居	家具	38.4	29.65	3.95	19.96
永艺股份	家具	34.34	40.12	2.32	28.22
江山欧派	家具	30.54	50.72	4.56	74.72
金牌厨柜	家具	26.46	24.49	2.93	20.8
麒盛科技	家具	22.6	−10.65	2.73	−30.76
好莱客	家具	21.83	−1.88	2.76	−24.25
我乐家居	家具	15.84	18.93	2.2	42.56
皮阿诺	家具	14.74	0.16	1.95	11.52
皇朝家私	家具	12.02	54.88	—	—

续表

企业	类别	营业收入（亿元）	营收同比（%）	净利润（亿元）	利润同比（%）
中源家居	家具	11.62	8.67	0.42	25.9
顶固集创	家具	8.92	-4.04	0.24	-68.83
永安林业	家具	5.81	-17.28	0.36	115.42
大自然床垫	家具	4.04	3.52	0.28	25.9
ST 亚振	家具	3.12	-16.23	0.17	—
红星美凯龙	家居卖场	142.36	-13.56	17.31	-61.37
居然之家	家居卖场	89.93	-2.56	13.63	-56.81
富森美	家居卖场	13.27	-18.04	7.83	-2.34
三棵树	建材	83.27	39.43	5.01	23.33
大亚圣象	建材	72.64	-0.64	6.26	-13.07
兔宝宝	建材	64.64	39.55	4.05	2.65
大自然家居	建材	39.31	14.7	0.18	-89
德尔未来	建材	15.84	-11.88	-0.32	-140.54
南兴股份	木工设备	21.33	40.33	2.6	27.43
弘亚数控	木工设备	16.89	28.85	3.52	15.79
丰林集团	人造板	17.4	-10.42	1.72	1.42
捷昌线性驱动	智能家居驱动设备	18.68	32.71	4.05	42.96
金螳螂	室内装饰	311.73	1.1	23.79	1.27
东易日盛	室内装饰	34.47	-9.24	1.78	171.61

注：以上数据为不完全统计。

"双11"家居用品增长突出 行业全面走出低谷

"双11"作为中国零售业的大考，已成为观察新消费趋势的重要窗口。从中国人民银行了解到，2020年11月11日，网联、银联共处理网络支付业务22.43亿笔、金额1.77万亿元，同比分别增长26.08%、19.60%。双11当天，全网销售总金额达到3328亿元。从平台来看，天猫平台销售额占总体59.1%，京东占26.5%，拼多多和苏宁分别占5.5%和3.3%。

受疫情影响，2020年"双11"购物节家居用品增长突出，且特点鲜明。一是很多大品牌的销售额大幅增长，超过去年同期；二是销售前10名的榜单，排名比较固定，基本上是前几年上榜的品牌，说明大品牌的发展比较稳定；三是新品类成亮点，如儿童学习桌销售额增长明显，是这次"双11"新崛起的品类。

疫情使得更多消费者居家时间变长。因此，他们对家居环境和工作学习环境的关注，都远超往年。天猫双11抢先购期间，乳胶床垫件数同比增长5600%，智能门锁、设计师家具成交件数同比增长900%；儿童学习桌件数同比增长900%，电脑椅件数同比增长750%，宅家学习、办公成为新需求。天猫双11当天儿童学习桌1分钟破亿、乳胶床垫7分钟破亿等也印证了这些消费趋势的显现。透过数据可以看出，进入十月旺季以来，家居行业迎来了快速复苏，甚至出现了超过去年同期的高增长，行业全面走出了低谷。

◆ **天猫"双 11"家居类排行榜曝光，36 个品牌破亿** 根据天猫公布的数据显示，11月1日至11日10点，100层的"天猫3D家装城"里迎来6000万人次"云逛街"。天猫家装累计诞生188个成交额破1000万的单品，林氏木业、全友家居、源氏木语、喜临门、顾家家居、芝华士、雅兰、左右、慕思、索菲亚、欧派等36个品牌成交额突破1亿元，创造了家装行业今年以来的增长峰值。

◆ **红星美凯龙天猫同城站全域销售额突破 150 亿元** 2020 年，连锁家居品牌红星美凯龙与阿里巴巴紧密合作，"双 11"战绩也刷新了历史纪录——红星美凯龙天猫数字化卖场累计销售额达到 151.52 亿元。据悉，"双 11"期间红星美凯龙的线上总订单数是此前"618"期间的11.4倍，付费券订单近40万单，是"618"期间的22.1倍。可以看出，进入10月份以后，销售额相比年中出现了大幅增长。红星美凯龙官方旗舰店跻身天猫"双 11"百亿合作伙伴，位列天猫住宅家具、家装主材、全屋定制品类旗舰店销售排名第 1，总冠名的天猫双 11 狂欢夜收视全线第 1。

◆ **居然之家"双 11"全域成交额 超 238 亿** 从 2020 年 10 月 21 日 0 点到 11 月 11 日 24 点，居然之家线上线下累计成交金额突破238.3亿元，同比2019年增长14.1%。其中，新零售门店实现销售128.7亿元，同比增长31.8%，再度创造新的纪录。在此次"双 11"期间，居然之家全国门店携手合作品牌开展了1400多场落地活动及100余场明星活动。数据显示，"双 11"期间，居然之家与合作品牌开展的联合营销活动共计实现销售24.1亿元，良好的活动效果获得了广大合作伙伴的认可。

◆ **南康家具产业跻身淘宝产业带 20 强，家具产业带实现数字化突围** 1月4日，淘宝公布2020年度十大产业带，同时发布全国产业带百强榜单。江西南康家具产业进入淘宝产业带 20 强。"后疫情"时代，在新发展格局引领下，阿里巴巴重启"春雷计划"，与全国 2000 个产业带一起实现数字化"突围"。广东佛山家具产业带、浙江海宁皮革产业带的数千名商家集体进驻"淘宝云市场"，天猫"双 11"期间，2 个产业带成交量均突破 10 亿元。

2020 年天猫"双 11"住宅家具品类 TOP 品牌榜

排名	品牌
1	林氏木业
2	全友家居
3	源氏木语
4	喜临门
5	顾家家居
6	芝华士
7	爱果乐
8	雅兰
9	左右
10	慕思

2020 年天猫"双 11"定制家居品类 TOP 品牌榜

排名	品牌
1	索菲亚
2	TATA 木门
3	欧派
4	好莱客
5	金牌厨柜
6	尚品宅配
7	志邦
8	兔宝宝
9	维意定制
10	全友

2020 上市黄金年　家居企业积极寻求上市

2020 年，在国家双循环新发展格局的引领下，我国和我国家居企业迎来一次前所未有的自我转型和升级机遇。2020 年，汇森家居、海尔智家等 18 家泛家居企业上市，上市企业数量较 2019 年增长数倍。此外，多家企业正在进行上市辅导备案，慕思已于 2020 年 9 月 28 日在广东证监局办理了辅导备案登记，定制家居市场，玛格家居于 2020 年 11 月 16 日在重庆证监局办理了辅导备案，广东皇派定制家居集团于 2020 年 9 月 14 日在广东证监局办理了辅导备案登记。随着家居行业的发展成熟，家居企业规模开始扩大，行业集中度不断提升，为了进一步集资扩大规模，越来越多的家居企业走上上市之路。与国际接轨的规范化经营以及上市政策的修订，也为企业上市热潮创造了条件。

◆ **汇森家居正式在港交所挂牌上市** 12 月 29 日，汇森家居国际集团有限公司正式在港交所挂牌上市，股票代码为 02127.HK，发行价为 1.77 港元/股。招股书显示：在 2017—2019 年，这个被誉为行业寒冬的 3 年，汇森家居分别收入 28.24 亿元、33.27 亿元、37.19 亿元；利润分别为 3.77 亿元、5.34 亿元及 5.82 亿元。

◆ **海尔智家赴港股上市** 12 月 23 日，海尔智家 H 股在香港联交所主板上市。此次海尔智家通过新发行 H 股吸收合并海尔电器全部，两家公司变成一家公司，实现智家业务板块整体上市，成为全球第一家在上海、香港、法兰克福三地上市的公司，构建起了"A+D+H"资本市场布局。截至 12 月 24 日，市值约为 2329 亿港元。

2020 年泛家居企业融资速度放缓　入股并购仍是主流

融资方面：2020 年疫情影响下，泛家居行业内的资金和融资事件均减少下来，资本更多地流向拥有成熟模式的成长期企业。137 起融资事件中，仅 47 起创投层面的融资，总金额约 49.88 亿元。从 2020 年的融资情况中可以看出，在疫情的影响下，各行各业都面临极大的压力，不仅是家居行业，全国整体投融资都在下降，真正有前景的项目都已在前几年完成融资或者走到上市阶段。

并购方面：2020 年共发生 42 起股权交易，其中 27 起交易涉及控制权的变化。并购入股的目的基本分为三类，一是资本运作；二是进入新的领域，购买或入股成熟企业；三是对国外市场的开拓。海外扩张层面，以大自然家居、梦百合、金牌厨具最有代表性，分别以 1866.2 万欧元并购波兰复合地板制造 Baltic Wood S.A.，4645.6 万美元取得美国家具零售商 ROM 85% 股权，1600 万元取得马来西亚定制家居品牌 SIB 9.09% 股权。

2020 年中国泛家居行业融资情况汇总表

企业名称	企业类型	融资阶段	融资额	投资方	融资时间
美克美家	家具	战略融资	14.86 亿元	赣州国资	2020-09-29
铜木家具	家具	战略融资	未披露	小米科技	2020-12-21
德品医疗	医用家具	B	近亿元	中安旅游大健康、达晨财智、永鑫融慧、苏高新投资、苏州科技城	2020-01-30
紫光物联	智能家居	C	1 亿元	中金传化	2020-12-31
奇团网	线上家居直播平台	战略融资	数千万	IDG 资本	2020-12-03
小胖熊	辅材供应链平台	战略融资	数千万	齐家网、干嘉伟	2020-01-13
云材网	装修辅助供应链	战略融资	未披露	网易	2020-05-10
中装速配	建材供应链平台	B	5000 万元	璟资本、万融资本	2020-03-10
中装速配	建材供应链平台	B+	千万美元	创世伙伴资本	2020-05-19
变形积木	装配式内装服务商	B	1 亿元	钟鼎资本、不惑创投	2020-12-18
造作新家	设计师家居品牌	C	未披露	梦百合	2020-08-26
全屋优品	软装供应链平台	B2	过亿元	亦联资本	2020-12-21
大健云仓	家居 B2B 外贸平台	战略融资	2.6 亿元	京东集团、禾空鼓	2020-11-24
极享家	互联网家装资源对接平台	A	未披露	富睿财智股权基金	2020-01-14
开工大吉	联合办公空间服务平台	战略融资	数千万	凯德集团、征和惠通	2020-03-02

2020 年中国泛家居行业并购及股权投资情况汇总表

企业名称	企业类型	股权	金额	投资方	合作时间
ROM	美国家具零售	85% 股权	4645.6 万美元	梦百合	2020-02-27
天津保理	商业保理	100% 股权	5.6 亿元	居然之家新等售	2020-03-18
厨博士	木作类产品解决方案	100% 股权	7 亿元	恒林股份	2020-05-13
新家乐云	家居装饰及分销服务商	100% 股权	8985.6 万港元	集一家居	2020-06-15
金科股份	地产开发	11% 股权	46.99 亿元	红星美凯龙	2020-04-13
SIB	马来西亚定制家居品牌	9.09% 股权	1600 万元	金牌厨柜	2020-04-17
Modelo	在线设计协作和管理平台	100% 股权	未披露	群核科技（原"酷家乐"）	2020-04-28
金田豪迈	木业深加工全套解决方案	75% 股权	未披露	豪迈集团	2020-05-08
居然小贷	小额贷款	100% 股权	3.35 亿元	居然之家	2020-06-01
居然担保	融资租赁	100% 股权	1 亿元	居然之家	2020-06-01
顾家家居	家具	6% 股权	14.65 亿元	百年人寿	2020-06-24
科学城（广州）融资租赁	金融租赁	20% 股权	6250 万元	皇朝家私	2020-07-28
千叶木门	门类	51% 股权	7 亿元	好莱客	2020-10-19
东易日盛	装饰企业	5.01% 股权	1.39 亿元	小米科技	2020-10-27
格调家私	家具	控股	未披露	敏华控股	2020-12-18
弘郡商业	商业管理	100% 股权	未披露	红星美凯龙	2020-12-15
县域叁号基金	股权投资	16.67% 合伙份额	1200 万元	富森美	2020-12-14

注：以上统计为部分选取，非完全统计。

强强合作与资源整合助力企业并肩成长

2020 年,无论是异业联盟还是同业联姻,家居企业的各项升级、合作都给行业带来快速发展的机遇。资源向头部品牌倾斜,大家居业整合加速。家具企业与高科技企业、建材企业、家电企业、房地产企业、家装平台、电商平台等领域都开展了新的合作,合作范围更加广泛,优势资源深度整合,合作模式不断升级。同业联姻更多是完善企业供应服务链,弥补自身短板,发挥双方优势;跨界合作往往是强强联手,产生"1+1>2"的强大效应。2021 年,企业依然需要内求定力、外联共生,不管环境多变,提前修炼内功才能把握未来。

◆ **喜临门成为 HUAWEI HiLink 生态伙伴** 12 月 21 日,喜临门与华为消费者 BG 完成签约仪式,正式成为 HUAWEI HiLink 生态合作伙伴。目前,喜临门主导研发的哄睡音乐枕等五款智慧卧室终端已接入 HUAWEI HiLink 生态。

◆ **东鹏、好莱客等企业成立冠军品牌国际合作联盟** 6 月 18 日,东鹏、欧普照明、四季沐歌、老板电器、好莱客五家公司,通过云签约的形式,发起面向海外市场的"冠军品牌国际合作联盟",联手开发海外市场。联盟将共享渠道与终端客户资源,在工程项目、经销商渠道搭建、品牌推广等方面,展开协同合作。

◆ **红星美凯龙与澳海集团达成战略合作** 12 月 3 日,红星美凯龙与澳海集团签署战略合作协议,澳海集团将以 12 省 50 个项目逾 5000 套品质房源进一步深化合作,红星美凯龙将在品牌、营销、设计、施工、供材及售后等方面,提供全流程精装解决方案。

◆ **城外诚与阿里天淘达成战略合作** 11 月 15 日,城外诚与阿里旗下天淘集团达成战略合作,进一步打通线上线下,构建新零售平台。

◆ **富森美与躺平智造达成战略合作** 11 月 8 日,富森美与阿里巴巴旗下家居制造平台"躺平智造"在成都签约。富森美将借助"躺平智造"SaaS 解决方案,进一步布局家居产业 C2M 生态。

◆ **索菲亚全资子公司与圣都家居合资设立有限责任公司** 10 月 29 日,索菲亚发布公告称,全资子公司索菲亚家居(浙江)有限公司与圣都家居合资 5000 万元设立有限责任公司,双方以货币资金形式出资,其中浙江索菲亚认缴出资比例达 51%,圣都装饰认缴出资比例达 49%,合资公司设立在浙江金华。

◆ **敏华控股签约首都机场贵宾公司** 敏华控股与首都空港贵宾服务管理有限公司签署品牌战略合作协议,首批次合作项目为免费提供首都国际机场 T2 国际贵宾室内家具及配套产品。

◆ **梦百合和阿里巴巴 1688 展开深度合作** 7 月 6 日,梦百合家居与阿里巴巴 1688 签署了年度合作协议。通过本次协议的签署,阿里巴巴 1688 将为梦百合家居提供定制化的资源和服务,促进双方更深入的沟通和交流。梦百合家居董事长倪张根表示,此次和阿里巴巴合作,将有利于促进梦百合家居数字化和智能化转型,扩大梦百合家居的市场占有率和品牌影响力。

◆ **金牌厨柜与能率中国达成多项合作协议** 11 月 4 日,金牌厨柜与能率中国在厦门举行合作交流会并达成多项合作协议。合作项目围绕实现燃气热水器与厨柜一体化,设计制造出与厨柜更好配套的家用电器产品,并打造适用于中国消费者的家居生态系统。

◆ **大自然家居与东泰五金达成战略合作** 12 月 22 日,大自然家居和东泰五金"环保+"战略合作签约仪式在顺德举行。双方将从地板、木门、橱衣柜主材、软装家具与五金配件进行全线匹配和升级,推出极致环保的全屋装修解决方案。

◆ **土巴兔与中国移动达成战略合作** 12月22日，土巴兔与中移杭研（中国移动杭州研发中心）签署战略合作协议。土巴兔将和中移杭研发挥各自优势，在品牌、产品、渠道等方面展开深入合作，提供一站式家居体验，共同推动全屋智能生态的发展。

◆ **睿住科技与大自然达成战略合作** 12月17日，睿住科技披露，与大自然家居签署战略合作协议，双方就绿色智慧建筑科技、装配式内装产业等领域展开全面战略合作，未来将在技术研发、市场营销、产品应用及产业发展等模块共享优势资源，持续改进产品技术、转化研发成果。

◆ **三维家和中科大共建先进制造联合实验室** 11月24日，中国科学技术大学数学科学学院与三维家宣布共同建立"先进制造联合实验室"，推动家居产业的数字化升级。

◆ **亿田智能签约月星家居** 12月10日，亿田智能与月星家居签署战略品牌合作协议。双方将围绕渠道下沉、大店经营、联合营销等多重领域展开全方位合作。

跨界经营　行业外巨头布局家居产业

2020年，跨行业经营现象仍在持续热化，来自行业外企业的跨界进入让不少家居人感觉到压力。仅2020年初至5月，碧桂园先后共投资了15亿元入股蒙娜丽莎、帝欧家居、惠达卫浴三家瓷砖卫浴企业，不仅如此，碧桂园还分别派董事进驻家居企业共同参与管理决策。此外，恒大与腾讯的合资企业推出"初星"家具品牌，保利与碧桂园联合设立了50亿元房地产产业链赋能基金，家装、建材辅料、厨房卫浴及智能家居等领域已经成为地产商、互联网企业、家电企业跨界家居的赛道入口。从家居企业自身发展来看，与行业外企业合作，仍是目前度过艰难期、长期迎接供应链融合趋势的必要尝试，权衡风险与得失，头部家居企业纷纷拥抱地产商，开启跨界合作。

◆ **年产值20亿元，星河湾旗下大家居生产基地投产** 12月21日，广州从化区数字赋能高定家居生产基地暨煜丰实业大家居智能制造生产基地（一期）正式启动投产，标志着星河湾正式进军大家居行业。该项目占地280亩，总投资15亿元，建有17个生产车间，覆盖9大产品体系，拥有近100项专利，预计全年产值可达20亿元。

◆ **恒大、腾讯联手推出自然家具品牌"初星"** 5月25日，由恒大腾讯联手打造的恒腾网络宣布，推出自然家具品牌"初星"。"初星"的品牌定位是根据2019腾讯家居行业洞察白皮书诞生，满足大众对于家居预算、风格及健康环保因素这几个最核心的期望。初星产品则专注于纯天然材质，严选天然木材制作，符合欧盟环保标准，目前推出的产品主要包括沙发、床垫、浴室柜、灯具等。

◆ **碧桂园5亿入股帝欧家居** 4月12日，帝欧家居与碧桂园创投签署《战略合作暨非公开发行股份认购协议》。帝欧家居拟向碧桂园创投非公开发行股份，募集资金总额不超过约5亿元。本次发行完成后，碧桂园创投将持有帝欧家居6.5%的股权。

◆ **拼多多助南康家具打造新品牌矩阵** 11月16日，在南康家具新品牌计划大会上，拼多多副总裁陈秋表示："未来五年，平台将联合南康优秀家具制造企业，通过'反向定制、品销合一'的模式，帮助南康孵化20个十亿级家具品牌。"平台除了深入开展新品牌计划，帮助企业研发新产品、培育新品牌之外，还将推出针对家具行业的三大举措：一是鼓励商家突破品类限制，以高频家居产品带动低频家具产品销售；二是将工厂资源与不断完善的线下服务能力开放给所有合作企业；三是通过流量扶持及提供创新性营销工具，降低优秀家具制造企业的运营难度。

◆ **顺丰推出家居送装一站式服务** 10月19日，顺丰宣布面向板式家具、家电、软体家具、卫浴产品，推出覆盖送达、安装、验收、清洁、售后的家居送装一站式服务。板式家具可享有入户、测距、安装服务，家电可享有入户拆包、通电验机服务，软体家具享有入户、拆包、摆放服务，卫浴享有入户拆旧、包装等服务。另外，客户可自主选择上门安装时间，3万派送小哥与6万安装师傅联合行动，平台按约送装达成率可达99.9%。

◆ **海尔衣联网成立智慧衣帽间生态联盟** 11月19日，海尔衣联网在北京联合106家生态方品牌成立"智慧衣帽间生态联盟"，并推出15个智慧衣帽间场景解决方案，同步启动"全国百万家庭衣柜智慧焕新计划"。

智能家居迎来发展机遇

从1984年智能家居概念被提出后的三十多年里，智能家居的发展一直被技术所限制。但到了今天，无论是物联网技术、人工智能、云计算，都已经相对成熟，为智能家居的发展道路扫清了技术障碍。当前，智能家居几乎是所有互联网巨头和家居企业都想争相迈入的领域。

"智能+"赋予经济高质量发展的新动能，成为新一轮工业革命和科技变革的重要驱动力。未来，"智能+"将成为常态，更是各个行业争夺的制高点。不可否认的是，随着产业链条的持续推进、通信协议的不断完善，家居产品的智能化成本也将越来越廉价。智能化，不仅是消费者对高品质生活的内在需求，更已成为各大行业跨界进入家具领域的竞争风口。

◆ **红星美凯龙建设绿色智能家居体验馆** 21日，南京市交通集团与红星美凯龙战略合作框架协议暨润泰集团与红星美凯龙合作意向协议签约仪式举行。总投资约10亿元的绿色智能家居体验馆项目将落户南京雨花台区板桥市场群内的润泰市场。

◆ **华为推出全屋智能战略** 12月21日，华为在东莞召开全屋智能及智慧屏新品发布会，发布了全新升级的智能家居战略和全屋智能ALL IN ONE解决方案，将联合中海地产、佳兆业、龙湖等地产商及居然之家、欧派等家居渠道共建生态。

◆ **海尔智家与菲马仕科技签署战略合作协议** 12月15日，海尔智家与菲马仕科技在青岛签署战略合作协议。双方就智能门产业及海尔智家生态品牌Uhome智能门的市场拓展、服务运营等一系列业务达成深度战略合作。

◆ **金牌厨柜拟2000万元设全资子公司，布局智能家居** 3月6日，金牌厨柜发布公告称，为推进智能家居的战略布局，公司拟出资设立全资子公司"厦门智小金智能科技有限公司"，注册资金为2000万元。本次设立的全资子公司主要从事智能家居研发、设计、生产、销售等业务。

◆ **全球智能家居专利量：三星第一、华为第二** 德国专利数据公司近期发布报告称，全球智能家居专利申请量前十五名中，中国公司7家，美国公司6家和韩国公司2家。三星排名第一，华为第二，华为的专利申请量不到2000件，专利家族大概1000件。中国另外6家上榜公司依次为滴滴、小米、美的、中兴、格力和阿里巴巴。

◆ **宝能智能家居及装配式建筑产业园落户** 5月7日，宝能智能家居及装配式建筑产业园项目在深圳宝能集团正式签约并落户安徽省马鞍山市雨山区。据了解，该项目总投资达21亿元，占地约600亩，主要打造智能家居（智慧照明、家电控制、家庭安防及智能扫地机等智能产品）、厨卫一体化（整体厨房及整体卫浴）、幕墙智能门窗（玻璃幕墙、智能门窗）及装配式建筑4个产业板块。项目建成达产后预计可实现年销售产值约26亿元、年税收贡献约1.2亿元。

◆ **欧瑞博与中国移动达成战略合作** 7月3日，欧瑞博全宅智能家居与中国移动智慧家庭运营中心达成战略生态合作，双方将共同拓展市场，构建行业生态，统一接入标准，实现设备互联互通。欧瑞博将在中国移动平安社区里，推出以MixPad S超级智能开关为核心的智慧社区解决方案，通过AI可视对讲系统、全宅智能家居系统等，解决智能家居与智能物管、智慧社区等各系统割裂问题。

大数据助力企业了解消费者需求

随着电子商务的兴起以及大数据库的建立，企业通过一系列的消费群体数据分析，可以直观看到用户的消费习惯和消费能力，从而进行准确的定位，为产品精准寻求目标消费人群。京东、快手等互联网公司通过家居用品的购买、浏览记录进行家居消费分析；家居企业自身也越来越重视其内部购买数据的归纳和分析。消费细分时代已经来临，家具企业要用好数据分析，进行精准营销和服务。

◆ **京东发布《2019—2020线上睡眠消费报告》** 3月17日，京东大数据研究院发布《2019—2020线上睡眠消费报告》，报告显示，从京东平台上的用户搜索词来看，在购买床和床垫等寝具时，用户最关注的是材质。近两年来，乳胶床垫最受用户青睐；智能床也受到高端消费者的追捧；盒子床垫和抑菌床垫成为床垫类产品的新秀，2019年成交额增长均在10倍以上。

◆ **快手家居行业报告，二线城市新房装修占比6成** 快手联合秒针发布了《快手家居行业价值研究报告》。报告显示，新一线、90后家庭成为家居消费新主力，二线家庭、70/80后潜在需求激增；快手家装内容日均播放量达4.5亿，家居消费者平均消费超15万。

◆ **中国家庭甲醛超标率达31.3%** 家居环境检测平台老爸享测联合清华大学环境学院在杭州发布的《2020国民家居环保报告》显示，全国67624个家庭中，甲醛超标率达31.3%；环保意识空前提高，近七成消费者有室内环境检测需求。

◆ **《2021年家居生活及消费趋势报告》发布** 11月20日，由一兜糖家居APP及中国建博会联合主办，京东居家、宜家、华为、分众传媒、数糖科技特约支持的2021家居生活及消费趋势发布会在广州白云国际会议中心举行。发布会上，《2021年家居生活及消费趋势报告》正式发布。

◆ **一线城市平均家装预算少于二三线城市** 10月13日，土巴兔大数据研究院对外发布《后疫情时代家庭装修报告》称，北上广深等一线城市在基础装修上，业主的平均预算只有7.1万元，二线城市接近于7.9万元，三四线城市则更高，分别为8.5万元和9.3万元。

2020 国内国际各大榜单公布 家居企业表现如何

2020 年，家居行业头部企业和企业家们成绩亮眼，在国内多项重要榜单中斩获一席之地。

企业榜单方面：中国上市公司市值 500 强的评选数据来自东方财富 Choice 数据，统计对象为在沪深港美上市的中国内地公司，2021 年开市后，得益于股市上涨，进入 2020 年市值 500 强的市值门槛为 386 亿元，较 2019 年大幅提升了 114 亿元。胡润百富是追踪记录中国企业及企业家群体变化的权威机构，11 月 25 日，胡润百富发布 2020 年中国 500 强民营企业，2020 年上榜门槛为 230 亿元，比 2019 年提高 90 亿元，增幅 64%。福布斯全球企业 2000 强榜单是基于企业销售额、利润、资产、市值这四大衡量标准进行计算排名的，2020 年榜单中，中国企业表现亮眼，共有来自中国大陆、中国香港和中国台湾的 367 家企业上榜，再度刷新纪录。

个人榜单方面：福布斯中国富豪榜是美国财经杂志《福布斯》针对中国制订的一个榜单（只包含大陆地区），每年更新一次。"胡润百富榜"的上榜门槛连续 7 年保持 20 亿元。家居头部企业及企业家们以闪亮成绩引领行业不断成长进步。

◆ **2020 中国上市公司市值 500 强出炉，7 家家居建材企业上榜** 2020 年股市圆满收官，东方财富网发布了 2020 年中国上市公司市值 500 强榜单。家居行业中，欧派家居、居然之家、顾家家居上榜，其中欧派家居以 802 亿元市值行业登顶，总榜第 245 位。建材行业中，共 4 家上市公司上榜市值 500 强，分别是东方雨虹、北新建材、坚朗五金、三棵树。其中，东方雨虹以 911 亿元市值行业排名第一，总榜第 211 位。

◆ **广州首批"定制之都"示范名单出炉** 12 月 10 日，广州市政府举办全球"定制之都"新闻发布会，发布了首批"定制之都"示范（培育）名单 10 家。其中，家居行业示范企业包括欧派家居、索菲亚家居、尚品宅配、好莱客；示范平台三维家；示范体验馆尚品宅配定制生活馆。

◆ **欧派、居然之家等 6 家家居企业上榜胡润 500 强** 11 月 25 日，胡润研究院发布"2020 世茂海峡·胡润中国 500 强民营企业"榜单，共有 6 家家居企业入围百强榜。其中欧派家居以 700 亿元价值获行业第一，居然之家、红星美凯龙紧随其后。

◆ **福布斯发布 2020 全球企业 2000 强，17 家家居建材企业上榜** 5 月 13 日，美国《福布斯》网站发布 2020 年度"全球企业 2000 强"榜单，建材家居行业有 17 家企业上榜，其中家得宝以总榜排名 106 居建材家居行业榜首，劳氏、圣戈班紧追其后，国内上榜企业有中国建材、美的、格力、苏宁易购、海尔智家、红星美凯龙。

◆ **10 位家具建材老板入选福布斯中国富豪榜** 11 月 5 日，福布斯发布 2020 中国富豪榜，总共有 10 位家居建材企业老板上榜。其中，欧派家居姚良松以 461.1 亿元排名第 69 位，占据行业榜首。紧随其后的是居然之家汪林朋和中国联塑集团黄联禧。

◆ **2020 胡润全球富豪榜发布，家居企业 18 位企业家上榜** 2 月 26 日，胡润研究院发布"胡润全球富豪榜"，家居行业共 18 位企业家上榜，总财富 3920 亿元。公牛集团阮立平、阮学平各自以 490 亿首次上榜，位列 2020 全球富豪榜 297 位；红星美凯龙董事长车建新以 430 亿位列 367 位；欧派家居董事长姚良松以 360 亿位列 464 位。

国际资讯

◆ **日本家居连锁品牌 NITORI 入驻京东** 4月17日，日本家居连锁品牌 NITORI 在京东直播官方旗舰店举行线上开业仪式，NITORI 创立于 1967 年，是当前日本最大的家居连锁店。这是继骊住集团进驻后又一国际化家居家装品牌落户京东。

◆ **全球最大家具代购 O2O 平台意大利之家暂停营业** 5月18日，意大利之家的创始人武瑞军宣布公司暂停营业。据了解，意大利之家已经创办 10 年，是国内唯一的意大利高端家居建材 O2O 平台，因新冠肺炎疫情在全球肆虐，业务受到极大冲击，面临巨额货款和租金缺口因而暂停营业。

◆ **宜家在台湾推出首个完整家具租赁服务** 5月27日，宜家在台湾推出首个完整的家具租赁服务，为企业提供所需的家具与摆饰，合约到期后由宜家回收清理翻新，再以折价方式卖出或重新出租。目前家具租赁服务还在初期阶段，但宜家会持续扩大该业务，2030 年前转型成为 100% 循环经济的企业是宜家的发展目标。

◆ **越南与欧盟签订零关税协议** 6月8日，越南批准了与欧盟的一项重要贸易协议（该协议简称：EVFTA）。协议一旦正式生效，欧盟将消除对越南的 85.6% 关税，7 年后，欧盟继续消除对越南的 99.2% 关税，欧盟承诺对越南零关税待遇的关税限额；越南也将取消对欧盟商品征收的 49% 的进口关税，并将在接下来 10 年内逐步削减其余关税。该项协议旨在促进越南的制造工业和出口业，并将在下个月生效。随着此次和欧盟签订的贸易协议生效，将意味着越南将成为更多中国家具企业打通国际市场的敲门砖。

◆ **9500 件越南产卧室家具在美国被召回** 美国当地时间 7 月 2 日，根据美国消费品安全委员会（CPSC）的公告，美国家具制造商 Avalon Furniture 召回大约 9500 件 Cottage Town 系列卧室家具。召回原因是该系列家具的底漆铅含量超出了联邦政府规定的合格标准，如果儿童吸入了有毒的铅，可能会对其身体健康造成不可逆的影响。据了解，该系列产品于 2019 年 8 月 1 日至 12 月 18 日期间在越南生产，于 2019 年 10 月至 2020 年 4 月期间在连锁家具店 Rooms To Go 的线下门店及线上渠道独家发售，单价在 100~600 美元不等。

◆ **宜家中国首个城市中心店上海开业** 7月23日，中国首家 IKEA City 在上海开业，门店总高 3 层，入口是宜家的当季货品热销区，商品标签上新增了二维码，扫描后会直接导流至宜家的官方小程序，可在线上完成下单。城市中心店是宜家的重要战略，此前在纽约、曼古、东京都有门店落地。

◆ **阿里云为宜家打造智能客户身份管理系统** 10月13日，阿里云为宜家打造的智能客户身份管理系统上线。此系统可以为所有前端统一提供安全、可扩展的身份认证技术，包括灵活的认证配置、多因素认证等。这意味着宜家数字化转型完成关键一步，线下线上数据资源将同步运营。

◆ **意大利奢侈家具品牌 Molteni&C 与 LG 集团跨界合作** 10月19日，意大利奢侈家具品牌 Molteni&C 宣布与 LG 集团的家电品牌 SIGNATURE 玺印达成为期三年的合作。Molteni&C 与 SIGNATURE 玺印将在市场营销方面开展协同工作，两者还将一同进行产品研发，包括 SIGNATURE 玺印的家电、Molteni&C 的民用家具以及 Dada 的厨房家具。

◆ **Arper 家具公司 CEO 成为意大利家具协会会长** 设计家具品牌 Arper 的 CEO Claudio Feltrin 成为意大利家具协会会长。意大利家具协会所服务的木材和家具行业有 73000 家企业和 30 万从业者，涉及意大利各地。该协会主办了意大利米兰展以及在莫斯科和上海的米兰家具分展。

◆ **高点家具展董事会迎来三位新董事** 10月21日，高点家具展董事会召开董事会议，经过投票表决，选举产生三名新董事，包括两位经销商代表，分别是佛罗里达州哈德森家具公司 CEO Josh Hudson、亚特兰大市 Bunglow 古典家具公司总裁 Randy Tilinski，以及一位制造商代表 Hooker 家具公司总裁 Jeremy Hoff。三位代表享有董事会投票权，任期从 2020 年 10 月至 2022 年 10 月。

◆ **埃及与乌克兰探讨家具行业合作**　10月28日，埃及贸易与工业部部长Nevin Gamea会见乌克兰高级代表团。双方就加强家具行业合作达成共识，尤其是要发挥埃及家具之城杜姆亚特在非洲以及中东的领头地位。双方也在埃及扩大乌克兰木材产品在埃及家具产品中的应用达成共识，将为乌克兰产品进入非洲提供机遇。

◆ **海沃氏与美国WB Wood达成战略合作**　11月17日，办公家具巨头海沃氏宣布与商用家具经销商WB Wood达成战略合作关系。WB Wood从即日起成为海沃氏在纽约地区的首选经销商。

◆ **劳氏推出全屋家装战略服务**　在12月9日召开的线上投资者大会上，劳氏（Lowe's）宣布，将推出"全屋家装"（Total Home）战略来提高自身竞争力，加速占领市场份额。

◆ **NITORI完成对日本家具家居公司岛忠的收购**　12月29日，NITORI控股宣布，其完成对日本第七大家居购物中心岛忠的收购。收购价格为1650.53亿日元，收购完成后NITORI所持表决权百分比为77.04%。本次收购有助于NITORI拓展日本市中心市场，以东京为中心的首都圈，特别是借助岛忠的渠道尽早开展业务，进驻黄金地段。

◆ **宜家宣布终止印刷《家居指南》**　2020年，瑞典家具零售商宜家正式宣布终止印刷每年的《家居指南》，该指南拥有70年历史，一般达300页，需要一年时间筹备，最多的时候在世界上50个市场发行2亿册，分为32种语言、69种版本。停止发布指南将为宜家省下大笔费用。

◆ **家得宝布局家具行业**　根据美媒USA TODAY的独家消息，作为全球最大的家居建材零售商，家得宝Home Depot已经切入了家具零售行业，在其线上平台上线了家居类产品，这一品类目前以家具为主。

◆ **Home Depot布局家具行业**　全球最大的家居建材零售商Home Depot在其线上平台上架了家居类产品，这一品类目前以家具为主。Home Depot的首席运营官Ted Decker表示，这是为消费者提供一站式购物体验。

◆ **宜家正式布局墨西哥**　宜家在墨西哥首都及其他大城市推出了线上商城，商城共提供16个产品品类。按照规划，宜家在墨西哥的首个实体，包括一个可以提供7500种商品的门店、一个可以容纳650人的餐厅以及一个供电商使用的仓库。

◆ **欧洲家居建材巨头翠丰集团6.4亿出售子公司业务**　欧洲最大的家居建材零售集团翠丰集团（Kingfisher Group）宣布成功以7300万英镑的价格将旗下子公司Castorama位于俄罗斯的业务，出售给俄罗斯的家居装修公司Maxidom。

◆ **MUJI日本推出家具出租服务**　MUJI近日在日本推出了一项名为"小装修"的家具出租计划，会员可以通过月付或年付的方式来租用家具，租期最长四年，最低月订阅费800日元（人民币约52元）。到期后，客户可以决定是否要购买、退货或延长产品的使用期限。

◆ **意大利高端家具品牌LUXURY LIVING GROUP被收购后将进驻上海与旧金山**　据福布斯中国消息，意大利高端家具企业集团Luxury Living Group（LLG）近日加入Lifestyle Design，隶属美国海沃氏公司（Haworth），并宣布将于2021年正式进驻上海。

◆ **英国昔日两大家具零售巨头疫情过后均进入破产管理程序**　英国零售集团Blue Group旗下的两家大型家具零售品牌，Bensons for Beds和Harveys，都在6月30日宣布进入破产管理程序，由普华永道作为其破产接管人。普华永道表示，床垫零售品牌Bensons的业务被英国零售投资集团Alteri收购获得，另一家家具零售商Harveys目前还未找到合适的买家。

◆ **印度政府投资110亿美元建4大家具产业基地剑指中国**　印度政府拟动用100亿~110亿美元的资金，用于在印度港口附近建立3~4个家具产业集群中心。近年来，印度的家具市场规模在100亿~120亿美元。进口家具的市场规模在15亿~20亿美元，其中超过50%的进口家具来自中国。印度政府称，此举是为了减少印度对进口家具的依赖，并增加出口额。除了投资生产，印度政府还计划借鉴越南的经验，采取大幅上调木材产品进口关税的措施，以推动国内林木产业的长期发展。

◆ **白俄罗斯木材业出口已较2015年实现翻倍**　白俄罗斯通讯社（BelTA）消息，该国木材产业的出口已经比2015年增长了1倍，这是在采访了该国木材、木工、纸浆和造纸业康采恩——白林纸工主席米哈伊尔·卡斯科所获悉的。白林纸工康采恩全称白俄罗斯林业木材加工纸浆生产和造纸工业生产贸易康采恩公司，是由白俄罗斯政府下属的机构联合成立，大约由 50 家不同企业组成，并已成为该国木材加工、家具生产、纸浆造纸的最大制造商。

◆ **乐华梅兰宣布关闭零售门店线下业务撤出中国** 乐华梅兰通过官方网站发出声明称，中国线下业务将于近日全面撤出，但是保留线上业务以及自有品牌。同时，上海全球采购中心也会继续运营。乐华梅兰集团是全球排名第 3、欧洲排名第 1 的大型国际家装建材零售集团。

◆ **家具电商在疫情下的发展** 疫情发生后，世界家具消费在 2020 年也受到了影响。根据 CSIL 测算，世界家具消费额在 2020 年下降了 10%，以出厂价计算跌至 4000 亿美元，以终端消费价计算为 7000 亿美元。然而，电商却呈现相反的态势，全球家具网络销售额实现两位数增长，目前占家具消费总额的 10%。该方面表现突出的国家和地区包括美国、欧洲、中国。北美现在有世界上最大的线上家具市场，占据全球总量的 90% 以上；按产品分，软体类家具表现最为突出，15% 的相关产品通过网络渠道销售。电商市场的竞争十分激烈，亚马逊等全球性电商平台，天猫等地区性电商平台，Wayfair、Home 24、Dunelm 等家具类网站，在 2020 年已经占据了一半的全球市场。CSIL 在 2019 年 11—12 月对世界各地的 100 多家企业进行了调研，发现已有 62% 的企业开拓电商业务，其中亚太地区的电商覆盖比例最大，达到 85%，其次是北美为 75%，欧洲、中东和非洲的覆盖比例为 52%。

◆ **新加坡家具工业理事会开放首个电商采购平台** 新加坡家具工业理事会创新性加快行业电子化进程，推出 Creative-Space.com 网络平台。近年来，一些新加坡家具企业已经开始尝试线上渠道，但是买家基础有限，流量较小。此次新加坡家具工业理事会推出的电子采购和电子市场平台，吸引了二十多家家具生产商和出口商加入，理事会希望未来能有更多的品牌加入进来，第一年的目标是邀请东盟国家的设计师和生产企业展开对接，营造良好的商务生态。

◆ **寻找波兰家具供应商的网络新平台——Buy Poland** 中东欧最大的家具展 Meble Polska 主办方，Grupa MTP 最新打造了"Buy Poland"平台，帮助国外买家对接波兰家具供应商。该平台项目得到了波兰家具制造商商会的大力支持。当前，波兰已成为世界第六大家具制造国。Buy Poland 平台汇聚了波兰国内最主要的家具出口企业，其中既包括自有品牌企业，也包括贴牌生产企业。这些企业产品供应能力强——大型企业具有大订单的完成能力，而小型企业在特定家具产品上专业化程度高。

◆ **马来西亚国际家具展（MIFF）打造线上展览** 马来西亚国际家具展在 8 月面向全球买家举办了线上展览，提供实时的贸易机会。此次线上展览将举办三场专项活动，分别是亚太专场，南美及北美专场，欧洲、中东及非洲专场。采购商可以在虚拟展厅中浏览展位，寻找联系方式、目标市场、宣传资料等信息，同时有机会看到三维产品图片，了解产品详细情况，还可以搜集展商的特别优惠或货运安排等内容。线上展还具有线上语音或视频通话的功能，方便采购商和

供应商进行洽谈。

◆ **马来西亚出口家具展（EFE）打造线上平台** 2020 年，马来西亚出口家具展（EFE）推出了线上交易平台，在疫情冲击下为行业创造新的商机。EFE 线上交易平台 24 小时全年无休，买家能在线上获取参展商最新的产品信息，了解市场趋势，同时可以通过平台与感兴趣的参展商交流沟通。2020 年 7 月 20—24 日，马来西亚出口家具展（EFE）在线上平台举办了线上商业对接活动，获得了参展商和买家的广泛好评。

◆ **潘通发布 2021 年度色** 潘通将极致灰（PANTONE 17-5104 Ultimate Gray）与亮丽黄（PANTONE 13-0647 Illuminating）宣布为 2021 年度色，这两种分明的颜色激发设计灵感，在引起人们内心深沉感觉的同时带来阳光的积极性。

-04-
数据统计
Statistical Data

编者按：本篇行业基础数据均来自中国轻工业信息中心，分为全国数据和地方数据两大类型。全国数据统计了各家具细分行业规模以上企业数量、业务收入、利润及家具产品产量，并对全国家具出口情况做了分类统计；地方数据汇总了全国各省（自治区、直辖市）的家具产量及进出口数据，方便读者查阅具体信息。

全国数据

2020 年全国家具行业规模以上企业营业收入表

行业名称	2020 年营业收入（亿元）	2019 年营业收入（亿元）	增速（%）
家具制造业	6875.43	7315.13	−6.01
其中：木质家具制造业	4087.20	4463.24	−8.43
竹、藤家具制造业	82.50	93.71	−11.96
金属家具制造业	1432.71	1432.58	0.01
塑料家具制造业	82.88	82.39	0.59
其他家具制造业	1190.14	1243.20	−4.27

2020 年全国家具行业规模以上企业利润表

行业名称	2020 年利润额（亿元）	2019 年利润额（亿元）	增速（%）
家具制造业	417.75	469.72	−11.06
其中：木质家具制造业	224.22	265.81	−15.65
竹、藤家具制造业	3.41	5.04	−32.34
金属家具制造业	117.52	114.43	2.70
塑料家具制造业	5.09	5.60	−9.10
其他家具制造业	67.50	78.84	−14.38

2020 年全国家具行业规模以上企业出口交货值表

行业名称	2020 年出口交货值（亿元）	2019 年出口交货值（亿元）	增速（%）
家具制造业	1554.34	1751.65	−11.26
其中：木质家具制造业	614.53	741.14	−17.08
竹、藤家具制造业	21.76	22.69	−4.07
金属家具制造业	504.84	524.27	−3.70
塑料家具制造业	33.42	30.69	8.89
其他家具制造业	379.79	432.87	−12.26

2020 年全国家具行业规模以上企业主要家具产品产量表

产品名称	2020 年产量（万件）	2019 年产量（万件）	增速（%）
家具	91221.04	92169.22	-1.03
其中：木质家具	32157.27	31843.13	0.99
金属家具	40438.54	40906.29	-1.14
软体家具	6839.63	7013.01	-2.47

2020 年全国家具及子行业进出口情况表

行业名称	出口		进口	
	金额（万美元）	同比增长（%）	金额（万美元）	同比增长（%）
家具	6221120.72	10.91	231702.64	-16.06
其中：木家具	1182920.11	1.69	66637.81	-12.99
金属家具	1067617.91	17.15	10451.26	-12.88
塑料家具	134314.89	23.91	1553.97	-40.56
竹、藤、柳条及类似材料制家具	13386.79	21.27	73.71	-12.45
其他材料制家具及家具零件	727499.57	16.85	28844	-14.21
坐具及其零件	2914300.91	10.53	106919.55	-20.73
牙科、理发椅及其零件	19859.56	-2.06	439.92	-46.36
医用家具	81205.33	25.31	13329.19	13.03
弹簧床垫	80015.65	12.92	3453.22	-4.73

2018—2020 年全国家具及子行业规模以上企业数情况表

行业名称	2020 年		2019 年		2018 年	
	企业数（个）	占比（%）	企业数（个）	占比（%）	企业数（个）	占比（%）
家具	6544	—	6410	—	6300	—
其中：木质家具	4182	63.91	4198	65.49	4156	65.97
竹、藤家具	98	1.5	96	1.5	113	1.79
金属家具	1110	16.96	1023	15.96	1025	16.27
塑料家具	104	1.59	94	1.47	94	1.49
其他家具	1050	16.05	999	15.58	912	14.48

注：由于国家统计局数据调整，自 2019 年 2 月开始，国家统计局取消了主营业务收入指标，增加了营业收入指标。

地方数据

2020 年家具行业规模以上企业分地区家具产量表

地区名	2020 年产量（万件）	2019 年产量（万件）	增速（%）
全国	91221.04	92169.22	−1.03
北京市	389.94	469.48	−16.94
天津市	888.50	1025.32	−13.34
河北省	3331.54	3074.54	8.36
山西省	3.11	44.72	−93.04
辽宁省	1591.66	2234.47	−28.77
吉林省	70.04	72.88	−3.90
黑龙江省	238.62	206.83	15.37
上海市	1547.71	2060.56	−24.89
江苏省	4864.75	3420.18	42.24
浙江省	25561.75	24706.35	3.46
安徽省	1134.54	1185.42	−4.29
福建省	13905.56	14859.61	−6.42
江西省	4427.49	4358.02	1.59
山东省	4379.28	4074.88	7.47
河南省	3468.51	2964.95	16.98
湖北省	913.17	1347.29	−32.22
湖南省	997.19	957.80	4.11
广东省	18837.75	20169.82	−6.60
广西壮族自治区	232.35	331.97	−30.01
重庆市	827.65	868.51	−4.70

续表

地区名	2020 年产量（万件）	2019 年产量（万件）	增速（%）
四川省	3033.86	3165.82	-4.17
贵州省	263.43	194.22	35.63
云南省	55.80	48.52	15.00
陕西省	218.63	281.41	-22.31
宁夏回族自治区	2.58	4.61	-43.93
新疆维吾尔自治区	35.61	41.05	-13.24

2020 年全国家具行业规模以上企业分地区家具出口交货值统计表

地区名	2020 年出口交货值（亿元）	2019 年出口交货值（亿元）	同比增长（%）
全国	1554.34	1751.65	-11.26
北京市	1.88	2.14	-12.51
天津市	11.62	12.47	-6.79
河北省	26.08	29.90	-12.76
辽宁省	40.64	45.06	-9.79
吉林省	1.15	1.17	-2.09
黑龙江省	7.54	7.51	0.42
上海市	36.08	51.80	-30.35
江苏省	100.42	103.13	-2.63
浙江省	518.04	532.95	-2.80
安徽省	13.61	12.92	5.30
福建省	173.75	181.73	-4.39
江西省	52.62	47.24	11.39
山东省	69.17	65.73	5.24
河南省	10.83	6.23	73.81
湖北省	3.11	3.42	-9.05
湖南省	0.73	3.88	-81.12
广东省	481.95	638.15	-24.48
广西壮族自治区	0.36	1.21	-70.22
重庆市	4.24	4.37	-2.95
四川省	0.40	0.65	-38.67

-05-
行业
分析
Industry Analysis

编者按：本篇主要记录中国家具行业各细分领域和上下游相关领域的发展情况，以及行业未来发展趋势的分析。今年，编者推出了家具市场营销、出口贸易以及智能制造三个方向的专家文章。其中，市场营销一篇主要介绍了我国家具行业市场营销现状、存在问题以及未来营销趋势；出口贸易一篇主要介绍了家具产业出口贸易的总体特征、中国家具产业的经营特征以及未来家具出口贸易的发展思考；智能制造一篇主要介绍"智能制造一体化"的概念、实施效果和关键途径，为企业提供技术创新的具体路径。

2020 年中国家具行业出口贸易与经营发展的特征分析

北京林业大学经济管理学院教授、国家林草经贸研究院院长　程宝栋
北京林业大学经济管理学院副教授　秦光远

一、引言

2020 年，突如其来的新冠肺炎疫情迅速在世界范围内形成蔓延之势，对全球经济体系，以及各个国家和地区的经济增长、产业运行等均产生了严重的负向冲击，导致全球经济出现了罕见的衰退，不少产业发展呈现严重萎缩态势。从我国的情况来看，新冠肺炎疫情的冲击呈现突发性、严重性和阶段性特征，暴发初期传染性强、传播速度快、防治难度大且防范和治疗经验匮乏等，对全国范围内的经济和社会生产生活都带来了严重的影响，严格限制人口流动是国内绝大部分地区普遍采取的防范举措，措施严厉但效果极好，使得我国在较短的时间内基本控制住了疫情，此后虽有零星聚集性疫情暴发但都在较短的时间内得到了有效的控制，为复工复产以及后续的复学、复商、复市等创造了良好的条件和扎实的保障。

新冠肺炎疫情的冲击对家具产业的发展具有直接影响。根据中国家具协会的统计数据显示，2019 年第一季度，我国家具出口总额达到 128.8 亿美元，进口总额为 6.9 亿美元，上半年家具出口总额和进口总额分别达到 273.5 亿美元和 13.6 亿美元。在 2020 年第一季度，受新冠肺炎疫情影响，我国家具出口总额和进口总额分别为 102.1 亿美元和 5.7 亿美元，分别比 2019 年同期下降 20.8% 和 17.3%，在 2020 年上半年家具出口总额和进口总额分别为 240.8 亿美元和 10.5 亿美元，分别同比下降 12.0% 和 22.7%。可以明显发现，新冠肺炎疫情对家具产业进出口贸易的影响非常明显，在疫情基本控制住的第二季度，家具产业生产和贸易均得到了明显恢复。

从全年数据来看，家具产业生产和贸易的发展要远好于预期。国内疫情防控的显著成效为企业生产发展创造了有利条件，而同时国外疫情风起云涌使得国外市场的本地化供给受到严重干扰，为我国企业出口提供了难得机遇，造就了我国出口市场的出口繁荣。根据国家统计局数据显示，2020 年我国家具类零售额达到 1598 亿元，与 2019 年家具类零售额 1970 亿元相比，降幅巨大，达到 18.9%。2020 年我国家具产量达到 91221 万件，与 2019 年家具产量 89698.5 万件相比，反而逆势增长了 1.7%。2020 年我国家具及其零件出口总额达到 584.1 亿美元，与 2019 年家具及其零件出口额 540.9 亿美元相比，增长了 8.0%。那么，回顾整个 2020 年，我国家具产业的出口贸易发展呈现哪些特征呢？家具产业的经营发展又表现出了哪些特点呢？本文将聚焦这两个问题，结合贸易和产业经营发展数据进行分析解读。

二、家具产业出口贸易的总体特征

国际市场在我国家具产业发展壮大的进程中一直发挥着至关重要的作用，自 2010 年以来，我国家具出口始终稳居世界家具出口国家首位，显示了我国家具产品在世界家具市场具有较强的竞争力。根据国家统计局数据显示，2016 年 1 月至 2020 年 12 月，我国家具产品及其零件的出口呈现出了相似的特征：年初是家具产品及其零件出口的低位，此后逐步增长，到年终达到较高水平，中间虽然有一定波动，但是增长的趋势是明显的、稳定的，如图 1、图 2 所示。

通过图 1、图 2 可以明显看出，2020 年家具产

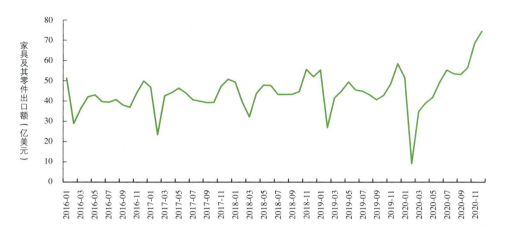

图1 2016—2020年分月我国家具及其零件出口额趋势

注：数据来源于国家统计局网站。

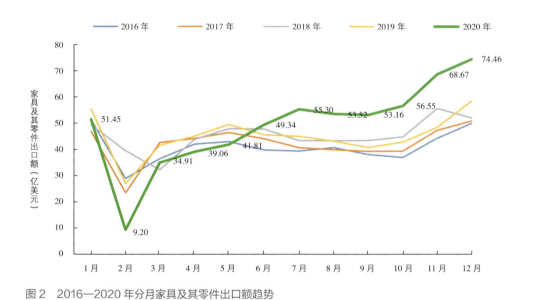

图2 2016—2020年分月家具及其零件出口额趋势

注：数据来源于国家统计局网站。

品及其零件的出口额走势与其他年份显著不同，新冠肺炎疫情对家具产业出口的影响十分显著。从数据来看，2020年1月份的出口额是51.45亿美元，但是到2月份，恰逢我国传统春节假期，受疫情影响及防控疫情的需要，不少地方实施了诸如封城的严厉举措，对人员流动做出了严格限制，生产、流通、运输等几乎所有环节都受到了严重冲击，导致该月家具产品及其零件的出口额仅有9.2亿美元，创造了近年来单月家具及其零件出口额的新低。疫情发现早期近乎严苛的防疫要求和举国抗疫为尽早控制疫情奠定了坚实的基础，也为此后复工复产创造了有利条件。在此背景下，早在2020年2月份，中共中央政治局有关会议就研究指出"要建立与疫情防控相适应的经济社会运行秩序，有序推动复工复产，使人流、物流、资金流有序转动起来，畅通经济社会循环"。随后，各地区积极响应中央号召，创造条件有序推进复工复产。至2020年3月4日，我国已有17个省（自治区、直辖市）规模以上企业复工复产率超过90%，浙江、广西、山东、重庆、江苏复工率在99%以上，基本全面复工。

由于我国家具产业的重心不在湖北，所受影响并不严重，推进复工复产的难度相对较小，常态化疫情防控下家具产业迅速恢复。通过调研发现，江西省赣州市南康区、广东省佛山市顺德区等地的家具企业在3月底4月初已经基本恢复了正常生产经营。从家具产品及其零件的出口额来看，3月份已经恢复到了34.91亿美元，进入第二季度之后，全国疫情防控形势已经根本好转，复工复产在全国范围内有力开展，生产经营形势不断向好。在此之后，虽然个别地区仍有小范围聚集性疫情暴发，但是并未对全国的生产经营形势产生大的影响，至12月，家具产品及其零件的出口额猛增至74.46亿美元，创造了近年来单月出口额的新高。因此，从家具产品及其零件的出口额发展态势看，疫情对家具产业出口的影响是短期剧烈的，我国家具产业发展的韧性在疫情期间经受住了严峻的考验，但是疫情对家具产业的长期影响可能是复杂的，具有较强的不确定性，出口额的恢复性、超预期增长并不一定都是幸运。

此外，2020年第四季度家具及其零件出口额的持续大幅增长，远超近五年同期出口规模，一方面反映了我国家具产业受疫情冲击之后快速恢复，表现出了较强的韧性，另一方面反映了国际市场上家具及其零件的主要出口国的家具产业受疫情影响更为严重，持续稳定地向国际市场提供家具产品和零件的出口变得异常困难。通过调研也发现，2020年第三季度和第四季度，不少家具企业是满负荷甚至超负荷生产，但是不少企业家普遍反映，虽然生产量、出口量出现了大幅增长，但是盈利率和盈利水平并未同步增长，出口贸易的增加值率也未明显增加，原材料和劳动力成本的上升直接侵蚀了相当比重的利润。

三、我国家具产业的经营特征

1. 从零售总额发展看家具产业发展

虽然新冠肺炎疫情对我国家具产业造成了显著而严重的影响，出口贸易波动巨大，但是从全年来看，仍然克服重重困难，较前几年实现了明显的增长。根据国家海关总署统计数据显示，2016年至2020年，我国家具及其零件的出口额从490.38亿美元增至587.43亿美元，在新冠肺炎疫情肆虐全球的2020年，我国家具产业却逆势实现了近年来出口规模的新突破。但是，与出口规模的再创新高不同，2020年我国家具产业国内零售总额进一步下滑，其规模只有1598亿元，较2019年的1970亿元下降了18.9%，较2016年的2781亿元下降了42.5%。家具市场内需的不断萎缩既有国内市场消费和需求能力降低的原因，也有需求市场结构性转型原因。通过图3可以明显看出，近五年家具行业零售额的发展趋势是持续下滑的，这与近年来家具市场消费的定制化、规模化采购等密切相关，正逐步替代零售成为家具产业销售端的主力军。由此则会进一步加剧整个家具市场的调整，大中型家具企业的竞争优势将进一步增强，而小微型家具企业的发展空间将进一步被挤

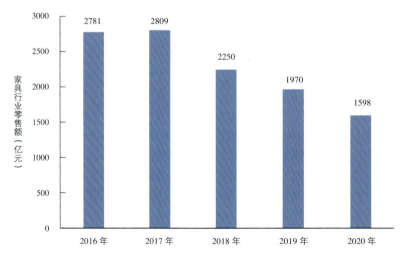

图3 2016—2020年我国家具行业零售总额趋势

压,改变和创新以适应整个家具市场的新格局、新变化将成为所有家具企业的共同选择,小微企业必须要找准定位、培育差异化竞争优势才能在新的竞争格局中赢得生存发展的空间和机会。

2. 从企业数量变动看家具产业发展

当前中国家具产业正处在新格局、新变化的调整期,遭遇新冠肺炎疫情的剧烈冲击,既可能加剧这种调整,也可能直接破坏这种调整,显著增加了我国家具产业发展的不确定性。但是,面临新冠肺炎疫情的冲击,从表1可见,2020年亏损企业的数量和亏损总额均创新高,分别达到了1149家和43.3亿元,相当于2016年的两倍还多。但是,令人鼓舞的是2020年规模以上企业数达到了6544家,较2019年增加了134家,疫情的冲击反而使得一些企业表现得更好,生产和经营规模进一步扩大。因此,疫情的冲击不仅是挑战,可能对多数企业是严峻的挑战,对部分企业可能是难得机会,从整个产业发展的角度看,此次疫情也是一次企业应对风险冲击的能力测试,淘汰一批企业的同时也助力一部分企业脱颖而出,在一定程度上会有利于整个产业的韧性提升和健康发展。

3. 从主营业务收入波动看家具产业发展

主营业务收入(营业收入)是表征家具产业和企业收入能力的最重要指标之一,是企业将成本转化为利润的重要基础和前提。从主营业务收入的视角看,追求收入增长是企业和行业的基本共识,也是实现利润增长和利润率提高的重要前提。但是,近五年来,主营业务收入增长呈现一定的波动性,且下降趋势明显,2018年相比2017年大幅下跌超过20%,此后家具行业主营业收入稳定在7000亿元规模,即便是受到新冠肺炎疫情严重影响的2020年,仍然实现主营业务收入6875.4亿元,较2019年的跌幅控制在5%以内。单纯从主营业收入看,新冠肺炎疫情对家具产业全面主营业务收入的影响比较小(图4)。但是分季度来看,如图5所示,一季度大幅下挫(1月和2月尤其明显),二季度逐步企稳,三季度和四季度稳步回升且超出预期,显然,新冠肺炎疫情对家具行业主营业务收入的影响呈现明显的阶段性特征。

表1 2016—2020年中国家具行业规模以上企业数量和亏损企业情况

年份	企业数量(个)	亏损企业(个)	亏损总额(亿元)
2016	5561	500	19.3
2017	6000	608	22.5
2018	6300	788	32.8
2019	6410	902	33.3
2020	6544	1149	43.3

注:数据来源于国家统计局。

图4 2016—2020年我国家具行业主营业务收入及其增长率

注:数据来源于国家统计局,其中,2020年数据是营业收入额。

进一步分析，家具行业主营业务收入变动所呈现的趋势在一定程度上反映了家具产业发展的现实，从行业的层面大幅扩增主营业务收入的困难越来越大，印证了家具产业在当前的发展形势、发展模式和发展逻辑下已经接近饱和，单纯量的增长难以持续，结构性调整将成为未来发展的主力，会进一步加剧家具产业的竞争分化，专注细分市场和持续追求创新的企业将获得更好的机会。不仅如此，家具产业的内涵会更加丰富、外延会更加拓展，与其他行业、新兴业态的结合融合会更加快速和深度，有可能为家具产业的转型升级、持续发展提供新的动能和机遇（图5）。

4. 从利润波动看家具产业发展

一般来说，利润是企业家的经营成果，是企业经营效果的综合反映和具体表现形式，其本质是企业的盈利。近五年来，家具产业的利润总额呈现波动下降趋势，2017年和2018年是一个分水岭，此前此后的利润总额规模相差近100亿元。从利润总额数据来看，2020年家具产业的利润总额表现较好，达到417亿元，比2018年仅下降约8亿元，比2019年下降约45亿元。但是，从营业收入毛利率、销售利润率这两个指标的变动趋势看，均比较稳定，似乎2020年全球肆虐的新冠肺炎疫情并未对家具产业的营业收入毛利率和销售利润率产生显著的负面影响，一定程度上反映了家具产业内企业的经营具有较强的韧性，也不存在暴利行业或微利行业的"一哄而上"或"一哄而散"，家具产业内部已经在多年的产业成长和变革中形成某种稳态结构：顺周期共享发展红利、逆周期抱团取暖共度时艰（图6）。

分月来看，如图7所示，表征2020年家具产

图5　2020年我国家具产业营业收入额及其增长率

注：数据来源于国家统计局，其中，由于1月份数据没有公布，使用1至2月份累积额的均值来表示1月和2月的营业收入，会导致对2月份营业收入的高估和对1月份营业收入的低估。

图6　2016—2020年我国家具行业利润总额趋势及利润率情况

图7　2016—2020年规模以上家具企业分月累计利润总额趋势

业累计月度利润总额的折线图位于最下方，由此可以明显感知新冠肺炎疫情对家具产业利润总额的影响，企业的盈利能力普遍下降，导致行业的累积利润也稳定低于往年。从累计利润总额的增速来看，2020年下半年明显加速，最终实现全年利润总额与2018年接近，将新冠肺炎疫情的不利影响控制到最小。当然，2020年利润总额增长加速的过程，出口贸易发挥的作用至为关键（图7）。

四、家具产业出口贸易与经营发展

1. 出口贸易对家具产业经营发展的影响将会持续，但需引起企业、行业和政府有关部门的警觉

新冠肺炎疫情对2020年我国家具出口贸易的影响是深刻的、显著的、阶段性的，这一趋势将会在未来的2~3年时间里持续，世界范围内不少国家的家具企业正常生产受到了不同程度的影响，既减少了本国市场的供应，也缩减了对国际市场的出口，但是需求却并未受到严重冲击，受不少国家货币政策极为宽松的影响，国际市场尤其是发达国家市场需求不降反增。在此情况下，由于我国率先较好地控制住了疫情的扩散和蔓延，常态化疫情防控下的复工复产迅速高质量推进，有力地保障和恢复了我国加工制造产业的产能，家具产业也不例外，这为家具产业在2020年取得瞩目成绩奠定了扎实基础。外向型家具企业受益于出口贸易的大发展，在大疫之年却实现了难得的丰年。

沿循这一形势，家具企业加码出口的动能越足，所产生的路径依赖和生产惯性将越强，这对于处在转型期的家具产业而言，并不全是有利的。由于全球范围内疫情仍在持续，局部地区还有反弹加剧趋势，但是，从新增确诊病例数等关键数据来看，不少发达国家和地区的拐点已经出现，疫苗接种的快速推进将会极大缩短控制疫情的时间，换言之，不少国家控制疫情的可能性越来越大、时间预期越来越短，生产恢复是必然的，而这些国家和地区的产能恢复则不可避免会对我国家具产业的发展尤其是出口产生重大影响，忽视或弱化这一考虑，仅凭企业自身的判断和认知，将会对我国家具产业尤其是外向型企业产生难以估计的负面冲击，这一点需要引起企业乃至行业和政府有关部门的高度警觉和重视。

从数据来看，2021年3月7日，国家海关总署公布了2021年1—2月份累积进出口数据，家具出口额达到719.5亿元，较上年同期（424.1亿元）增长了69.6%，同期我国货物贸易进出口总额较去年同期增长也达到了32.2%。巨幅的增长既有2020年1—2月份受新冠肺炎疫情影响的原因，但即使与2018年、2019年同期相比，2021年1—2月份的出口额增速也大大超过了20%。出口大增的前提是国内已有的家具企业继续扩大产能、新企业不断进入，集中向国际市场出口家具产品，如果国外市场的产能恢复仍需一段时间，这一趋势将会进一步加深，进入的企业更多、新上马的生产线更多，简单的扩大再生产带来充足产能的同时，也埋下了产能过剩的风险，在一定程度上可以认为是对家具产业供给侧结构性改革成果的侵蚀。但是，一旦国外主要家具生产区域的疫情得到控制，世界范围内家具产能的新高将近在眼前，激烈的市场竞争将不可避免，有多少国内家具企业能够稳妥胜出？又有多少国内家具企业惜败淘汰？当局者迷，想让身在其中的家具企业对此保持清醒的认知和客观的评价似乎并不容易，需要行业和产业主管部门调整策略、科学谋划、积极引导，助推家具产业健康可持续发展。

2. 家具产业需要加紧构建以国内大循环为主体、国际国内双循环兼顾的新发展格局

以 2008 年全球金融危机为分界点，家具产业快速增长的核心动力由以外需市场为主转向外需和内需兼顾，但外需市场仍然是家具产业增长的重要力量，换言之，以国际大循环为主是家具产业发展的核心模式。然而，这种模式在特朗普当选美国总统之后，发生了比较明显的变化，中美贸易战愈演愈烈，虽未出现本质上的中美脱钩，但是家具产业对美出口市场受到了明显的冲击，存在较大的不确定性。受新冠肺炎疫情和美国新总统拜登上任，中美关系并未发生根本性转变，美国对华经济贸易关系的再调整、再布局将会对中国的产业部门、外贸部门产生深刻影响。虽然新冠肺炎疫情迟滞了美国政府对话经济贸易关系的再调整和再布局，但是却无法阻止，我国企业和产业以国际大循环为主的发展思路和模式必须要调整和改变，留足充分的空间和韧性来应对美国对华经贸政策的显著转变。

受全球范围内经济增长乏力和新冠肺炎疫情影响，国际上贸易保护主义和单边主义盛行。为了应对美国硬脱钩，中央适时提出了"加快构建以国内大循环为主体、国内国际双循环相互促进的新发展格局"，这也是我国政府高层清晰地认识到我国目前正处在经济结构转型、优化和转变经济增长动能的攻坚期，统筹国际国内形势、科学研判之后，提出的发展战略转型。这是当前我国经济和产业发展的最重要的宏观判断之一，要加快向以国内大循环为主体、国内国际双循环兼顾的新发展格局转变，但是，家具产业出口市场异常活跃，从企业和行业的视角看，立足和瞄准内需、构建国内大循环，并未引起企业和行业足够的重视和应有的警觉。古语有言"凡事预则立，不预则废"，新冠肺炎疫情在国内肆虐的一季度，外向型的家具企业所受到的巨大冲击应该还历历在目，要积极转向国内市场、重点补齐国内市场短板和弱项等在疫情严峻时期几乎成为家具出口企业的广泛共识，但是到了下半年国内疫情基本控制之后，外贸市场日趋活跃，这些共识多数又被抛在脑后。若如此，不做改变，下一次的严重冲击将是可预见且不可避免的。正是基于这些考虑，无论是家具企业和行业，应当前的全球疫情发展形势有清醒的认知，要为疫情之后的持续发展积蓄力量、培育竞争优势，国内市场将成为家具企业角逐成长的核心市场。如何构建家具产业的国内大循环，需要重点把握几个重点方向，即市场整合、内需挖掘、数字经济、产业链整合与重构、品牌角逐。

双循环经济下家具企业做强之路
——"智能制造一体化"

南京林业大学家居与工业设计学院教授、博士
6M家具企业集成管理系统创始人　　李军

双循环经济是国内为主国外为辅的双循环。随着我国实力越来越强，内循环占主导是必然，特别是新冠肺炎疫情在国外肆虐，恢复正常还需要时日，因此调整企业战略适应双循环是家具企业的课题，做强企业是每个家具企业的必然面对和选择。

家具是人们生活、工作和交往过程中的必需品，换言之，家具企业在双循环经济中的角色转变，势必加剧了同行竞争。就产品而言，双循环后的模式变化要求OEM、ODM和OBM都适应，订单类型及批次数量有差异性也要适应，服务差异性也必须适应，其中服务差异性最考验企业核心竞争力强弱。

在现状不变的情况下，随着订单总量增加而实现纯利润率同步增加，才是企业实现高质量发展的硬道理。

一、"智能制造一体化"概念解析

企业的核心竞争力＝企业硬实力×企业软实力，其中，企业硬实力包括土地、厂房、设备、员工、物料、资金等因素的数量；企业软实力包括文字、数字、符号、图纸等信息的智能化程度。

当信息通过语言口头传达、笔和纸传达时，其智能化程度最低，企业软实力小于等于1，属于经验管理类型，具有滞后性和不确定性。如果团队建设不强大，企业软实力表现值更小，甚至接近为零，此时企业的核心竞争力较弱，还可能呈现亏损状态。

当信息是通过计算机网络来传达与衔接时，企业软实力大于等于1，属于科学管理类型，具有高效性和精准性。企业软实力的高低取决于信息孤岛打破程度，取决于企业整体体系对于人工操作的依赖程度，即打破和依赖减少的越彻底，企业软实力越强，其数值在1的基础上逐渐升高，其核心竞争力成正比。

"智能制造一体化"是家具智能制造的典型代表，其内涵在企业中呈现三个状态。

一是全部，是指网络全覆盖，企业每个人员的操作均在特定网络中完成，形成一体化。

二是数字，是指产品数字化和设备数控化，其中产品数字化是指精准的三维建模，非数控设备数控化是指让非数控设备傻瓜式操作完成生产任务。

三是关系，具体包括以下三种关系：

（1）企业内部人与人之间简单高效的工作关系，有技术难度的工作用智能制造降低技术难度或用计算机代替，对于工作量大容易出错的工作也用计算来代替；

（2）人机交互的简单友好关系，通过扫描二维码完成指控设备，同时也完成相关的管理工作；

（3）数控与非数控设备的科学平衡关系，数控与非数控设备之间的本质是面向加工对象的"生产辅助时间"的差异，因此为了智能制造而放弃或削弱非数控设备单位时间产能大的优势，则不是最优方案。

综上所述，"智能制造一体化"是能够管控到每个操作细节的整体解决方案，与众不同之处是将"细节是魔鬼"和"管理出效益"统一且达到事半功倍的效果。"智能制造一体化"不仅仅是形式，而是企业软实力表现，其数值不仅仅是简单的大于1，而是高出更多（实践经验证明，在条件不变的条件下，智能制造一体化能做到在单位时间内生产效率提升4倍），并且随着熟练程度的提高、范围的扩大以及深度的加深，企业核心竞争力将翻番增加。原

因在于细节是魔鬼、细节决定成败、细节是整体战略目标的精准转化与细化，细节管理到位并且是轻松、始终如一保持管理到位（智能制造一体化主要点在于减少人为干预），企业生产效率必然得到提提升。

二、"智能制造一体化"实施效果

产品设计：产品设计不能100%落地，就不能100%转化成企业的竞争力，从而100%转化企业的利润额。特别是定制产品的设计需要将消费者的需求直接100%转化成符合企业标准、规则、规范和要求的信息，如物料采购信息、生产加工信息、产品品质信息以及管理信息等。以此赢得消费者，逐渐扩大消费者群体。

标准和规范：在保障整体先进性的前提下，细化到可操作层面，在每个操作环节可执行，操作人员通过规范操作，无须额外培训就能执行到位。技术延续、技术突破、技术执行、技术决策浑然一体。

交期：交期的长短是手段，受市场竞争影响，交期并非越短越好，当与同行相当时为佳，关键在于承诺交期与实际周期的关系，实际周期短于承诺交期，并且越短越好，因为实际周期越短，企业获得红利越多。本文所指实际交期缩短是指且仅指通过减少信息闭环中流转环节和辅助时间来实现交期的缩短，而非指改变且提高现有硬件条件来缩短实际交期。

质量：质量是全链条中每个细节都做到位的结果。定位不同的产品，管控点及标准也不尽相同，关键是管控点要准，管控成本要低，并且每个细节都要因标准变化而自适应调整，且持之以恒、管控到位、服务于整体目标，从而保证质量。无论高质量还是普通质量，都是全面而细致的概念，需要始终贯彻到每个细节，实施"智能制造一体化"则可避免靠人为、开会、突击等短暂性、随机性完成的情况。

产量：为了服务更多的客户，制造企业普遍追求提高产量，但是如果企业的纯利润率不能同步提高或保持原有水平，企业的核心竞争力就会下降，因为企业软实力没有跟上。企业生产能力强的判断指标是每小时每平方米的产出量高低，该指标紧密相关全链条中每次操作是否有效。如果无效或效率低的动作和操作都被软实力提升而挤压掉，就能保证生产能力在有效时间内转化为产出，则企业就一定会既大而强，而不是仅大不强。

成本：在保证产品质量不变前提下，尽可能降低成本，如通过科学的物料平衡降低所有仓库的库存量；通过减少无效环节或岗位、减少全链条中操作步骤的浪费、降低每个操作的技术难度、提升出材率以及增加新技术、新材料、新工艺的应用等方法，降低成本，达到"积砂成塔"的收益效应。

员工：职业素养和职业技能是每位员工两个关键属性，同时也是代表企业整体软实力。员工整体职业素养和职业技能越高，企业就具备了做强的基础，在此基础上，经过长期培训和训练，保持稳定的人员，这对于企业来说实属不易。随着我国经济向好以及老龄化社会的到来，企业必须要解决"人"的问题，否则将影响行业的发展，当然更会影响企业的发展与生存。有效地解决方法就是通过"智能制造一体化"，如：降低岗位技术难度，减少繁重、容易出错和技术难度高的岗位等，建立简洁、高效且责任明确的新型工作关系，让每位员工容易胜任本职工作且容易获得成就感。

三、"智能制造一体化"实施关键途径

智能：智能是将容易出错变成不出错、将技术难的工作变得简单、将耗时长变得高效、将消耗人力大变成消耗人力小、将耗材大变成省材、将复杂变成简单、将不可能变成可能……提升企业软实力就是智能，因此需要整体与细节的统一、一致和协调，其目标就是提高纯利润率的增长，但不是分解利润率到每个岗位进行核算，而是通过"智能制造一体化"转化为岗位操作内容，并且是简单易操作的内容，不需要额外增加工作量。

贯通：贯通是指全信息链条中，信息的产生－传输－执行－反馈－结果，一气呵成，众多智能功能点自动衔接不中断，是信息直达到生产岗位操作，中间几乎没有人为干预。这是高效和不出错的代名词。

直达：从企业信息链条的信息源产生后，通过扫描二维码操作，经过"智能制造一体化"的恰当处理，将信息直达采购操作、直达车间岗位操作，直达仓位，直达工地、直达安装现场、直达管理岗

位。展现是的整体一致性、高效性和协调性，最终呈为企业软实力。

简单容易：是指执行层面的简单容易，即将直达的信息简单容易转化成劳动成果，主要通过操作简单的"点击"和"扫描"来实现，未来企业将会有更多人胜任岗位的场景，"用工荒"现象将逐渐减少，而生产人员、技术人员、办公室人员、销售人员、外协人员、管理人员和决策人员都将更加有成就感，更加热爱本职岗位，推动企业良性发展。

总之，"智能制造一体化"实现了多单多产多红利，快捷快速快完工，好材好工好产品，省人省事省成本。它的实现关键是靠"智能制造一体化"系统软件全天候、持之以恒地 100% 实现，企业软实力才能展现出来。反之，靠增加部门岗位人员来一点点地实现，是不稳定的，更是不易被消费者和市场认可的。

我国家具行业市场营销现状及未来趋势

中南林业科技大学家具研究所所长、博士后　陶涛

我国家具行业经历四十余年的改革、建设和发展，已经进入到买方主导、供过于求的新常态，国家层面供给侧改革的步伐逐渐加快，经济结构调整已经步入深水区，粗放式发展的传统家具企业在利润日趋微薄的大环境下正面临严峻的市场挑战。伴随着以大数据、云计算、人工智能为代表的新技术取得长足进步并深度赋能各行各业，市场已经进入了大变革的时代，互联网正在以摧枯拉朽的态势对传统行业进行颠覆与重构。在历经数千年发展的家具行业，数字化设计、智能制造、新零售等一系列新概念、新模式、新平台正在引发产业链各个环节的巨变。

一、我国家具行业市场营销现状

市场营销是家具企业的最核心业务之一，是企业变现的最主要方式，家具企业的效益绝大多数情况下都要依托营销实现，行业内的龙头企业无一不是以营销见长。在整个家具产业链的各个环节中，营销是与市场关系最为密切的一环，也是受大环境影响最直接的部分。当前，家具企业普遍存在创新能力不足、竞争力有限、中低端产能过剩、高端产品缺失等现象，市场竞争通常以纯粹的价格战、营销战等低层次竞争形式展开，粗放型发展的传统家具企业在利润日趋微薄的大环境下正面临严峻的市场挑战，行业迫切需要深度的结构调整与转型升级。近年来，随着经济环境、科学技术的快速发展，家具营销的大环境呈现出以下几个方面的特征。

1. 消费者的购买力稳步提升

经济环境的稳定给家具营销带来了良好发展土壤，国民生产总值与人均可支配收入的稳步提高意味着家具营销的组织消费者与个人消费者的消费能力的不断提升，2020 年全国居民人均可支配收入 32189 元，比上年名义增长 4.7%，扣除价格因素，实际增长 2.1%。家具消费市场不断扩容，消费结构不断升级，自然带动了家具企业的投资与产业经济的发展。

2. 新生代逐步成为主要消费群体

出生于改革开放后的年轻群体逐步成为家具产业最具购买力的人群，这一群体在家具消费上具有与 60 后、70 后截然不同的价值观。价格在消费决策中的地位有所降低，产品材质的接受范围也有所变化，时尚潮流、绿色环保、个性定制、智能家居、舒适便捷等成为这一代人家具消费的新标签。除此以外，生长在信息爆炸时代的新生代群体，其创新能力以及对新产品、新理念、新模式的包容性也更强，这也为家具营销的快速发展带来了可能。

3. 科学技术助推营销模式的变革

对家具营销领域影响最为明显的技术领域包括材料科学、制造技术与信息技术。材料科学的发展为家具产品的呈现形式提供了越来越多的可能性，新结构、新功能、新款式都需要借助材料来实现，家具作为耐用消费品，其耐用性也有赖于材料科学的进步；制造技术的革命性发展大幅缩短了家具产品的交付周期和产品的生产成本，提高了产品品质，进而推动了定制家具、家具电商、家具售后服务等商业模式的革新；信息技术为家具营销带来了空间近乎无限、全天候、全渠道且完全场景化的虚拟陈

列、一对一个性化的客户运营管理与智能推荐，互联互通、实时更新的全面营销数据分析与监控，点对点精准开展的营销推广等。

4. 政策驱动家具营销的结构调整与规范化

自然资源、环境保护、广告宣传、上下游产业相关政策法规直接或间接的推动家具产业结构调整，进而影响家具的营销。相关环保政策一方面促进了家具产品的消费升级，另一方面由于家具制造基地迁出而引起供应链成本提升，影响家具产品的价格和供应周期；有关广告宣传的法律法规大幅规范了家具企业的营销行为，加速推进家具营销由大面积撒网的获客模式向点对点精准营销转型；以房地产为代表的上下游政策，也会直接影响到家具营销的市场结构，在国家大力推进精装修交房的趋势下，家具营销中工程订单的占比大幅提升，家具企业的营销行为也随之发生改变。

5. 国际形势对家具营销产生负面影响

中美贸易摩擦对家具营销的直接影响是外贸订单的锐减，其间接影响是大批以出口为主要业务的家具企业产能过剩，转化为内销产能，进一步加剧了国内家具市场的竞争。此外，日趋复杂的国际形势也加大了天然林木进口的难度，在国内家具市场上实木家具仍然占较大份额的现实条件下，家具制造企业的原材料成本不断攀升，挤压了家具企业和家具中间商的生存空间。

6. 疫情对家具营销是冲击又是机遇

突如其来的疫情让家具行业2020年上半年基本陷入停滞，对营销带来的直接冲击是家具线下门店很难营业，客户萎缩，间接影响是家具企业无法复工，产品供应出现紧张，家具展会全面延期，市场营销活动受到全面影响。冲击中伴随着机遇，疫情期间的家具需求大幅转至线上，基于线上开展营销的家具企业影响相对较小，市场对于"网上买家具"的接受度进一步提高，有助于家具营销向线上线下深度融合的方向发展。

2020年我国家具行业规模以上企业达到6544家，与上年相比增加134家。同时亏损企业1149家，比上年同期增加247家。我国家具行业整体亏损总额不断增加，2020年亏损总额43.3亿元，比2019年同期增加10亿元。近年来，我国家具制造业营业收入总体呈小幅度下降趋势，2020年受新冠肺炎疫情影响较大，家具行业规模以上企业实现营收6875.4亿元，同比下降6%。2020年全年家具行业实现利润总额达到417.7亿元，同比下降11.1%。2020年我国家具行业毛利率17%，与上年相比下降0.4个百分点，家具行业销售利润率达到6.1%。与上年相比下降0.4个百分点。

二、家具行业市场营销面临问题

以上数据表明，家具行业正处于调整期，产业结构面临调整，家具行业洗牌还在进行中，家具营销模式面临颠覆与重构。目前，家具营销主要存在以下几方面的问题。

1. 信息化程度普遍不高

伴随着以大数据、云计算、人工智能为代表的新技术取得长足进步并深度赋能各行各业，市场已经进入了大变革的时代，互联网正以摧枯拉朽的姿态对传统行业进行颠覆与重构。在历经数千年发展的家具行业，数字化设计、智能制造、新零售等一系列新概念、新模式、新平台正在引发产业链各个环节的巨变。在当前数智互联的时代背景下，许多家具企业的"数据荒漠"现象十分突出，呈现出无用户数据、无交易数据、无关系数据的"三无"与低质量、低效率、低关联度的"三低"特征。这是新常态下许多家具企业举步维艰的主要原因。

2. 营销观念比较陈旧

在买方主导、供过于求的新常态下，许多家具企业仍然以营销部门为中心，以将现有产品销售出去为目的，其背后的逻辑是生产推动营销，生产部门能够生产什么，营销部门就去销售什么，导致客户需求被压制。与此同时，家具营销过程中缺乏服务意识、品牌意识和诚信意识，忽视售中和售后服务，滥用商品名称、偷换概念从而以次充好的现象还比较突出，导致一些消费者对市场缺乏信心，在购买活动中疑虑重重。

3. 创新能力比较有限

创新能力不足，知识产权矛盾是家具行业的顽疾，在营销方面的具体体现主要有三个方面：一是终端营销环节更希望制造环节复刻市场反馈较好的产品，从而达到提高短期经济效益的目的；二是新的商业模式一旦带来效益就引起各方资本的一拥而上，新模式在缺乏标准约束的情况下迅速偏离原轨道，导致市场和消费者被误导，或者创新成果被窃取；三是过分重视短期效益，对创新过程中不可避免的失误和损失的包容性过低，更愿意将企业资源应用在品牌宣传而不是创新试错。

4. 获客途径和渠道比较落后

在信息爆炸、渠道碎片化的趋势下，家具的营销活动普遍面临引流难、转化率低等严峻形势，家具企业在缺乏更有效的获客途径的前提下，为求得生存，通过非法手段获取消费者电话进行大面积呼叫、进入小区张贴和滥发传单扰乱秩序的现象尤为突出，营销渠道拓展行为有待进一步规范。

5. 难以应对上下游跨界打劫

总体来看，家具制造业属于低门槛的劳动密集型产业，缺乏明显的行业壁垒，因此在面临资金实力更为雄厚的上游地产、装修企业的整合时常常处于不利地位，许多地产、装修企业直接兴办或收购家具工厂，形成完整的大家居产业链条，家具营销的客户资源从源头就被截流，家具企业在面对这种跨界打劫时应对比较乏力。

6. 企业前瞻意识明显不足

绝大部分家具企业的营销部门的关注点在于业务本身的计划与执行，营销模式来源于行业惯例，对营销逻辑、营销技术层面的关注不足，没有专门设置营销相关研究机构和人员，营销方式以模仿为主，缺少前瞻性的研究和探索，在面对市场趋势变化、新技术重构营销时比较被动。

综上所述，在风起云涌的当下，供给侧改革的不断深化，技术革命深刻改变了人们的生活习惯与消费行为，家具市场营销正面临着引流难度大、渠道碎片化、跨界打劫、降维打击、去中介化等严峻形势，个性化、智能化、场景化、数字化、网络化将成为家具市场营销发展的主要方向，新理念、新模式与新业态未来将会日新月异、层出不穷。

三、我国家具行业市场营销未来趋势

我国家具行业市场营销未来很可能将突出两个重点努力方向。

第一，强调真正意义上的以人为本，以客户为中心。 借助新技术强化与客户之间的相互交流，同时通过大数据、云计算、人工智能技术全程采集客户寻找、研究、体验产品过程中的各项行为数据，挖掘、分析、跟踪客户需求，并通过有界面、能表达、可采集、可挖掘等方式实现与客户的相互交流，把用户需求始终放在第一位，优化家具企业营销管理体系，实现产供销全产业链的优化，进而推动、拉动家具企业实现持续盈利！

第二，关注数据驱动，线上线下融合发展。 在营销的思维中，互联网是助力传统家具门店再次腾飞的"帮手"，通过线上驱动，线上与线下互为补充，在全面数字化的基础上，实现全渠道、全链路的互联互通。基于广袤的数据资源和先进的智能制造技术来优化家具企业的管理体系，精准而敏捷的调控市场营销活动，这对于推动实现我国家具行业供给侧改革、家具产业结构优化与转型升级的成功具有重要意义！

从整体上分析，家具营销的主要参与者包括家具制造企业、家具流通企业、家具营销配套企业与消费者，从近年来上述四个群体的发展动向，以及家具卖场、家具展会、企业营销、其他行业营销发展进程等方面来看，当前家具营销发展的新趋势主要包括以下几个方面。

1. 消费观念逐步更新

新生代迅速成长、人民生活水平日益提高、社会文化蓬勃发展以及十八大以来党风廉政建设净化社会风气的共同影响下，家具消费观念从关注价格、实木材质、体量厚重、装饰复杂、欧美风格逐步向追求品质、材质多样、造型简洁、传统文化复兴的方向转变，家具营销的价格策略、产品结构也将随之发生改变。

2. 消费渠道逐步转移

信息技术不断推动传统产业的变革，消费者接受信息的渠道相比过去发生了深刻的变化，传统推广渠道弱化，短视频、直播、公众号等互联网新模式不断涌现成为主要的传播途径；一直以来不温不火的家具线上营销，在疫情助推下已经获得了消费者的广泛认可。在这样的前提下，家具的营销渠道必然由传统的线下营销向基于新媒体的营销推广和线上线下融合发函的道路演进。

3. 个性定制方兴未艾

新的消费观念以及住宅空间的现实条件的共同作用下，个性定制成为消费者的普遍需求。从营销层面来看，首先，定制化的产品增速惊人，定制家具企业营收实现了对传统家具企业的超越；其次，在产品个性化的同时，消费者还对营销的个性化提出了更高的要求，一对一个性化营销模式必将成为主流。

4. 细分领域蓬勃发展

产业细分是规范化的一个重要体现，从当前的市场实际来看，家具的行业细分已经逐步由模糊变得明晰。民用家具领域细分为成品/定制家具、实木/板式/板木/软体家具、儿童家具、多功能/折叠变形家具等多个品类，公共家具领域细分为办公、酒店、医养、校具等分支，此外还逐步形成了户外家具、展示家具、智能家具等不同的家具领域。细分后的各个领域和方向在产品结构、消费者群体、商业模式等方面都存在鲜明的差异，在专业化的背景下，不同领域的家具营销也必然逐步分化。

5. 智能营销日渐兴起

营销的数字化、系统化乃至智能化是信息技术直接作用于营销的历程，其他行业已经具有较为成熟的发展路径，家具行业低关注度、耐消品的固有属性使得其营销信息化的进程稍慢，但可以预见的是，借助新技术强化与客户之间的相互交流，同时通过大数据、云计算、人工智能技术全程采集客户寻找、研究、体验产品过程中的各项行为数据，挖掘、分析和跟踪客户需求，并通过有界面、能表达、可采集、可挖掘的方式实现与客户的相互交流，基于广袤的数据资源和先进的智能制造技术来优化家具企业的管理体系，精准而敏捷的调控市场营销活动，这一趋势已经势不可挡，这对于推动实现我国家具行业供给侧改革、家具产业结构优化与传统家具企业的转型升级的成功也具有重要意义。

6. 工程订单比重加大

随着近年来国家和各地陆续推出住房全装修相关政策，民用家具领域组织消费者尤其是地产商订单大幅增加，特别是在定制家具领域，许多龙头企业的工程单量已达到零售单量的一半。在全装修住宅以及拎包入住项目的大面积实施，工程订单、大规模集采等形式的营销还将进一步扩大，更深层次的影响家具营销结构。

2020年，面对历史罕见的冲击，在以习近平同志为核心的党中央坚强领导下，化危为机，紧紧围绕全面建成小康社会目标任务，统筹推进疫情防控和经济社会发展工作，坚决打好三大攻坚战，加大"六稳""六保"工作力度，以保促稳，稳中求进。中国家具协会积极作为，注重用改革和创新方法，助企纾困与激发活力并举，帮助受冲击最直接且量大面广的中小微家具企业渡过难关，同时加大对大企业复工复产的支持和加强"点对点"服务力度。这些有力举措获得了可喜的成效，家具行业营业收入、利润、产量增速等指标在2021年第一季度得到明显回升，为行业的快速、健康发展创造了良好的条件。

在当前后疫情时代的大背景下，家具的营销已经发生了深刻的变化，大变局中蕴含了无数的机遇与挑战，相信，在国家扶持、协会支持、企业跟进的协作机制下，家具行业的市场营销将迎来又一次巨大的发展机遇期，很快我们将能看到一批真正意义上以人为本，线上驱动，与线下互为补充，在全面数字化的基础上实现全渠道、全链路互联互通，国内国际双循环，规范化运营的家具新营销模式和一批由此获益的企业，进而实现我国家具行业市场营销更高层次、更高水平、更高质量的科学发展！

-06-
地方产业
Local Industry

编者按：2020年疫情平稳后，各地陆续组织企业复工复产，保证了行业整体的有序恢复和稳健发展。据统计，2020年，全国规模以上家具企业产量前十的地区依次是浙江、广东、福建、江苏、江西、山东、河南、河北、四川、辽宁，上述地区家具产量占全国家具总产量的91%以上。其中，浙江、广东、福建产量稳居前三位。从区域分布来看，东部地区家具产量保持最大优势，累计完成7.37亿件，占全国家具产量（下同）的80.8%，同比下降0.21%；中部地区累计完成1.09亿件，占12%，同比增长0.79%；西部地区累计0.47亿件，占5.12%，同比下降5.39%；东北部地区累计0.19亿件，占2.08%，同比下降24.42%。本篇收录了全国26个重点省（自治区、直辖市）2020年行业发展情况介绍，主要记录各地区行业概况、行业纪事、流通卖场发展情况、特色产业发展情况、品牌发展及重点企业情况等方面内容，供读者参考。

北京市

一、行业概况

2020年，受疫情影响，实体经济遭受重大考验，北京家具行业整体发展增速放缓，前期增速近乎停滞，行业加速洗牌。在此环境下，企业主动进行产业结构调整、品牌优化升级，加强平台合作，在存量市场中创造新的增量，以积极状态应对困境。一年来，行业在科技创新、绿色发展、合作共享、文化传承、社会责任等各方面呈现较强发展态势。

二、行业纪事

1. 科技引领智能创新

2020年，黎明文仪入选北京市经信局"第23批北京市企业技术中心名单"，创新技术获得认可；曲美家居"2019年北京市智能制造标杆企业"正式授牌，生产方面打造综合信息流自动化的集成智造平台。在北京市工商联发布的2020北京民营企业百强榜单中，家具制造企业继续登榜，居然、曲美分别位列榜单第38、70位，丽日办公登北京民营中小企业百强第77位，一系列榜单彰显了北京家具企业科技应用成效。

2. 环保理念促进发展

为促进制造业高质量发展，多数企业加快推行生产线改造升级及产品绿色设计。其中，黎明文仪入选工信部"工业产品绿色设计示范企业公示名单"，曲美家居入选工信部"绿色工厂"，天坛家具入选"绿色供应链"名单。三家企业绿色制造体系建设获得国家认证，并成功入选"2020年第一批北京市高精尖产业发展资金项目"，成为家具乃至轻工行业标杆示范领军力量。同时，傲威环亚智能家具产业园的低温静电粉末喷涂等生产线正式投产，用全新家具喷涂技术，从根源上杜绝VOCs的产生和排放，环保家具产品让行业及市场获益。

3. 特殊时期彰显社会责任

据不完全统计，2020年疫情期间，北京市工商

2016—2020年北京市家具行业发展情况汇总表

主要指标	2020年	2019年	2018年	2017年	2016年
企业数量（个）	324	450	880	900	1000
工业总产值（亿元）	223	300	320	385	390
规模以上企业数（个）	35	50	50	59	66
规模以上企业工业总产值（亿元）	117.5	163.7	185.2	200.3	210
出口值（万美元）	21509.5	19170.7	21836.9	21200.5	28488.4
内销额（万元）	2604000	2800000	3058060	3724900	3871511
家具产量（万件）	1750.5	1948.3	2403.7	2500.3	2680.6

数据来源：北京海关、北京家具行业协会。

联系统951家民营企业和商会组织等单位，为疫情捐款捐物共计21.15亿元。其中，居然之家、黎明文仪、意风家具、爱依瑞斯、世纪京泰、非同、华日家具、红星美凯龙、荣麟、飞美、HC28等家具企业积极履行社会责任，向疫情中心及周边辐射地区提供疫情防控物资、款项捐赠等力所能及的帮助。在2020北京民营企业社会责任百强榜单中，居然之家、曲美家居、集美家居齐上榜，体现了家具人的爱岗敬业和社会担当。

三、家具流通卖场发展情况

在信息技术飞速发展的当下，大消费、泛家居、AI新零售等新概念层出不穷，经过了几年全面升级的家具卖场，已经不满足于多业态商业综合体，在综合市场选择后，卖场逐步向智慧运营、智慧服务、智慧物流于一体的智慧家居卖场靠拢，为打造新兴智慧城市打好基础。

1. 居然之家

居然之家在北京共有8家门店，总面积达51.74万平方米。2020年，居然之家发布数字化时代家装家居产业服务平台，包括躺平设计家、数字化智能家装服务平台、装修基材辅料销售平台、智慧物流服务平台、智能家居及家居用品销售平台和后家装服务平台在内的六大直营IP，服务于上下游全产业链，从而向消费者输出标准化、高品质的家装家居完整解决方案。居然之家将与意大利米兰三年展、德国红点设计大奖联手设立"米兰三年展中国馆"和"红点设计博物馆"，将北京北四环店打造成为"居然之家生活方式体验中心"。

2. 集美家居

集美家居在北京有4家商场，总经营面积近40万平方米。公司发展至今，业态丰富多元，涵盖家居体验、千人影院、教育培训、时尚美食、健身娱乐、博物馆、儿童乐园等，现已经成为"智慧家庭+品质健康+成长陪伴+交流共享"的智慧生活体验中心。2020年，集美控股开发了北京慈善义工联合会项目，该项目上线运行后为义工联合会提供了便利服务，也彰显了集美长久以来的公益精神与社会责任。

3. 红星美凯龙

红星美凯龙在北京共有5家门店，总面积约47.75万平方米。2020年，红星美凯龙打造了包含天猫同城站矩阵、全网精准投放矩阵、官方自媒体矩阵、全民营销矩阵、家装社群矩阵在内的线上五大矩阵，实现了全域、全场景、全链路、全周期用

居然之家

集美家居

红星美凯龙

户运营，成长成为家居家装品类第一数字化用户运营商。在服务方面，全新升级"星承诺·心服务"战略，在社会各方的共同监督下，全方位提升居家置业体验，构筑服务体系标杆。

4. 蓝景丽家

蓝景丽家在北京的独立卖场面积近 10 万平方米。2020 年，蓝景丽家从单一经营到健身、餐饮多业态共同发展，从外观朴实低调变身地区商业地标型建筑，完成从传统家居卖场到家居商业综合体的升级，同时着手打造集品牌家居体验店、生活零售集合、特色街区、科技服务于一体的复合业态组合模式。"家居改变计划"发布，实现卖场、品牌、行业三方功能互通，改变家居环境，促进产业升级。

5. 城外诚家居

城外诚家居在北京的独立卖场面积达 35 万平方米。2020 年，城外诚家居增加"花艺街"，形成大软装业态，"五金城""酒店用品城"两大全新场馆正在筹备中，计划从京城单体规模最大的家居卖场向"泛家居综合航母"升级。同时，城外诚与阿里生态——天淘签约，将展开 AI 新零售深度战略合作，打造京城首家融智慧化运营、智慧化服务于一体的智慧家居卖场。

6. 家和家美

家和家美在北京有 5 家门店，总面积 15 万平方米。公司不断突破固有模式，丰富业态布局，甄选品牌，整装出发。2020 年，公司启动了家居商城橱柜厅重装、公用办公家具厅装修、家纺家饰厅招商等系列工作；同时，设立的小展厅兼具商品展销、会议、拍卖等功能，创新成为"市场＋展览＋电商"模式，通过多种新展览展销及线上线下活动，为传统的业态注入新的活力。

四、品牌发展及重点企业情况

1. 天坛家具

天坛家具拥有绿色家居全产业链，旗下包括以现代家具为主的"天坛"品牌、以人造板及其深加工为主的"天坛木业"品牌、百年京作非遗老字号"龙顺成"品牌、专业影剧院座椅生产者"天坛玛金莎"品牌、欧洲精品门窗制造商"爱乐屋"品牌、木门行业领导者"金隅北木"品牌。

2020 年 1 月，天坛木业（曹妃甸）创新产业项目正式投运，在京津冀协同一体化战略发展大背景下，天坛家具在符合自身发展路线的前提下，主动进行产业升级转移，投资建设的板式家具工业 4.0 生产线全线贯通，逐步向现代化工业智能制造转型升级。天坛木业无醛板环保新板材试制成功，为形成绿色家居产业链做好原材料供应。7 月，天坛家具在广州展上发布绿色家居产业链，致力于打造以技术、设计为引领的科技型家居产业。2020 年，天坛家具绿色体系、高精尖发展获得国家认证。

2. 曲美家居

近年来，曲美家居不断通过科技创新和技术改革，提升生产制造装备自动化及智能化水平，加快信息化与工业化融合，打造了先进的绿色智能化数字工厂。生产环节方面，曲美家居建立综合信息流自动化的集成智造平台，实现离散式生产、智能生产，建立总装式工厂；制造系统方面，曲美家居通过强大的 ERP 系统打通制造端与零售端，实现订单分析、实时派工、工艺选型优化等生产操作模式。

2020 年 6 月，曲美家居启动第 8 季以旧换新大型绿色行动，活动以"环保才时尚"为题，倡导可持续健康发展，以云直播形式为大众展示了曲美环保检测中心、水性漆喷涂生产线、VOCs 在线监测系统、分货/理货系统立体库等一整条家居绿色生产链。10 月，曲美家居环保再升级，推出零甲醛添加原木结构板，基材为大径材原木，使用不含甲醛的 PMDI 生态胶和添加剂，使其成为接近天然实木结构的人造板材；同时，零甲醛添加原木结构板上市标志着曲美家居绿色发展迈入环保 5.0 阶段。到 2020 年，曲美家居绿色发展、智能制造已连续多年获得国家认可。

五、行业重大活动

1. 释放消费潜力，北京消费季之家居节召开

2020 年，为激活消费潜力，繁荣市场经济，受北京市商务局委托，北京家具行业协会策划并举办了"北京消费季之家居节"，将数十场"炫彩、惠民"的京城家居促销盛宴展现在市场眼前。整个家

北京消费季之家居节

北京家具行业协会设计专委会沙龙

居节期间，各大家居品牌累计派发各类消费券2.6亿元，开办主题活动70余场，推出爆款产品800余种，开展直播带货30余场，多措并举拉动家居销售。经过了四届的努力和探索，"北京家居节"的影响力正不断扩大，"以活动促消费，以品质拉需求"的特色更加鲜明，成功完成了"刺激消费、带动升级、惠及市民"的目标。

2. 引领创新发展，设计专委会主题沙龙召开

2020年为北京家具行业协会设计专委会重启的第二年，为重振家具品牌信心，谋划家具设计出路，设计专委会邀请了高校、原创设计品牌、家具企事业单位的十余位专委会专家、副主任委员，以"设计、创新与未来"为主题，围绕家居设计、合作创新、平台职能等角度展开深度对话。既从小事着手，也将蓝图绘制，尽己所能对接各方资源，最大力度发挥平台的力量。

3. 布局年度工作，京津冀企业复工复产调研

为了解外迁企业的发展状况和疫情之后部分企业生产恢复情况，北京家具行业协会走进芦台工业园区、汉沽临津产业园、京郊产业基地进行调研。先后走访了世纪京泰、嘉利信得、华澳盛世、伯特利、丽日办公、世纪京洲、强力家具、欧嘉璐尼、伊丽伯特、米兰印象、景宏木业等企业生产基地及办公总部，通过参观家具体验中心与产品研发中心，与生产车间与负责人探访交流，了解企业生产状况、产品研发进展、发展方向及相关需求，为下一年度工作规划提前展开布局。

4. 加强校企合作，年度公益设计大赛展开

2020年，北京家具行业协会再次联合北京林业大学材料科学与技术学院、中关村人居环境工程与材料研究院，举办第三届乡村悦读空间公益设计大赛，并将比赛落地小学特别选址在湖北省枣阳市平林镇新集小学。通过向校园及社会征集符合主题的设计方案，经评选与优化，为选定的贫困地区学校建立公益图书馆，大赛综合多方优势资源，用阅读文化为乡村孩童丰富精神家园。

（北京家具行业协会　程瑜）

上海市

一、行业概况

在上海市政府"5.5 购物节"等拉动内需的政策推动以及下半年上海房地产良好走势助力下，上海家具行业的制造总体产值达 280 亿元，同比下降 8.1%；利润总额实现 41.58 亿元，同比增加 16.1%，实现了多年以来的利润正增长。体现了上海家具制造企业的韧性和成长性。

二、品牌发展及重点企业情况

1. 震旦（中国）有限公司

震旦集团于 1965 年在台湾创立，2003 年启用上海陆家嘴震旦国际大楼。震旦家具主营业务为办公家具、医疗家具、学校家具，除自主设计研发，也与国际大师及国际品牌跨界合作。2020 年，震旦家具提出疫情后新的"Activa"办公模式，通过软硬件跨界结合，企业由硬件生产商转型为"硬件+软件"综合服务商，引入智能科技装备，为顾客提供专业优质的办公环境解决方案。公司成立未来办公实验室，打造全新办公空间解决方案 Activa Solution，为数字化转型的创新企业提供更好的办公生活方式。Activa 未来办公解决方案将入驻美的、万科等企业的创新部门与创新实验室，为中国智造 2025 创新产业赋能。此外，公司积极参与行业主题论坛，为产业转型升级、驱动上海家具行业竞争力跃升而助力。

2. 亚振家居股份有限公司

亚振作为根植于上海，是传承融合东西方文化精髓的民族品牌，迄今已有近 30 年历史，作为工信部品牌示范企业、上海市非物质文化遗产传承单位，在品牌与文化层面不断积淀升华。亚振曾代表海派家具进入民大会堂、APEC 会议场馆、意大利佛罗伦萨中意设计交流中心；也曾连续 5 届成为世博会中国馆指定家具品牌；并积极参与 2020 迪拜世博会、助力第二届、第三届上海进博会。

随着年轻一代逐渐成为家居产品的主力消费，AZ1865、Maxform 麦蜂、亚振定制产品设计以去风格化，兼容多种家装风格为主向，灵活适配 80

2016—2020 年上海市家具行业发展情况汇总表

主要指标	2020 年	2019 年	2018 年	2017 年	2016 年
规模以上企业工业总产值（万元）	2769218	2973800	3272300	3220400	3028000
出口值（万元）	360760	509300	585100	670200	702500
销售产值（万元）	2799267	3038600	3303900	3231400	3039600
利润总额（万元）	415774	354800	398000	376000	—
税金总额（万元）	64300	64900	85100	114000	—

数据来源：上海市经济和信息化委员会。

后、90 后消费群体崇尚的生活方式和审美需求。亚振·AZ（AZ1865）以海派现代风格，采用国际化设计和世界先进工艺，展现中西兼容、开放大气的时尚理念，覆盖中青年人群对时尚产品的消费需求；亚振·AZ（Maxform 麦蜂），以极简海派风格，定位多元、自由的现代轻奢家居生活文化；亚振定制品牌，独立承接地产精装房、精品酒店、私家大宅等大宗或整装业务，致力于为消费者提供美好生活空间的综合解决方案。

3. 上海飞域实验室设备有限公司

公司成立于 2000 年，旨在为客户设计和装备安全、现代、科学、智能的生物、医学、化学科研和检测实验室。公司先后注册"S&F""飞域"商标，通过美国 SEFA 认证，获得"上海市高新技术企业""上海名牌""上海市著名商标""上海市品牌培育示范企业""上海市'专精特新'中小企业"等荣誉。公司拥有专利 22 件，其中发明专利 2 件，实用新型专利 20 件，软件著作权 30 件。公司在实验室新风系统、排风系统、废气处理系统、集中供气系统、集中纯水系统、集中供气系统、实验室定制家具系统、办公定制家具系统的设计中，尝试实现智慧管理，极大地降低了实验室的运营成本和管理成本，提升了实验室科研工作人员的职业安全和管理效率。

4. 多少 MoreLess

作为原创家具品牌的践行者，多少一直在探索当代中国人生活空间的营造方式。2020 年，多少在产品设计创新上，以"长青"为主题推出了全新系列家具。多少已经累计覆盖了全国 30 个城市的专卖店，具备专业的供应链管理体系，门店分布上除了大型家具卖场外，还有独立门店，如武汉的红T时尚创意街区"多少"独立店。独立店数量的增加让"多少"逐渐形成了成熟的门店体系，为产品销售、设计表达等提升和赋能。

5. 上海文信家具有限公司

2020 年疫情，给主要供应商集中在海外的文信家具带来了很大影响。公司在精益生产、环保、技术创新上取得了阶段性成果。公司从信息化、自动化升级至数字化、局部智能化，主导设计了符合自身特点的全套软件系统，从接单到设计到消费，完成了软件系统一体化设计；MES 系统突破工序瓶

2020 年上海市代表性家居流通卖场调研结果汇总表

商场名称	面积（平方米）	品牌数量（个）	2020 年销售（万元）	同比（%）
红星全球家居一号店	244492.89	778	118805	-1.9%
红星上海汶水商场	174312.34	590	138887	17.7%
红星上海浦东沪南商场	190548.24	592	110947	10.9%
红星上海吴中路商场	60108.76	174	20517	-24.6%
红星上海金桥商场	108843.14	301	61740	-11.0%
红星上海浦江商场	64550.9	225	24548	-3.1%
红星上海金山商场	62679.17	146	18327	-21.4%
好饰家	7000（家具广场部分）	59	2250	-30%
剪刀石头布	13000	52	—	下降
上海盛源大地家居城	38800	110	9000	-30%
上海东明家具广场	70000	200	20000	-20%
上海吉盛伟邦进口家俬馆	30000	95	4825	2.7%
莘潮国际家居	100000	200	55400	-6%

注：以上数据为各流通卖场的不完全统计。

颈，在计划、排产、机加、分拣、质检、包装、齐套等方面打出了一套组合拳。文信在持续优化自身软硬件系统的同时，也将数字化的理念向外输出，协助经销商进行改造升级。2020年，文信申请6项专利，其中4项为实用新型专利，并陆续取得"绿色供应链四星""环保卫士""售后服务五星""产品有害物质限量""Ⅲ型环境标志证书"等认证证书。下半年，文信面对井喷的销售订单能应对自如，完成了年销售额3亿元的目标。

三、家具流通卖场发展情况

1. 红星美凯龙家居集团股份有限公司

2020年，红星美凯龙围绕六大主题场景，落地了智能电器馆、国际进口馆、设计客厅馆、高端定制馆、软装陈设馆以及系统门窗馆等六大品类生活馆，打造了首家跨界美学体验中心——成都生活美学中心。公司建立22个天猫同城站、250家天猫数字化新零售商场，每天有超20万以上的精准用户在线上互动，并导流到线下卖场；举办74场路演招商会，推荐138个优秀品牌，有近7.8万平方米入驻线下商场，提升了招商效能。2020年，公司两次总冠名天猫晚会，通过超级IP，赋能线下商户经营；联合央视进行3场超级直播，并在全国进行了6000场直播，抓住直播风口，成功打造家居界第一直播矩阵。另外，通过6场家居圆桌派、3场家居面对面，聚合平台、品牌、媒体和专家，洞察品类机遇，持续为行业和品牌发声。

2. 上海博华国际展览公司

中国家具协会与上海博华国际展览有限公司共同主办的中国国际家具展览会已成功举办26届，从纯B2B线下贸易平台转型为出口内销双循环、B2B2P2C线上线下相结合的全链路平台、原创设计展示平台及"展店联动"的贸易和设计盛宴。2020年，第26届中国国际家具展，以及同期举办的摩登上海时尚家居展成绩斐然——国内观众逆势增长，海外线上观众成倍递增，超15万人次相聚上海浦东。2020年，展会推出三大创新举措——DTS线上展览会、家具在线采购通、中国国际家具展天猫旗舰店，在线上线下融合、革新零售、稳外贸扩内需、设计驱动贸易等方面实现了引领产业的多层级创新。

3. 莘潮国际家居

经过30多年的发展，莘潮国际家居已从传统家具卖场向多业态、多领域、规模化、精细化战略规划迈进。面对愈演愈烈的家装集成装修，作为销

R.E.D 获奖合影

售终端的家居商场，融合其他上下游产业共同发展，尝试新的经营方法与竞争策略来抢占或坚守份额，以适应主要客户群体消费习惯的变化，成了莘潮国际家居的出路。旗下各大商场引入多种业态，特别是莘潮沪南旗舰商场引进的多家装饰公司，使得商场更加有效便捷地服务于大众。从建筑装饰材料到全屋定制家具，再到由专业团队精工细作、统一策划的集购物、休闲于一体的专业家居MALL，"一站式"服务使莘潮迈向了城市家居综合体的转变。

2020年下半年起，莘潮国际家居开始尝试全渠道营销，在O2O模式的背景下，完全打通线上线下渠道，由线上淘宝极有家商城、线下体验店组成一个综合性平台。利用网络推广、大众点评、微信等线上渠道，装修公司、社区管理等线下渠道，实现线上线下一体化经营与管理。

四、行业活动

1. 上海市家具行业协会换届工作

7月16日，"融智慧、创新城、赢未来"上海市家具行业协会暨七届一次会员大会在上海青浦慕思睡眠酒店召开，同期举办了长三角家居产业发展论坛。会议一致表决同意由亚振家居董事长高伟连任上海市家具行业协会第七届理事会会长、李霞连任秘书长。

2. 成功协办第一届全国技能大赛

9月18—21日，由中国轻工业联合会、中国家具协会主办，上海市家具行业协会协办的"第一届全国技能大赛——第46届世界技能大赛精细木工项目中国轻工业联合会选拔赛"在上海城市科技学校隆重举行，从开幕式到行业论坛再到"圣奥之夜"，聚焦行业未来技能人才的培养路径和需求高

第一届全国技能大赛

度；震旦之行更让所有参赛选手、教练和评委感受到了品牌企业的专业技术和服务理念。

3. 举办第三届RED设计展

在上海市家具行业协会设计专业委员会、3位策展人以及策展顾问、博华团队的共同努力下，第三届R.E.D设计展定位"尺·度"，以五轴加工技术作为必要条件，聚焦亚振、贝特智能制造，汇集16位年轻优秀设计师、10家主流媒体，克服疫情带来的时间压力，从2020年下半年开始确认主题、走访企业、签约媒体、策划论坛、设计产品、跟进制作，积极筹备展出。2020年9月8日，第三届R.E.D设计展在上海世博展览馆顺利展出，组委会虽决定取消R.E.D集体获奖机会，但6位R.E.D设计师和作品获得了2020中国家具设计金点奖，充分体现了R.E.D设计师的实力以及R.E.D设计展的魅力。2场R.E.D现场直播及10家专业媒体的组合报道，让"尺·度"在设计展成为亮点。

（上海市家具行业协会　李霞）

天津市

一、行业概况

2020年，天津市家具行业受疫情影响发展相对缓慢。从2018年的环保治理到2020年的新冠肺炎疫情，行业发展充满挑战。但在国家和地方政府的引领下，天津家具行业在风雨中砥砺前行，即将迎来新的曙光。

二、行业纪事

1. 抗击疫情

2020年1月30日，天津市家具行业协会发出《关于抗击新型冠状病毒肺炎的倡议书》，美克工业（天津）有限公司也第一时间联合天津市家具行业协会为会员企业免费发放消毒液等防疫物资；2月14日，携手城运乐家为会员企业带来为期3天的《全渠道线上引流突围"战役"》免费线上培训；2月26日，配合中国家具协会发起了"家具企业及卖场受疫情影响调查问卷"深入了解企业实际情况，尽可能地帮助企业渡过难关，复工复产；3月11日，发布《关于减免2020年全体会员单位会费的通知》，与企业一起共克时艰；3月13日，发出《关于企业复工复产的温馨提示》，提示企业按照国家及地方的疫情防控要求稳步复工复产；3月23日，天津市河西区工商联到访调研，天津市家具行业协会及时汇报了家具行业在疫情下存在的困难并做出相关建议，并由河西工商联反映到天津市工商联。

4月1日，携手律师事务所开展助力企业复工复产、助工助产千人计划，免费为企业提供法律防护咨询服务；5月22日，联合天津市异地商会、行业商协会开展"稳岗就业"促进行动，助力大学生就业；5月26日，联合天津市商务局、天津进出口商会组织开展助力复工复产研讨会；6月17日，联合天津市工商联举办环保设备对接会，助力企业升级。

2016—2020年天津市家具行业发展情况汇总表

主要指标	2020年	2019年	2018年	2017年	2016年
企业数量（个）	3000	3000	3000	3500	3800
工业总产值（万元）	3500000	4000000	4000000	5000000	5700000
主营业务收入（万元）	3000000	3200000	3200000	4000000	4600000
规模以上企业数（个）	300	350	350	370	360
规模以上企业工业总产值（万元）	420000	450000	450000	500000	480000
规模以上企业主营业务收入（万元）	370000	390000	390000	440000	420000
出口值（万美元）	35000	71000	70000	75000	73000
内销额（万元）	3000000	3350000	3350000	4000000	4500000

数据来源：天津市家具行业协会。

7月2日，举办企业复工复产交流座谈会；8月7日，联合天津市贸促会组织跨境电商+泛家居行业合作对接会；9月16日，组织"数模化标准件在家具生产中如何应用"研讨会；10月12日，组织企业与家居卖场交流座谈会。

2. 组织培训

2020年11月，开展红木高级技术人员学习培训。培训主要分为两部分，第1周主要是理论知识培训及考核，第2周主要是实物制作部分。培训特邀了中国家具协会传统家具专业委员会秘书长、全国红木雕刻大赛专家评审姜恒夫、著名明清家具专家濮安国、北京林业大学教授张亚池、著名民俗工艺师戴东涛，以及原天津大学北洋艺术学院副院长吕彦铮作为授课嘉宾。嘉宾们对于当前国家规定的相关红木木材的纹理、特点、制作标准、工艺、制品文化等多方面进行深入的分析，从而提高从业人员的专业素养，为日后的相关工作打下坚实的专业基础。

3. 中国国际实木家具展落户国家会展中心（天津）

受新冠肺炎疫情影响，原定于2020年5月28—30日举办的第七届中国国际实木家具展未能如期举办；11月，中国国际实木家具展正式与国家会展中心（天津）达成合作，确定2021第七届中国国际实木家具展在国家会展中心（天津）举办。

三、家具流通卖场发展情况

截至2020年底，天津市共有家具卖场90家，其中红星美凯龙6家、居然之家4家、月星家居1家、其他家居卖场79家。家具卖场之间的竞争十分激烈，加上疫情的影响，卖场的客流量大幅减少，卖场空租率升高，流通环节需要转型升级。

四、品牌发展及重点企业情况

1. 美克美家

公司于2001年成立，集合全球的产业链和供应链优势与美克设计制造能力，已经在58座城市拥有百余家门店，为消费者提供高品质的生活方式。2020年美克美家入选"2020亚洲品牌500强"榜单，并荣获"2020亚洲十大影响力品牌"。"2020亚洲品牌500强"榜单共有328个中国品牌入选，中国成为上榜品牌最多的国家。疫情期间，美克美家迅速调整经营策略，利用已建成的零售大中台系统，通过自建社交小程序等各类线上"工具矩阵"，利用VR技术还原真实门店场景、布展、商品，并通过"心选"小程序的迭代升级，打通了线上购物闭环的"最后一公里"，实现快速线上化。2020年8月，美克家居投资建设的基于"大数据+智能化+新模式"的"美克数创智造园区"一期项目"美克数创智能工厂"正式开工，这也是美克家居提升家具数字化智能制造能力和竞争优势、优化供应链总成本的重要举措。

2. 南洋胡氏

南洋胡氏专注实木生活领域27年，经历了由成品家具到成品+定制、传统定制到全屋定制，最终来到"突破风格的类别界限"的全屋定制3.5时代，由书香雅韵的"檀悦"系列，明宋美学的"檀赋"系列，所见即所得的"胡桃生活+"，融贯中西覆盖全的类的"乌金空间"，轻奢新中式的"鸿运"系列，现代轻奢的"维蓝"系列、拎包入住的"简意美居"等核心系列开启实木家居发展的新格局。

培训授课现场

3. 兴叶家具

兴叶家具一直专注于实木家具领域，创造性地开发出符合现代时尚生活、高端人士私享品味的实木定制家居产品，兴叶家具拥有5个分厂，共计占地8万平方米，建筑面积5万平方米、员工近1000人，服务网络遍布全国300余个大中城市。2020年，"书檀&乌檀"及新品系列，打动了苛求质感、追求精致的都市精英。由"书檀&乌檀"及新品系列引领的兴叶家具展品，以时尚简约、优雅精致之感为大家带来了不一样的新中式家具。

（天津市家具行业协会　高秀芝）

重庆市

一、行业概况

2020年以来,重庆市家具生产及销售企业积极开展各项活动,积极谋求转型升级,狠抓技术创新,内销增速延续,预估比2019年增长8%左右,个别企业甚至超过15%。据重庆家具行业协会对会员单位的抽查数据显示,部分单位2020年销售收入及利润均实现了同步增长。

二、行业纪事

为落实《重庆市以大数据智能化为引领的创新驱动发展战略行动计划(2018—2020年)》《重庆市发展智能制造实施方案(2019—2022年)》和《重庆市推动制造业高质量发展专项行动方案(2019—2022年)》,重庆家具行业协会在2020年8月开启了新一轮"渝派家居 精工智造"的活动,旨在推动渝派家居企业加速完成"增品种、提品质、创品牌"的发展计划,推动渝派家居企业走上更大的舞台。

活动得到了中国家具协会、重庆市经济和信息化委员会、重庆市商务委员会、重庆市知识产权局的全力支持,且在重庆市橱柜衣柜定制协会、重庆市建筑装饰协会、重庆市家居行业商会、重庆市涂料涂装行业协会的联合主办下,活动于2021年1月19日圆满落幕。

本次活动共有27家企业参与,分别是:德琅、亨多利、佳梦、朗萨、林工机械、民意、双羽、星星传奇、港风、恒弘、金博仕、高田、宏宇、聚宝、名匠、鱼梦、玛格、纽莱福、恒洪、智酷、汉高博森、华亚、澜林、玛谛、美诺三千方、奢匠、西铝等(排序不分先后),这些企业都是重庆家居行业的佼佼者,囊括了民用家具、教学家具、办公家具、配套企业等。

2016—2020年重庆市家具行业发展情况汇总表

主要指标	2020年	2019年	2018年	2017年	2016年
企业数量(个)	6625	6516	9305	12205	14500
工业总产值(万元)	1012738	998754	996370	995780	934128
规模以上企业数量(个)	283	279	258	235	203
规模以上企业工业总产值(万元)	1541265.17	1524369.14	1487635.26	1468969.97	1352642.7
出口值(万美元)	4134.16	4725.28	4538.69	4163.56	3528.442
内销额(万元)	2253647.14	2167942.35	2089647.26	1950236.74	1652743
家具产量(万件)	8853168.35	8764183.47	8537461.82	8273642.79	6952641

数据来源:重庆家具行业协会。

"渝派家居 精工智造"活动启动仪式

三、品牌发展及重点企业情况

1. 重庆市朗萨家私（集团）有限公司

公司创建于 2000 年，主要生产板式家具、板木家具、实木家具、软体家具等，现已拥有 15 万平方米的标准化厂房，1 万平方米的家具展示厅，3 万平方米的综合办公和生活区，集团员工 1700 余人。旗下拥有十大套房系列及全屋定制产品。2020 年，朗萨家私营收总额 33872 万元，缴税总额 1058 万元。近 3 年朗萨集团荣获"2017 年纳税信用等级评定为 A 级""重庆市优秀民营企业""渝北区重点工业企业""'大雁奖'中国家居产业家具领军品牌""全国家具标准化先进集体"等荣誉。随着家具市场的快速发展，公司也加快结构调整的步伐。朗萨集团拥有全套欧洲原装进口的先进机械设备，与恒大、万科、融创、金科、雅居乐、绿地等地产公司均有合作。目前朗萨拥有 3 个子公司，4 个营销分公司，50 多个自营专卖店和 400 多家代理商分布全国，部分产品已远销国外。

2. 重庆玮兰床垫家具有限公司

公司成立于 1995 年，经过近 25 年的专业积累，已发展成为国内规模与实力兼备的、致力于健康睡眠的家居企业。玮兰立足西南，放眼全球，在西南地区建有国际标准园林化厂房，产品通过 1000 多家店面销往全国，覆盖 3000 多万家庭。旗下床垫、软床、家纺、桑蚕丝绒被等健康睡眠产品以卓越的品质畅销全国。玮兰拥有一流的睡眠科学专家团队，延续传统手工艺的精湛技艺，传承多民族的文化遗产，在材料选用、工艺技术等方面不断突破。"玮兰"品牌已驰誉川渝，更获得众多政府及权威机构的肯定。

3. 重庆佳梦家具有限公司

公司是重庆乃至西南地区最早生产弹簧软床垫的专业厂家之一。1986 年，公司率先在西南地区引进第一条瑞士床王许佩尔弹簧床垫生产线，产品注册商标为"佳梦"。公司通过了"质量管理、环境管理、职业健康与安全管理"三大体系认证,"二级安全生产标准化"体系认证。30年来,公司未发生任何安全、环保等方面的事故。2020年,佳梦调整战略方向,以学校及酒店为目标,采取全房定制家具、床垫,开始转向办公家具和教学家具的研发与生产。在生产工艺流程上,公司对生产体系采用工厂化、规模化、自动化的6S标准。公司花巨资投入国内先进的全自动化流水线,逐步淘汰手工部分,降低次品率,提高产品品质及生产效率。目前佳梦已成为一个集民用、商用为一体的全套家具床垫生产的企业,并与其他家具公司联合成立渝盟美家家具园区,成为全重庆市最大的家具生产基地。

4. 重庆聚宝教学设备有限公司

公司创立于1998年,总部坐落于重庆市璧山工业园区,旗下拥有重庆聚宝教学设备有限公司、重庆汇聚教学设备有限公司、重庆汇晶教学设备有限公司、重庆正略科技有限公司、重庆聚宝教学仪器设备研究院、重庆汇聚学生综合实践基地,总占地约12万平方米,目前员工400余人,年营业额4亿元人民币以上,2020年营业额同比上年增长27%。公司始终坚持走教学仪器设备的专业化、智能化发展道路,不断进行技术升级和新品开发,现已获得71项国家专利,其中发明专利1项、实用新型专利28项、外观设计专利42项。公司拥有重庆市璧山工业园区基地、重庆市两江新区蔡家工业园基地、重庆市大足区龙水工业园基地,这3个智能化生产基地总占地约11万平方米,配备有多条国外先进生产设备线:德国进口豪迈全自动板式生产线、进口注塑包边生产线、智能喷涂生产线、日本松下焊接工作站、KUKA全自动搬运机器人等国际最先进的生产设备线,是国内行业中较早实现工业4.0智能制造生产的企业,生产能力及水平处于行业领先地位。

(重庆家具行业协会 曹选利)

河北省

一、行业纪事

1. 践行责任抗疫情，积极复工迎发展

2020年初新型冠状病毒肺炎疫情发生后，河北省家具行业积极应对、严格防控，及时调查汇总行业情况供政府部门科学决策，广大企业积极向武汉等地捐款捐物奉献爱心，并克服多种困难积极复工复产，在疫情缓解下迅速恢复正常生产经营。

河北省家具协会在第一时间发出《众志成城，共同抗击新型冠状病毒肺炎疫情倡议书》。香河家具城、华日家居等多家单位和企业分别发出抗击疫情倡议书、公开信等；蓝鸟、三才正定家具市场等企业在积极做好疫情防控工作的同时，通过家具商场电子屏、微信群、微信公众号等形式，大力宣传防疫知识。

广大企业还力尽所能地为各地、各部门献爱心，主动减免商户租金。如：华日家居向武汉黄冈罗田支援50万元现金；秦皇岛旭日家居广场为商户减免租金、管理费、运行费等总额达446万元，员工自发捐款235180元；三才正定家具市场向正定县捐款50万元用于抗击疫情；依丽兰家具向雄安新区医疗机构捐助一批物资，向雄安新区公共服务局捐款10万元；顾家家居河北有限公司向深州市政府捐赠30万元现金及5万元防疫救援物资；河北东明、霸州星光、邢台新凯龙、河北力军力、邯郸都市、唐山宝珠、大城德发、邯郸亚森家具城、河北吉荣、河北平安、涞水县万铭森、涞水易联升、石家庄创典居、石家庄华杰木业、石家庄世纪明月、正定金河、南宫紫瑞等大批企业向湖北捐款捐物，为湖北省以及当地企业的防疫工作做出了贡献。

2."社群营销+线上直播"成为销售新"风口"

新冠肺炎疫情影响下，"宅经济"盛行，企业纷纷采取"社群营销+线上直播"等方式扩大销量和品牌知名度，"粉丝"裂变速度超过了传统营销模式。依丽兰、喜德来等企业的线上直播活动均取得了极大成功。

2016—2020年河北省家具行业发展情况汇总表

主要指标	2020年	2019年	2018年	2017年	2016年
企业数量（个）	5300	5400	5400	5200	5200
工业总产值（万元）	8361900	8150000	7667000	7152000	6473000
规模以上企业数量（个）	135	136	136	136	136
规模以上企业工业总产值（万元）	3529700	3440280	3236300	2999352	2712000
出口值（亿元）	84.406	71.2	62.2	61.2	47.48
内销额（万元）	7068400	6889300	6480920	6040000	5470000
家具产量（万件）	1398.89	1363.37	1283.92	1187.71	1071.63

数据来源：河北省家具协会、石家庄海关。

二、特色产业发展情况

1. 香河国际家具城

香河国际家具城是北方最大、最为成熟的家居市场，由32座单体展厅组成，总面积突破300万平方米，城内参展企业7500多家，知名品牌1500余个，年客流量650万人次。2020年，香河家具城党委加快推进家具城"二次创业"的各项工作进程，高质量完成了家具城管理体制改革，大力开展诚信市场体系建设、补充丰富市场业态、创新宣传推广模式、积极做好疫情防控等项工作。9月18日至10月18日，香河家具城举办了第二届"金秋采购季"活动；10月，家具城发展中心当选为中国家具协会第七届理事会副理事长单位；12月，香河家具城通过国家级知识产权保护规范化市场续延审查。

2. 中国特色定制家具产业基地——胜芳

河北省霸州市胜芳镇地处北京、天津、雄安新区黄金三角中心，被确定为"全国重点镇""国家级经济发达镇行政管理体制改革联系点"和"省级新型城镇化试点镇"。2005年，胜芳成为家具业全国第六个区域性特色基地——"中国金属玻璃家具产业基地"。近年来，胜芳镇家具产业发展迅速，2020年全镇现有家具企业4100余家，比2005年的355家增长了1054%，2020年家具产出超过12100万套，产值近779亿元，比2005年的51亿元增长了1427%，占全国同类家具总量的75%，行销全国各地，并出口欧美、日韩、东南亚和非洲等130余个国家和地区，2020年总出口值达31.1亿美元，比2005年2.19亿美元的出口值增长了1320%。

目前，胜芳镇共有上游的原辅材料企业950余家，完整的特色定制家具产业链条，使全镇家具生产形成原材料、加工、销售一条龙的产业运作模式。中国（胜芳）全球特色定制家具国际博览会分别于2020年6月和9月在胜芳举行，展会上，不仅成品家具展位销售火爆，家具原辅材料展也精彩纷呈。

3. 涞水京作古典家具产业基地

涞水县现有京作红木家具制销企业400余家，熟练技师近千人，从业人员上万人。2020年产值达10亿元，销售收入达12亿元。涞水与其他产区相比，虽然规模还较小，但独有的区位优势、京作红木传统文化优势及享有的京津冀协同发展战略优势，使涞水红木产业发展潜力巨大，后发优势明显，正成为承接北京产业转移和外溢的首选地。

2020年，该县大力开展公共服务平台建设，由河北尚霖文化产业园投资有限公司牵头、涞水县古典艺术家具协会配合，在县城北部规划了"中国京作古典家具艺术小镇"。目前，小镇被中国城镇化促进会列入全国首批103个特色小镇培育名单，被河北省人民政府评定入围"河北省首批特色小镇"30个创建类小镇名单。小镇概念性规划已编制完成，项目征地工作稳步推行，配套工程紧密进行中。

4. 武邑县老榆木家具产业基地

武邑县老榆木家具是当地民生文化产业之一，主要产品适用于居家生活、办公、酒店、收藏等。老榆木、红木仿古家具及工艺品销往全国85%的地区和城市，同时该县也是老榆木白茬、部件及半成品向外省输出的基地。武邑县现有家具生产企业1000余家，从业人口3万余人，年产各类家具及工艺品可达千万件套，现营业中的专业市场12万平方米，年销售额在10亿元以上。

三、家具流通卖场发展情况

当前，河北各地家具流通卖场呈现过度饱和状况，加之装饰、建材等上游行业在前端截流家具用户，使家具卖场发展速度明显放缓。2020年，更多的家具卖场呈现多样化发展趋势，超市、健身、教育、娱乐等"生活态"内容呈现在家具卖场之中。为更为快捷有效地引入客流，家具卖场普遍开展了线上推介、直播销售等新型营销活动。

目前，河北省内有影响力的家具销售市场和卖场主要有：香河国际家具城、河北东明国际家居博览有限公司、三才正定家具市场、霸州胜芳国际家具博览城、邢台新凯龙家居商贸有限公司、秦皇岛旭日家居广场、石家庄世纪明月家具有限公司、正定金河家居基地、邯郸亚森家具集团、石家庄怀特家居城、创典居、保定七一路家具商场等大型销售商场。居然之家、红星美凯龙、月星家居等全国性连锁企业近年来持续深耕河北，在全省各地有众多卖场。最突出的是居然之家河北分公司，连锁发展力度大，分店频开。

四、品牌发展及重点企业情况

1. 河北蓝鸟家具股份有限公司

2020年，蓝鸟公司争分夺秒地推进企业复工复产，抓住雄安新区新机遇，参与雄安建设，拓展发展新渠道。一年来，公司积极推动实施ERP、CRM信息化与生产经营深度融合，推进企业上云。全年取得外观专利50项、实用新型专利5项、发明专利2项。企业技术中心成功获批省级技术中心认定，参照国家标准全面提升企业工艺技术标准。2020年，公司参与《家具行业绿色工厂评价规范》《公共采购家具质量控制及验收标准》2项国家标准的制订。9月，蓝鸟家具技术标准被河北省市场监管局认定为河北企业标准领跑者。蓝鸟公司打造行业内具有标杆意义的实木全屋定制家具生产线，公司被列入河北省工业品个性定制化示范企业。2020年，公司投资380万元升级环保处理系统，油漆喷涂产生的挥发性有机物的无害化处理水平再升级，始终保持行业领先水平。

2. 河北东明国际家具博览有限公司

公司创建于1988年，现已发展成河北省目前最大规模的集家具连锁流通、家具制造、家具研究、家具展览、家具文化传播为一体的大型家具专营集团公司，现拥有石家庄东二环店、西二环店、金利来店、东明当代办公艺术馆、北二环店、北杜店、廊坊市霸州店、邢台市邢台店等多家连锁卖场，总营业面积近百万平方米。2020年，公司在保稳增效的基础上，持续做到深耕、完善、创新和线上线下营销模式的不断优化。公司被授予了多项荣誉：中国家具协会副理事长单位、石家庄市商务局"石家庄市电子商务优秀示范平台"、石家庄市商业联合会"第五届风范导购全城评比"优秀组织奖，并成为了中国区域家具卖场百家联盟俱乐部第一届理事会会员单位。

3. 河北新凯龙家居商贸有限公司

2020年，公司调整企业运营思路，加大员工安全运营及技能培训，创新营销思路。这一年，公司与国富纵横达成合作，利用"大家居学习"APP，展开线上培训及交流。公司积极参加成都、青岛、中国建博会、深圳、东莞等各地展会，掌握当前家居流行趋势、各大厂家的品牌政策，为商户选择品牌、把握营销定位进行精准推荐。公司推出系列线上引流活动：云逛街、云购物，并通过抖音、微信视频号等平台加大企业短视频的推送，提高企业的品牌传播率。

4. 唐山市汇丰实业集团有限公司

公司创建于1986年。2020年年初，汇丰集团"车间及配套设施改建"项目正式启动，总建筑面积22000平方米，总投资1.2亿元，共分3期建设完成。截至2020年底，已初步完成一期"产品研发展示中心"的基础建设，该中心建筑总面积约为8000平方米，内含工业4.0数据中心、材料检验中心、工艺实验室、产品研发中心、培训中心、多媒体直播中心等，预计2021年底投入使用。年中，汇丰集团投资160多万元引进国际新型环保设备，对厂区进行环保升级改造。截至12月，已顺利通过重污染天气重点行业绩效分组的评审，将企业等级提升为国家B级。年末，汇丰集团更新提升了高端红木产品"木王府"系列。特别是对于油漆工艺方面有了较大的突破，使之成为产品的一项重要卖点。

5. 河北喜德来家具实业有限公司

2020年，公司从销售商赋能、优化产品线和提高生产效率三个方面着手，立足新思维，迎接新挑战。一是经销商赋能：直播营销，公司签约直播平台，通过直播营销活动为经销商锁定客户，增加订单；让利销售，公司出台了一系列特价产品和正品打折政策，以最直接的让利方式支持经销商；"招""养"并重，公司成立赋能研究所，对潜在市场进行分析、挖掘，对新技术、新工艺进行研究利用，对创新零售模式探索，与经销商建立持续有效的联动机制，积极为经销商赋能。二是优化产品线：对公司产品线进行优化，断舍离流量小、同质化产品，集中精力聚焦核心系列与明星产品。三是更高的制造效率：公司从门店前端设计、本部后台接单与拆单到生产制造流程进行了持续整合与梳理，将供货周期由原来的30天压缩至15天，纯生产周期压缩到3天以内，尽最大努力满足顾客需求，提高客户满意度。

6. 唐山市宝珠家具有限公司

公司始建于 20 世纪 70 年代，注册资本 1.06 亿元，资产总额 1.4 亿元。目前，公司已经成为碧桂园、万科、龙湖、嘉禾、佳兆业、仁恒、当代等国内一线地产商定制精装家具的首选供应商，产品远销欧洲、美国、加拿大、东南亚等国家和地区。2020 年，公司各项经济指标与上年度相比均有较大幅度的增长，公司整体呈现良性发展、科学发展的局面。公司不断加大科技研发投入，研发经费全年达 491.55 万元。年内先后被唐山市发改委授予唐山市企业技术中心，被唐山市工信局授予唐山市工业设计中心、唐山市技术创新示范企业称号。目前公司拥有授权专利 9 项，发明专利 1 项，实用新型专利 5 项，受理待证实用新型专利 15 项。同时，公司利用河北省版权服务平台，申报登记包括酒店餐饮、全屋定制、教学家具等作品 518 件，均登记成功，为公司的发展奠定了坚实的基础。

7. 石家庄市顺心家私有限公司

公司始创于 20 世纪 80 年代，1996 年正式更名为石家庄市顺心家私有限公司，注册资金 12600 万元，占地面积 100000 余平方米，主要产品为实木家具与板式家具，分别有民用、办公、酒店、宾馆、文教、卫生、康养家具等系列。在天猫、淘宝分别有顺心旗舰店、顺心家具企业店，京东有顺心家具官方旗舰店。注册商标为"顺心"牌，是河北省著名商标企业。公司"阅丰华"系列家具受到市场高度好评，省内外多家经销商纷纷加盟。2020 年，作为河北省政府集中采购备案单位，公司为石家庄市长安区住建局、石家庄警备区、河北地质大学、河北地质职工大学、河北科技大学、石家庄铁道学院、无极县法院等单位提供了优质的产品及服务。

8. 河北双李家具股份有限公司

公司成立于 1997 年，占地 300 亩，现有厂房面积 7.5 万多平方米，是广平县新型建材产业集群振兴发展的支柱公司。2020 年，公司经济发展效益继续呈稳定快速的健康发展态势。公司在木质家具的设计和生产制造方面不断研发创新，共投入研发资金 300 余万元，新开发定制系列风格家具，申请获得了 34 项专利。10 月，公司委托河北韵博工业设计公司，投入 40 余万元，新设计出了"创意实木系列"单品。2020 年，受省工信厅以及河北省工业设计中心邀请，公司新产品"创意实木系列"单品，参加了深圳、雄安、武汉举办的设计展会。

9. 石家庄明月家具大厦

明月家具大厦隶属于世纪明月家居有限公司，迄今已有 69 年的发展历史。大厦分为七层，采用立体式经营，品类包括软体、饰品、实木、红木、板式、办公、定制家具、家装设计施工等。2020 年，线上营销渠道成为主渠道，新客户成交比例首次超过了老客户，为弥补疫情损失发挥了重要作用。优胜劣汰调整品牌结构。全年淘汰了 8% 的品牌，引进服务好、产品新、自主营销能力强的大品牌入驻，使商场的品类结构趋于合理。整合集团资源服务双赢，全年加大了与上游建材商场的营销联动，降低成本、扩大服务。利用"二八"法则提强扶弱，商场针对 ABC 3 类商户分类管理，对占 20% 的 A 类商户给建议、给协助、给指导帮扶；对占 70% 的 B 类商户坚持给知识、给资源、给政策；对占 10% 的 C 类商户给知识、给思路、给建议，一年的优胜劣汰，使商场在品类、品牌结构调整中上了一个新台阶。

10. 涞水县珍木堂红木家具有限公司

公司是涞水县古典艺术家具协会会长单位。公司成立于 2008 年，占地面积 20 亩，总资产 1.2 亿元。年生产能力 3000 件（套）古典红木家具。2014 年 12 月公司被保定市文广新局授予"保定市第二批文化产业示范基地"。2015 年被河北省科技厅命名"河北省科技型中小企业"。2020 年销售收入 0.8 亿元，产值达 6000 万元。

11. 涞水县万铭森家具制造有限公司

公司创立于 2014 年，注册资金 500 万元，年生产红木家具 3000 件，建筑面积 10000 余平方米，占地 20 亩，有职工 54 人，其中专业技术人员 37 人。公司主要生产大果紫檀及老挝红酸枝的红木家具。2020 年销售收入达 0.7 亿元，产值达 5500 万元。

12. 河北古艺坊家具制造股份有限公司

公司始创于 1996 年，原名涞水县古艺坊硬木家具厂，2014 年 2 月在石家庄股交所成功挂牌（股

河北省家具协会定制专委会总裁沙龙

河北省家具行业爱心助贫捐赠仪式

票代码：630002）。2014年被国家认定为高新技术企业。公司占地43亩，总资产5000多万元，有中式家具专业技术人员270名，省内外拥有独立家具专卖机构27家，年生产销售现代中式家具25000件。公司下辖三个自主品牌，"古艺坊"主营现代中式榆木家具；"和安泰"主营古典红木家具；"元永贞"主营高档民用家具。2020年销售收入达1.2亿元，产值达9000万元。

13. 涞水县永蕊家具坊

公司是一家专业制作、修复各式明清硬木家具的手工企业。出品的《梅花画案》作品被中国工艺美术学会授予工艺特色奖。2020年销售收入达0.3亿元，产值达1500万元。

14. 涞水县森源仿古家具厂

公司创建于1997年，占地15亩。家具制作材料以红酸枝为主，设计风格以明式、清式家具为主，企业凭着出色的制作工艺、过硬的产品质量已成为涞水红木家具行业最具影响力的企业之一。2020年销售收入达0.3亿元，产值达1000万元。

五、行业重大活动

1. 办好石家庄家具和木工机械博览会

2020年10月21日至23日，河北省家具协会主办的2020北方全屋整装定制及木工机械博览会在石家庄国际会展中心隆重举办，专业观众4万余名。为防控疫情，本次展会取消了原定的开幕式、大型行业论坛等活动。北方全屋整装定制博览会以打造"中国北方首屈一指的整装定制展"为目标，汇聚了全屋整装、整体衣柜橱柜、木门及整木定制、智能家居、木工机械、五金板材等家具材料、软装、智能软件等产品，参展企业200多家，参展品牌300多个。

2. 积极促成企业与雄安新区对接

为加快雄安新区建设，2020年10月下旬，河北省工信厅组织部分重点行业协会与雄安新区联合召开对接见面会，河北省家具协会携蓝鸟、依丽兰、力军力等企业参加此次活动，掌握了雄安新区家具需求的相关情况，增强了企业开拓雄安市场的针对性；12月4日，河北省家具协会组织门窗和家具重点生产企业参加"雄安新区大宗建材集采服务平台宣讲会"视频会议，参会企业对门窗等建材产品及家具产品进入雄安新区集采中心的准入门槛、进入程序、所需资质、淘汰机制等有了全面的了解。

3. 举办论坛、培训等大型活动

2020年，河北省在行业内开展了"避免财税风险 提升企业利润"培训班，财税专家张超老师给企业讲解了新的财务知识，指导企业避免出现偷税、漏税以及重复缴税等问题。举办"玩转直播"家居营销学习沙龙，提高了直播中的品牌运营能力和获客能力。6月17日，河北省家具协会定制专业委员会在石家庄华杰木业公司举办了总裁沙龙活动。

4. 暖心扶贫

2020年10月27日，河北省家具协会向邯郸广平县130名经济困难群众捐赠了米面油等爱心物资，并举行爱心助贫捐赠仪式。

（河北省家具协会　李凤婕）

山西省

一、行业概况

山西家具行业历史悠久,它伴随着人们衣食住行的基本需要,并随着人们生活水平的提高而不断发展。在传统手工作业基础上,各种新工艺、新材料、不断应用于家具生产中。2020 年,山西省家具产业规模以上家具企业 5 家,2020 年实现工业总产值 4 亿元,同比下降 27.27%;实现工业销售产值 3 亿元,同比增长 1.5%;主营业务收入 3 亿元。

二、家具流通卖场发展情况

山西省家居流通市场非常可观。山西家具市场经过三十余年的发展,家具产品种类越来越丰富,产品风格越来越多样化,产品竞争也进入了品牌竞争时代。家居同城新零售模式正在通过"同城站 + 实体店"的方式,引领家居行业数字化变革,加速推动行业线上线下一体化融合的脚步。居然之家、红星美凯龙、黎氏阁三大家具建材卖场不断扩张,其中居然之家在山西经济较好的地市县已展开全面布局。山西本土家具品牌发展较弱,在省会太原的居然之家、红星美凯龙、黎氏阁和其他家具建材卖场中,进场的数百个家具建材品牌,山西本土企业品牌的比例不足 2%。

三、品牌发展及重点企业情况

2020 年虽然疫情的限制,但是荣泰真红木、闫和李家具、森雅轩家具、华联办公家具、富丽达办公家具等山西家具企业稳步发展,在市场拓展、产品开发等方面都有了较好的业绩。

1. 山西荣泰真红木家具有限公司

公司成立于 2009 年,是一家集设计开发、生产制造、中式装修为一体的专业家具公司。公司拥有一批经验丰富的技师,具有数年生产古典家具的经验。晋作红木家具在整个家具行业中占有重要地位,用料有"一榆二槐三核桃,柳木家具常用料"

2016—2020 年山西省家具行业发展情况汇总表

主要指标	2020 年	2019 年	2018 年	2017 年	2016 年
企业数量(个)	25	25	25	26	26
工业总产值(亿元)	4	5.5	5.13	5	5.3
主营业务收入(亿元)	3	4	4.3	4.5	4
规模以上企业数(个)	5	5	5	6	6
规模以上企业工业总产值(亿元)	3	3.5	3.13	3	3.3
规模以上企业主营业务收入(亿元)	3	3.5	3.3	3.3	3

数据来源:山西省家具行业协会。

之谓。晋作家具上品多以核桃木为之。其质匀称，纹理细腻，轻重适度，软硬相当，出品往往予人以丰润持重、四平八稳之感。核桃木易于雕花刻饰，若不髹漆，久置则色褐栗，皮赭酱，纹理与花梨木很是相像，故核桃木又有假花梨之称。山西荣泰真红木家具有限公司作为一家综合性的古典家具生产基地，为复兴晋派家具、弘扬传统文化持续发力。

2. 太原市富丽达木业有限公司

公司专业从事定制实木家具、整体衣柜、酒柜、玄关家具、展柜系列、酒店套房家具、学校家具、办公家具等产品的生产及销售，属有限责任公司。注册资金 600 万元，总资产已达数千万元，占地 12000 平方米。拥有 2 个生产厂，现有职工 100 多人。富丽达家具在山西省家具行业中居于优良地位，产品工艺水平和质量已经达到国内一流水平，具有集"环保、时尚、功能、舒适"于一体的品牌质量。

（山西家具行业协会　池秋燕）

内蒙古自治区

一、行业概况

2020年，内蒙古家具行业紧抓一系列政策，将改革优势转化为发展优势，实现出口增长。据满洲里海关统计，2020年前10个月，内蒙古自治区家具累计出口总值1.2亿元，比2019年同期（下同）上涨6.5%。从贸易方式看，以一般贸易出口为主，占同期出口总量的87.6%。从企业性质看，民营企业是主要生力军，出口值占比接近100%。从商品结构看，各种材料制的坐具占比近四成，其他金属家具占比近三成，家具零件占比近两成。

出口货物的增长、企业开拓海外市场的需求对海关的通关监管和服务都提出了更高要求，满洲里海关主动对接辖区内家具生产及出口企业，了解企业出口计划，通过推行申报材料无纸化、预约查验等方式确保合格产品"即报、即验、即放行"。同时，该海关还多方位开展原产地证书政策宣讲，鼓励家具出口企业用好用足政策红利。

近年来，为了打破同质化的枷锁，内蒙古自治区家具行业掀起了一场创新行动，许多家具厂家开始进行了长久且深入的个性化、创新型的产品研究。主要是从设计概念出发，通过调研顾客需求，从顾客的需求理念来创新家具的设计理念。同时，推动材质差异化，更多地应用石材、塑料、竹子及其他合成材料等；推动工艺的差异化，加强改进油漆工艺、雕刻工艺、防火工艺、转印工艺、斜边工艺、模块拼合工艺、静电喷塑工艺、一体成型工艺、榫卯工艺等。

二、行业纪事

2020年受疫情影响，家具企业销售遇到压力。内蒙古家具行业协会第一时间协调相关家具卖场，鼓励卖场给商户根据实际情况降租让利，缓解商户受疫情影响的经营压力；组织卖场进行了线上和线下的销售，利用快手、抖音直播等进行网络直销，鼓励商户进行量尺设计、全屋定制的直销；积极引导卖场进行了重新装修，对布局结构进行了调整，对硬件设施予以升级，使卖场环境更舒适、更具亲和力；组织对家具企业管理人员的培训，使家具企业的管理理念和经营思想得到提升；组织卖场采取"以名牌带动普通品牌"的营销策略，加强促销，带动销售。此外，还助力卖场注重以服务消费者为核心，推动卖场对服务和管理进行了改善，使其经营更规范，更好地保障了消费者的权益。

三、品牌发展及重点企业情况

1. 内蒙古金锐家具汇展有限公司

公司成立于1997年，是内蒙古家具行业的典范和呼和浩特市及包头市的知名企业。公司在内蒙古自治区呼和浩特市、包头市下设多家大型家具名品商场，经营着各式民用家具、酒店、办公家具、地毯、窗帘布艺等十几大类400多个品种。金锐是"内蒙古著名商标""呼和浩特知名商标"，担任内蒙古家具行业协会理事长单位。2020年，金锐家具重点在受疫情影响的情况下，给商户降低了租金；在员工中加强了卫生防护意识、服务意识和法律意识、消防安全的培训，从实际应用进行细化培训，使大家增强了应对突发事件的反应能力；探索线上线下营销、全屋定制个性化的家具设计营销，以及快手、抖音直播等营销，加上强大的测量、送货安装及售后服务团队，充分满足加盟商、经销商以及终端客户的需求。

2. 包头市深港家具有限责任公司

公司成立于 2000 年，是内蒙古自治区本土最具发展潜力、销售能力最强的专业家具营销卖场，担任内蒙古家具行业协会常务理事单位。2020 年，深港家具加强了疫情防护的工作，广泛宣传疫情防护知识。同时在营销上加大创新，精准紧密结合小区，发展异业合作，联动商户共同开展各项活动，以外联为主，配合驻场表演、品牌联盟，带动商场人气，营造良好氛围。

3. 内蒙古华锐肯特家具有限公司

公司成立于 2003 年。2020 年，公司为了提高集团管理与盈利水平，激励员工，集团公司办公室与各部门携手逐步完善企业管理制度及工作流程，涉及人事、财务、薪金、奖惩、采购、报销、质量追究、内部控制、工作流程、岗位职责等多项内容，基本达到了按制度和规定办事的管理理念，公司管理逐步进入了科学管理的轨道，管理水平不断提高，同时也有效促进了劳动生产率和工作效率的提高。

4. 内蒙古润佳家具有限责任公司

公司于 2009 年注册成立，注册资本 4000 万元，主营民用家具，2012 年末投产，是内蒙古最先进的家具生产企业之一，年生产能力实木家具 5 万套、实木套装门 5 万套，产值可达 1.5 亿元，每年可实现利税 3000 万元。作为新生企业，润佳家具主动跟随形势，加大推广力度，与电子商务融合进行线上销售，实现网络支付和一站式物流配货，售前、售后做到有始有终，加大力度推广产品和企业品牌。目前已经建立 50 多个电子商铺、3 个淘宝商城、建行、农行的电子商务购物平台，下一步，计划在国内排名前五的网络家具平台上注册成正式会员，努力营造自己产品品牌。

5. 内蒙古美林实业集团

公司注册于 2012 年，注册资本达 5000 万元，总资产近 5 亿元，现有员工 390 余人，是目前内蒙古地区最大的集装饰、家具为一体的集团化企业。企业自主品牌"红猴"已被认定为内蒙古著名商标、内蒙古名牌产品；企业连续获得"自治区林业产业化优秀单位""国家首批林业重点龙头企业"等多项荣誉称号。随着市场不断变化，美林实业正在积极探索环保、定制、智能、家具时装化等方面的生产转型，以及大众消费、渠道下沉、电子商务等方面的销售转型。

6. 赤峰白领家私有限责任公司

公司成立于 2001 年 10 月，是内蒙古自治区家具行业的知名品牌。白领丽家家居商场 2004 年底建成，目前白领丽家家居港的两大卖场分别位于赤峰市红山区钢铁西街和巴林右旗大板商贸中心，总营业面积三万多平方米，拥有员工 200 多人，是内蒙古自治区东部地区规模较大的专业化家具经营商场。

（内蒙古家具行业协会　赵云、秦超）

辽宁省

一、行业概况

2020年，辽宁省家具业发展总体平稳，2200家家具生产企业实现主营业务收入616.8亿元，同比增长1%；家居建材商场（市场）557家，经营面积近781.6万平方米，比2019年增加2家，面积增加1.4万平方米。

二、特色产业发展情况

1. 大连庄河"中国实木家具产业基地"

大连庄河是"中国实木家具产业基地"，是全国十大国家进口木材资源储备加工交易基地之一，是全国八大木材检疫熏蒸区之一。产业基础雄厚，拥有以大连万鹏家具、大连华丰家具、大连科勉木业为龙头的近千家家具、木制品生产企业。产品以实木家具为主，还包含原木板材及定制家居、地板、木制品、高密度板材、高强复合板材等加工体系。生产产品遍布全国各地，远销到日本、美国、东南亚、欧洲等国家和地区。

2. 沈阳东北家具集散中心

沈阳东北家具集散中心位于沈阳市于洪区。以舒丽雅、宏发为代表的沈阳家具产业，始终致力于打造以木制家具和软体家具为主，集研发设计、产品制造、市场开发、创新服务于一体的经济模式，实施品牌发展战略，实现了产品经营的网络化、专业化和规模化，在国内外具有强大的市场竞争实力。

3. 抚顺救兵木业集散区

救兵位于辽宁省地板小镇，素有"中国地板第一乡"的美誉。现有企业179家，年生产成品地板、刨光板、锯切表板能力达1000万平方米以上。刨光板产量占国内市场份额的35%，柞木刨光板产量世界第一。产品销往国内20多个省市，远销欧美、东南亚等10多个国家和地区。

4. 大连金普木业产业园

大连金普木业产业园是"中国橱柜名城"，坐落于大连市普兰店区太平街道，是以橱柜制造为特色的木制品出口加工基地。实木橱柜不仅在国内领先，更在国际市场享有盛名。企业包含美森木业、东宜木业、舒迈克地板、美莱诺家具等全品类木材制造企业70余家，年产值过20亿元，合作伙伴包括宜家、沃尔玛、麦德龙等世界500强企业，产品远销欧美、日韩、东南亚等10多个国家和地区。

5. 铁岭木材产业园

园区拥有木材及木制品相关企业近百家，主要产品种类为木材加工和定制家居领域。其中尼尔科达环保材料有限公司占地234亩，人造板年产量达65万立方米，是中国北方产能最大、设备最先进的刨花板生产企业；三峰木业占地300亩，年产木门、定制家居30万套。

三、品牌发展及重点企业情况

1. 沈阳新松机器人自动化股份有限公司

公司成立于2000年，隶属于中国科学院，是一家以机器人技术为核心的高科技上市公司。公司在沈阳、上海、杭州等七地建有产业园区，在济南设有山东新松工业软件研究院股份有限公司，在韩国、新加坡、泰国、德国、香港等地设立多家控股子公司及海外区域中心，现拥有 4000 余人的研发创新团队，产品出口 40 多个国家和地区，形成了以自主核心技术、核心零部件、核心产品及行业系统解决方案为一体的全产业价值链。主要应用于家庭、医院、养老院、社区等机构，拥有语音识别、视觉识别、云平台、大数据处理、远程监护等核心技术。涵盖健康云平台、行走辅助机器人、床椅机器人、多功能护理床、物流配送机器人、商用机器人、清洁机器人等多系列产品。公司是工业和信息化部、民政部和国家卫生健康委员会认定的智慧健康养老应用试点示范企业。

2. 辽宁忠旺全铝智能家具科技有限公司

公司是忠旺集团的全资子公司。公司拥有优质人才 2000 余人，生产基地面积 49 万平方米，具备国际领先的全铝家具生产设备。忠旺全铝家具深耕铝行业 20 余年，拥有 11 项行业相关证书、18 项专利证书，国家检测报告 117 项。公司以全屋定制和大家居为战略方向，全面推行质量为先的监管体系、绿色制造体系和售后服务管理体系。2020 年 10 月，忠旺全铝室内门正式推向市场，向绿色大家居又迈进一步。

3. 大连金凌床具有限公司

公司始建于 1985 年，是生产床垫、沙发的专业公司，重点出口创汇企业。公司占地面积 8 万平方米，建筑面积 5 万平方米，400 多名员工，引入 180 多台来自美国、日本、意大利和国产先进设备，包括立式床垫和卧式沙发生产流水线，年生产能力达到 50 万张，85% 以上产品销往日本、美国、澳大利亚、法国、英国等 34 个国家和地区，是中国家具协会副理事长单位、辽宁省家具协会副会长单位。金凌床具在日、韩、美 3 国注册了"金凌"商标，是国内首个通过 UL 认证，首个制订出《防火床垫管理细则》的家具企业。多年来，金凌荣获由国家、省、市质检部门评定的国家"A"级产品、中国名牌商品、国家商业部"金桥奖"等多项荣誉称号。

4. 沈阳市舒丽雅家居制造有限公司

公司始建于 1984 年，拥有实木家具、沙发家具、软体床垫三大生产基地，引进多条先进的德国、意大利专业自动生产线。公司产品涵盖沙发、软床、床垫和实木、板式家具等多个系列。舒丽雅品牌先后荣获中国驰名商标、全国用户满意产品，2017 年该公司顺利通过国家级安全生产检查验收。公司为顾客提供《售后服务指南》，并承诺舒丽雅沙发一年保修，终身维护。公司具有完善的产品质量管理体系，聘请了意大利著名设计师为顾问，组建专业设计团队，逐步形成独具魅力的舒丽雅风格。公司拥有 20 多个直销商场和百余家代理商，产品畅销国内外市场。

5. 沈阳市东兴木业有限公司

公司是美国欧林斯家具中国生产基地。2020 年开始，推出大宅定制项目，集木门、墙板、衣柜、橱柜、现有各种活动家具等产品于一体，从设计入手，协调设计、固装、活动家具、软装等施工环节之间的关系，以达到整体装修风格一致。公司为消费者提供的整套模板，整套解决方案，结合消费者个性化需求，使消费者实现了一站式购齐所需各类家居产品的目标。

6. 大连光明日发集团有限公司

公司拥有资产 27300 万元，员工人数 800 余人，实现年产值 21000 万元。由集团公司投资并进行管理的企业占地 14 万平方米，厂房 12 万平方米，引进德国、意大利多条现代化生产线，拥有各种先进机械设备千余台（套）。引进日本家具及家居产品环境检验设备，组建检测实验室一处，填补东北地区此项技术空白，产品质量环保标准均达到世界领先水平。公司已有 6 个智能家具产品获得国家设计专利，"音乐画框""智能咖啡桌"产品已推向市场并获得良好的销售业绩。目前光明日发集团主要的出口市场是日本、英国、欧盟、澳大利亚等国家和地区。内销方面主要的战略合作伙伴包括光明家具和曲美家具等家具上市企业。

7. 辽宁格瑞特家私制造有限公司

公司位于沈阳市和平区，总投资 1 亿元，厂房及办公面积 40000 平方米，多功能展厅 3000 平方米，职工近 300 人。主要产品包括板式、屏风隔断、油漆实木、沙发转椅、金属家具、全屋定制等六大系列上百个品种，具有为国内外大中型企业、政府机关、写字楼、宾馆、学校、医院、房地产开发商等单位配套高品质家具的丰富经验和综合实力。

8. 沈阳宏发企业集团家具有限公司

公司创建于1981年，隶属于沈阳宏发企业集团，位于沈阳高速公路北李官收费站东500米处。总投资规模为2.3亿元，拥有完善齐全的设计能力。宏发坚持"以德立身、以人为本、以艺为精、以质生存、弘扬宏发、我之责任"的司训，不断发展壮大。

四、行业重大活动

1. 同舟抗疫，共渡难关

2020年，面对突如其来的新冠肺炎疫情，1月26日（正月初二），辽宁省家具协会开启线上办公，同时发布《关于抗击新型冠状病毒感染的肺炎疫情的倡议书》；1月30日，发布《关于抗击新型冠状病毒感染肺炎疫情的募捐倡议书》；2月20日，发布《关于做好科学防疫，复工复产的倡议》。6月初统计，行业共捐465.215万元及价值100万元的口罩、护目镜、消毒液等抗疫物资。其中辽宁省家具协会及协会工作人员捐款2.39万元。

2月1日，50多名"方林勇士"奔赴武汉雷神山医院施工现场；时在国外的林凤装饰丁邦林董事长捐款20万元人民币。2月10日，大连金凌开工，当月出口8个集装箱产品，为行业带好头。舒丽雅家具、格瑞特家私、3D、三峰、冲伟佳业、本溪红叶家私、大连华夏家具、沈阳巴特利实木定制等企业在第一时间做到复工复产，对全行业提振市场信心、撬动实体经济、促进复工复产起到了积极作用。

2. 成功办展，共克时艰

受疫情影响，2020年第12届沈阳家博会三次延期，最终于9月11—13日在沈阳国际展览中心成功举办。展会总规模为12万平方米，近千家企业参展，接待来自国内外专业人士达24万人，远高于上一届，比历史最好的2019年春秋双展人数增加20%。本届展会首开"沈阳家博会线上云展厅"，实现线上线下齐动，提升展会功能，帮助企业开辟拓展市场的新渠道，收效较好。此外，展出产品75%以上是企业首次投放市场的新产品，现场交易洽谈火热，呈现疫情防控常态化形势下，家具需求复苏、购销两旺的新局面。

第12届沈阳家博会

家具大讲堂现场

3. 坚持创新发展，扩大"辽宁家具"的品牌知名度

结合国家"增品种、提品质、创品牌"三品战略，辽宁省家具协会深入开展产学研工作。组织企业与鲁迅美术学院、沈阳大学、沈阳工业大学、鞍山林业职业学院等对接合作，开展3次家具大讲堂活动，500多家企业设计师参加学习培训。活动从原创设计作品制作入手，探索、推动企业设计不断创新进步，取得良好效果。如：鲁迅美术学院某毕业生创立了自己独特风格的设计室，2020年设计的艺术系列家具荣获"辽宁省省级工业设计示范产品"称号，该设计室荣获"辽宁省服务型制造示范平台"。

辽宁传统的实木家具、沙发家具、木门等产品，通过不断提升与完善，独具特色；辽宁的新兴产业定制家居、养老助残智能家具、全铝家具等，在业内和社会上得到进一步认可和好评，"辽宁家具"的品牌知名度历经疫情，更加深入人心。

4. 积极努力，推进行业标准化体系建设

2020年，行业标准化体系建设又有新进展，先后完成了2019年颁布实施的《多功能翻转公寓床》和《全铝家具通用技术条件》团体标准的使用反馈、完善、提升程序；完成了辽宁省家具协会团体标准《儿童实木家具》《芦苇人造板材》的调研基础工作，为2021年起草编制出台打下良好基础，对规范儿童家具和人造板产业发展具有积极的作用。同时，沈阳家具标准化技术委员会成功组建，辽宁家具行业的标准化工作进入到一个新阶段。

5. 坚持行业自律，规范家居市场经营秩序

下半年行业有序恢复生产经营后，个别企业出现产品供不应求忽视质量的情况，也有企业急于夺回疫情造成的损失而粗制滥造，造成消费投诉增多。辽宁省家具协会及时召开行业自律、市场规范活动会议，力求从源头上遏制假冒伪劣产品入市。

辽宁省家具协会五届二次理事扩大会议

协会联合省市场监督管理局、省消费者协会调研走访家具市场,助推市场规范;与沈阳市消费者协会联合开展"让消费更温暖"公益活动,引导科学消费。

辽宁省家具协会还联合沈阳市市场监督管理局召开有政府部门、行业协会、质检机构、企业代表出席的家具产品质量提升视频会议,发布《2020年沈阳市家具产品质量监督抽查情况通报》,发出质量提升倡议,对全面提升全省家具行业产品质量、加强质量诚信建设、创响辽宁家具品牌、打造良好的营商环境,起到了积极的推动作用。

6. 成功召开辽宁省家具协会五届二次理事扩大会议

2020年12月9日,辽宁省家具协会五届二次理事扩大会议隆重召开,600多理事和会员单位代表出席会议。大会认真总结辽宁省家具行业"十三五"发展历程,讨论通过了辽宁省家具行业"十四五"发展规划,制定了"开局即是决战,起步就要冲刺"的战略,迎接2021年,迎接"十四五"。

(辽宁省家具协会 白红)

哈尔滨市

一、行业概况

2020年，哈尔滨市家具行业在新冠肺炎疫情的影响和冲击下，企业生产经营面临着前所未有的挑战，生产经营急速下滑，全市木制品加工及家具制造企业完成工业总产值20.56亿元，同比下降12.2%；家具产量306822件，其中，木制家具121119件、软体家具34046件；家具出口额3366万美元，同比下降10.1%。

二、行业纪事

1. 举办哈尔滨市家具惠民周

由哈尔滨市家具行业协会承办的家具惠民周活动于2020年8月1—16日在哈尔滨市各家具卖场同时举行。全市15家主要家具卖场全城联动，营业总面积达到100万平方米以上，1000多个家居品牌积极参与，10000多家客户全程互动，对进一步降低疫情影响、支持小微企业复工复产、推动稳企稳岗、促进流通消费起到了积极作用。

2. 推进家具产业园建设

家具产业集聚是推动产业高质量发展的重要途径，哈尔滨市家具行业协会组织企业抱团发展，考察建立产业园区。目前，家具产业园现已进入项目选址阶段。

3. 召开专委会会议

2020年，哈尔滨家具行业协会分别召开了定制、软体、原辅材料、家具卖场4个专业委员会会议，分析当前形势，探讨后疫情时期的家居行业发展。通过在全行业开展诚信教育活动，哈尔滨家具行业协会被评为哈尔滨市诚信行业后并被授予"诚信教育主题示范基地"；在全国工商联开展四好协商会活动中，被评为全国工商联"四好商会"社会组织。

三、家具流通卖场发展情况

在疫情的影响和冲击下，哈尔滨市各家具卖场营业额大幅下降，2020年，全市家具市场成交额30602万元、家具零售额41584万元。由于消费市场萎缩，各家具卖场已有一部分转型，面对不同消费群体各自发力，线上线下同步进行，这是疫情发生以来哈尔滨市家具卖场的基本情况。

四、品牌发展及重点企业情况

1. 黑龙江省松杉木业有限公司（恒友家具）

公司始创于1972年，是东北实木家具行业的领军企业。公司建有大型现代化、自动化生产厂房，先后从德国、意大利、荷兰、英国、日本引进大型精密生产设备400多套，形成多条国际化、标准化、精细化实木生产线。目前公司拥有哈尔滨宾西、大兴安岭加格达奇、辽宁大连三大核心生产基地，总占地面积达55万平方米。公司通过国家环保最高标准的十环标志认证，荣获"2020年中国工业创新标杆企业"，董事长刘博同时获得"创新领军人物"称号，这两项大奖再次彰显了松杉木业（恒友家具）的创新力以及企业硬实力。

恒友家具营销网络现已覆盖全国30余个省市自治区，标准化终端网点400多家，更与东北林业大学开展校企合作，共同开发高新技术工艺。公司旗下拥有原创设计爱尚系列、赛巴斯汀系列、核桃物语系列、全屋定制等多种风格的全线产品，可以实现从墙板、木门、家具、定制等一体化产品要求，真正实现了风格多样的全品类全案整装服务。

2. 哈尔滨利鑫达木业股份有限公司

公司于 1996 年 3 月成立，现有员工 650 人，管理技术等人员 120 名。公司占地 4 万平方米，厂房建筑面积 5 万平方米，拥有 22 条现代化家具生产线，主要产品办公、宾馆、厨房、卧室等系列实，获得了 2004 环境管理体系的国际体系认证，产品销往省内外各级政府机关及星级宾馆。2002 年开始与瑞典宜家（IKEA）公司合作生产产品，产品销往欧洲、美国、东南亚、日本等地。2020 年，公司实现销售收入 17600 万元，创汇 2600 万美元，2021 年公司预计完成销售收入 1.9 亿元人民币，出口创汇 3000 万美元，招收安置下岗职工及转移农村劳动力 1000 余人。

3. 哈尔滨市卧虎家具有限公司

公司是黑龙江软体家具的领航企业，37 年的发展历程，卧虎始终践行"对消费者负责"的宗旨。公司拥有强大的研发、生产、销售团队，厂房规模 3.8 万平方米，产品销售覆盖全国，并远销东亚及北美市场。卧虎床垫（软床）定位中高端，产品甄选全球优秀睡眠材料，是东北地区深受消费者的信赖与喜爱的品牌。卧虎在历年国家产品抽检中，均是合格优等品，荣获"国家质量绩效卓越奖"及"哈尔滨市十佳诚信之星企业"。

4. 哈尔滨市新明家具有限责任公司

公司始建于 1995 年，生产厂房 2 万多平方米，工厂现有员工 200 多人，其生产的产品有：宾馆及洗浴家具系列、酒店家具系列及新明家具。拥有一流的专业设计人员和经验丰富的制作安装团队，注重新知识、新工艺的引进与新技术开发，以世界知名品牌质量为标榜，以国际标准为准则，成为被社会各界认可的一流企业。公司引进德国与意大利的先进生产设备，采用优质环保的原材料与配件，连续多年来被消费者评为质量信得过单位。

（哈尔滨市家具行业协会　李永臣）

江苏省

一、行业概况

2020年初，疫情肆虐，据调研，江苏省家具企业受到不同程度损失。3月底，江苏省家具制造企业陆续复工，生产相对稳定，部分小企业反映资金短缺，关停并转。6月份，疫情好转，家具销售全面回暖，产量增速较大，较一季度上升21.48个百分点，但同时面临人民币升值、原材料涨价等问题。家具内销市场状况不好，外贸出口迎来了强势反弹，部分企业订单超过往年同期30%以上。江苏省取得了良好的疫情防控效果，复工复产走在了全国前列，协会充分发挥行业组织的协调、服务职能，整合资源、调整布局、创新发展，制定切实可行的奋斗目标。

经调研显示，全省有家具企业近万家，规模以上企业800家，从业人员达80多万人；全省规模以上企业家具工业产值基本完成全年指标，部分企业同比增长10%~20%。工业总产值达1636.36亿元，家具产量17699.97万件。全省家具企业出口值上升，部分企业上升幅度达到30%以上。

全省10000平方米以上的家具商场298家，面积达1410万平方米。受疫情影响，家具商场营业收入下降，尤其是新建商场招商形势严峻。

二、行业纪事

1. 搭建政府与企业之间的沟通平台

2020年疫情防控和复工复产期间，江苏省家具行业协会第一时间向企业报告业界疫情防控情况，向省民政厅、省工商联等上级有关部门报告企业捐赠和复工复产情况，调研企业复工复产工作中遇到的困难，及时传达政府部门在企业复工复产过程中给予的优惠和扶持政策。

6月，江苏省家具行业协会参加省市场监督管理局召开的江苏精品工作座谈会，研究制订江苏省家具行业团体标准《江苏红木标准》；9月下旬，工业和信息化部下发征求《关于推动家具行业高质量发展的指导意见（征求意见稿）》意见的函，协会根据实际情况提出了合理化的建议；11月上旬，参加省商务厅、中国国际贸易促进委员会江苏分公司举办的跨国投资研讨会，赴省商务厅对外投资和经济合作处申请江苏省家具出口扶持政策；11月中旬，江苏省市场监督局召开"江苏精品"发布会，聘请

2016—2020年江苏省家具行业发展情况汇总表

主要指标	2020年	2019年	2018年	2017年	2016年
企业数量（个）	9500	7000	7500	8000	8000
工业总产值（亿元）	1636.36	1569.65	1505.66	1450.19	1374.52
规模以上企业数量（个）	800	700	700	700	700
家具产量（万件）	17699.97	17141.16	16600.04	16130.01	15472.43

数据来源：江苏省家具行业协会。

冯建华同志为"江苏精品"国际认证联盟技术专家组成员；参加2020年全省轻工系统工会工作研究会年会，介绍疫情防控及复工复产情况，继续做好江苏省家具行业人才培养及劳动技能竞赛；12月上旬，参加省生态环境厅、省工商联、省财政厅、省地方金融管理局联合举办的第五次"金环"对话活动，加强政府部门、金融机构和企业之间的沟通交流；配合做好省"正版正货"承诺推进计划项目核查；参加省发改委、省民政厅开展的2020年全省行业协会营商环境满意度调查。

2. 协办家具展会，鼓励家具企业有针对性地参展

2020年6月，配合上海浦东家具展在海安东部家具基地组织召开私董会，50余家家具制造、原辅材料企业代表参加会议；组织江苏省木门和木业企业家参加2020中国南京第七届移门、木门和全屋定制展览会；参加东部家具基地举办的"2020中国海安首届云端家具展销会暨东部家具原辅材料采购节"；8月，组织企业赴东莞参观名家具展览会；组织江苏木门委员会、扬州木业家具协会、泗阳县木业商会、河南漯河临颍县木业协会共34位企业家参加2021中国南京第八届移门和木门、木业、全屋定制招商说明会；9月，组织江苏省家具企业赴上海浦东和虹桥及苏州参观家具展会。总体来说，由于疫情，今年参展企业明显减少，展会内容更加市场化，在内循环背景下，设计成为了助推力。

3. 加强人才引进和培养，建立高素质的员工队伍

10月下旬，由江苏省人社厅、省总工会、省家具行业协会共同主办的第二届"东方红木杯"家具制作职业技能竞赛在常熟市东方红木家俱有限公司举办。大赛是省级一类竞赛，是江苏省百万技能人才岗位练兵活动的一项重要内容，全国家具制作职业技能竞赛—江苏赛区。评选了一等奖6名，由江苏省人社厅颁发"江苏省技术能手"称号，晋升手工木工二级职业资格，江苏省总工会颁发"江苏省五一创新能手"称号，并现场发放奖金，二等奖8名，三等奖10名，优秀奖7名，对大赛组织作出贡献的6家单位颁发了优秀组织奖。赛后，为符合条件的选手向省人社厅和省职业技能鉴定中心申请并颁发相应证书。

10月底，江苏赛区共7名选手参加了全国总决赛，取得了优异的成绩，1名选手获得工匠之星·银奖，报请人力资源和社会保障部授予"全国技术能手"荣誉称号，4名选手获得工匠之星·铜奖，2名选手获得工匠之星·优秀奖。江苏省家具行业协会、常熟市东方红木家俱有限公司获得优秀组织奖。

4. 多角度开拓产品增值功能，推动行业高质量发展

新工具、新渠道给家具行业增添了新动能，譬如直播销售、全屋定制、拎包入住、电商新零售等对行业的发展和产品质量的提升，发挥了推动作用。特别是三维家具设计软件，众多家具企业都开始应用，帮助加速、扩展产品研发能力，多角度开拓产品增值功能。随着国家政策法规的不断完善，今年以来，许多家具企业也得到了地方政府政策性的扶持，帮助企业度过资金链困难关。江苏省家具行业协会与德邦物流签订了合作协议，凡是江苏省家具企业与德邦快递签订合同发货，享受高于普通客户的折扣优惠额度，让家具企业物流运输多了一些选择，推动行业发展。

5. 做好家具产业特色区域和特色产品的培育工作

7月，参加上海、江苏、浙江、安徽四省市家具行业协会在上海举办的长三角家居产业发展论坛。11月下旬，由江苏省家协和常熟市海虞镇政府主办的2020"匠心苏韵"海虞苏作红木家具文化50年成果展活动在海虞镇开幕。活动展示了海虞红木生产企业的技术工艺和创新发展，进一步打响产业品牌，推动苏作红木产业高质量发展。12月下旬，江苏省家具行业协会软体家具专委会年会在苏州召开，同期举办了江苏家具行业产业链论坛活动，总结江苏省软体家具一年来的成绩。

三、特色产业发展情况

中国东部家具产业基地——海安

2020年新建各类厂房100多万平方米，新建批发市场面积达50多万平方米，新招租各类企业和材料批发商200多家，先后获得"长三角现代服务

2020年第二届江苏省"东方红木杯"家具制作职业技能大赛

2020年第二届江苏省"东方红木杯"家具制作职业技能大赛现场

业示范基地""省级正版正货示范街区""省级生产性服务业优秀服务机构"等多项荣誉。打造2020首届东部家具云端展销会暨原辅材料采购节，采取"线上＋线下"的全新办展模式，强势推动家具产业全面复苏。举办了2020年江苏品牌产品线上丝路行暨第五届中国东部家具（线上）博览会，推进国际经贸交流与合作。正式启动建设中国（海安）家居艺术小镇，进一步促进家居、文化、旅游产业深度融合。

江苏省苏州蠡口流通市场，常熟、苏州光福、常州马杭、如皋、海门、宜兴红木家具产业基地，常州横林金属家具产业基地，徐州贾旺松木家具产业基地，徐州沙集和宿迁耿车家具电商基地等在各地方政府的关心和支持下不断发展壮大。

四、品牌发展及重点企业情况

1. 海太欧林集团

2020年3月，集团华中智能办公家具制造中心项目建设正式启动，按照行业领先标准，引进先进智能制造设备，投入领先的信息化管理系统和软件；6月，集团华东生产基地二期项目开工，将新建成新一代智能医用家具研发、制造基地，打造医用医养家具大健康产业链；11月，全国首个智慧康养家居研究机构——海太欧林智慧康养家居研究院成立，研究院由海太欧林集团与南京林业大学合作共建，依托海太欧林研发平台和生产条件，发挥南京林业大学的技术特长和人才优势，实现产学研深度融合。经过一年发展，2020年公司年产值127065.39万元，年营业额102513.48万元。

2020年，集团完成了油性漆向水性漆的转变，PUR胶替代白乳胶，有效降低了家具产品的气味；重视优化生产流程，多方协调引进了板件清洗机与包装线，大幅提升生产车间工作效率。集团注重设计研发，拥有发明专利22项（另有发明公布49项）、实用新型专利113项、外观专利246项，软件著作权13项。2020年10月，海太欧林合作项目获得第十一届梁希林业科学技术奖·科技进步奖二等奖；集团"江苏省新型智能化家具工程技术研究中心"成功入选江苏省2020年度省级工程技术研究中心建设项目。

2. 梦百合家居科技股份有限公司

2020年，公司以江苏省工程技术研究中心为平台，专注于各类功能性记忆绵产品的研发。现有授权专利80多件，在已建的2个"江苏省智能示范车间"基础之上，2020年新增3条机器人流水线，将SAP、ERP、MES、WMS等多种系统与各生产及后道流程进行联网融合，实现了车间生产运营的自动化、数字化、可视化、模型化，有效提高了劳动生产率、降低了风险。公司目前已在中国、美国、塞尔维亚、西班牙、泰国建立了横跨东西方的五大生产基地，在全球拥有29家控股公司。2020年3季度集团公司实现营业收入45.26亿元，较去年同期增长71.53%，净利润3.46亿元，较去年同期增加32.66%。

公司坚持公益事业，累计为社会公益事业投入物资近6000万元，全年向72家医院以及慈善机构，共捐赠20620张床垫，200件枕头和688套医用防护服。

3. 江苏斯可馨家具股份有限公司

2020年自疫情发生以来，公司全体员工积极响应疫情防控，分别向湖北黄冈、浙江天台捐助20万只外科医用口罩，代表苏州市天台商会第一时间向北桥街道捐助20万元抗疫捐款，同期组织商会企业为抗疫救灾献爱心，共捐款捐物达300余万元。

2020年，公司探索了形式多样的销售方式，并进行了业务调整、品牌规划、模式创新，让公司全年业绩上实现了正增长，为2021年发展奠定坚实的基础，海外订单生产排期已排到2021年6月份。生产方面，通过云加速信息化、数字化建设，搭建金蝶云星空企业管理平台，采用SOA架构，完全基于BOS平台组建而成，业务架构上涵盖企业财务管理、供应链管理、生产管理、S-HR管理等核心云服务。技术架构上采用平台化构建，支持跨数据应用，支持公有云及私有云部署方式，同时还在公有云上开放基于ERP的协同开发云平台。为公司提供财务云服务、供应链云服务、全渠道营销云服务，以及智能制造云服务，确保企业数字化能力的全面提升。

（江苏省家具行业协会　冯建华、达式孝、丁艳）

浙江省

一、行业概况

2020年，浙江省有家具企业4000多家，实现工业总产值2502亿元，受新冠肺炎疫情影响略有下降。据浙江省经信厅和省统计局统计，全省规模以上家具企业1012家；2020年实现工业总产值992.41亿元，同比下降0.1%；实现工业销售产值969.57亿元，同比增长0.2%；实现出口交货值518.04亿元人民币，折合80.06亿美元，同比下降2.8%；其中，主营业务收入1011.89亿元，增长2.7%；实现利税89.03亿元，下降3.3%；实现利润57.36亿元，增长6.1%；新产品产值426.31亿元，下降3.2%；产销率97.7%，增长0.2%；完成家具产量2.55亿件，增长3.5%。据推算，2020年浙江省4000多家家具企业，实现工业总产值2502亿元，家具企业的发展受到了不同程度的影响，企业面临转型升级，机遇与挑战并存。

二、行业纪事

1. 设计驱动，质量为先

近年来，浙江省家具企业注重原创设计，扩大品牌影响力，办公家具、民用家具、儿童家具等各细分品类产品愈加完善。顾家、丽博、千年舟、慕宸、图森等针对市场变化，积极探索定制家居发展领域；顾家、喜临门、梦神、城市之窗、永艺、恒林、艾力斯特、星威、莫霞、富邦、森川、科尔卡诺等企业积极参展，根据市场需求对产品进行优化升级。2020年，圣奥集团有限公司悠蒂（UD）荣获2020德国iF设计大奖，悠帆休闲椅、帛力丝全塑椅获得德国标志性设计奖；杭州恒丰家具有限公司FATA系列荣获2020年德国红点"产品设

2016—2020年浙江省家具行业发展情况汇总表

主要指标	2020年	2019年	2018年	2017年	2016年
企业数量（个）	4000	4000	4000	4500	4500
工业总产值（亿元）	2502	2535	2416	2256	2000
主营业务收入（亿元）	2261	2291	2183	2039	1851
规模以上企业数（个）	1012	963	870	812	762
规模以上企业工业总产值（亿元）	992.41	973.56	963.71	1037.56	963.51
规模以上企业主营业务收入（亿元）	1011.89	969.07	952.48	976.96	886.59
出口值（亿美元）	132.33	135.03	132.64	118.2	103.81
内销额（亿元）	1395.27	1632.9	1539.25	1473.51	1286.02
家具产量（亿件）	2.55	2.40	2.13	2.16	2.17

数据来源：浙江省家具行业协会。

圣奥·悠蒂（UD）

恒林·NOUHAUS 按摩椅

喜临门·Smart 1 发布

"东阳红木"冠名高铁

计"大奖；恒林家居股份有限公司海外家居品牌 NOUHAUS 经典款按摩椅 N-0003 荣获 2020 红点奖；永艺家具股份有限公司荣获第二十一届中国外观设计优秀奖；火星人厨具股份有限公司"极光"厨柜荣获第七届法国 INNODESIGN PRIZE 国际创新设计大赛奖。2020 年 4 月 22 日，喜临门连续五年荣登工信部认证"中国品牌力"行业第一。

2. 科技创新，智能制造

经国家工业和信息化部认定，浙江博泰家具股份有限公司获评绿色工厂，浙江帝龙新材料有限公司获评绿色设计产品，德华兔宝宝装饰新材料股份有限公司获评绿色供应链管理企业；经国家工业和信息化部认定，麒盛科技旗下索菲莉尔智能老人床 Care IQbed 入选《智慧健康养老产品及服务推广名录（2020 年版）》智能床品牌；经省科技厅、省发展改革委、省经信厅认定，浙江省群核图形与智能计算研究院、浙江省五星铁艺时尚坐具及智能制造技术研究院被新认定为省级企业研究院；经省经信厅认定，乐歌人体工学科技股份有限公司为 2020 年（第 27 批）浙江省企业技术中心；由浙江省科技信息研究院组织评选，浙江圣奥家具制造有限公司、顾家家居股份有限公司、喜临门家具股份有限公司、宁波方太厨具有限公司、麒盛科技股份有限公司、杭州老板电器股份有限公司、宁波公牛电器有限公司为 2020 年浙江省高新技术企业创新能力百强企业……这些荣誉都是对浙江家具企业科技化、智能化能力提升的肯定。

3. 市场导向，营销优化与品牌塑造齐头并进

对于企业而言，家具展作为经济发展、商品贸易、信息共享和行业交流的优秀平台，是企业发展的良好助推器，顾家、喜临门、永艺、恒林、富邦、城市之窗、年年红、好人家、利豪、耐力、新诺贝、阿尔特、梦神、博泰、星威、欧宜风、艾力克、莫霞、澳利达、盛信、中源、图森等企业积极参加上海、广州、深圳、东莞、苏州等地举办的家具展览。冠有"世界木雕，东阳红木"字样的高铁专列于 8 月 3 日发车。此次"东阳红木"冠名的列车线路为京沪杭线、江浙皖线，覆盖北京、山东、江苏、湖南等省份，辐射北京、天津、河北、山东、安徽、江苏、上海、浙江等东阳红木家具主要销售区域。

随着80后、90后逐渐成为目前主要消费群体，针对年轻人的销售渠道建设和推广变得十分重要。永艺的办公椅"出演"热播剧《完美关系》，联合罗永浩抖音直播带货，人体工学椅1秒卖空6000把。喜临门联手"带货女王"薇娅推出爆款抗菌床垫，主推的抗菌4D磁悬浮床垫——上线一场售罄2万余张，成交率大大提升。顾家家居独家冠名的AM连连和特约赞助的聚划算99划算夜双双出圈，分别拿下微博第一、第三的热搜词条，顾家还在天猫超级品牌日邀请奇葩界的辩论大咖、明星夫妻参与直播，三天的微博话题阅读量超2.2亿次……这些企业及时捕捉市场变化的趋势，以越来越年轻的消费群体为宣传对象，通过互联网新型传播方式，在品牌创新营销路径上做出直播带货等更多尝试，赋予品牌新活力。

4. 不忘初心，践行企业社会责任

面对新冠肺炎疫情，浙江家具企业众志成城，积极捐款捐物。据浙江省家具行业协会不完全统计，会员企业总共捐赠款物3198.58万元。其中，圣奥通过浙江省光彩事业促进会向湖北疫区捐赠1000万元；德华兔宝宝通过德清县红十字会捐赠500万元；浙江云峰莫干山捐款500万元支援医疗机构；顾家家居向黄冈市红十字会捐赠100万元，捐款50万元助力天台疫情防控工作，并采购100万双专业医护手套送至湖北黄冈；永艺家具捐款109.28万元，恒林家居定向捐赠给火神山、雷神山医院1100把办公椅，200把午休椅，40套沙发；喜临门捐赠轻质便携床垫1450张及枕头550个。浙江金鹭、高裕家居、千年舟、艾力斯特、宁波柏厨、川洋家私、大康控股、杭州恒丰、城市之窗、奥尚家具等公司通过各种渠道捐款捐物，为打赢疫情防控阻击战贡献力量。2020年5月，"大爱浙商"抗疫英雄颁奖大会在浙江省人民大会堂隆重举行，圣奥集团、恒林家居荣登"大爱浙商"抗疫英雄榜。

三、特色产业发展情况

截至2020年底，浙江省拥有6个家具产业集群"金字招牌"。各地区发展情况如下：

1. 中国办公家具产业基地——杭州市

根据杭州市统计局和海关统计数据，全市规模以上家具企业96家，2020年实现工业总产值128.33亿元，下降2.9%；工业销售值125.78亿元，下降4.6%；国内销售产值75.63亿元，下降1.4%；出口交货值50.16亿元，下降9.2%。

2. 中国椅业之乡——安吉县

安吉是全球最大的办公椅生产基地，规模以上家具企业223家，2020年销售收入达1亿元以上的企业79家。全年椅业销售收入达到420亿元，其中规模以上企业销售收入297.6亿元，增长17.5%，占全县规模以上企业销售收入总额的40.6%，利税贡献值在全县主要行业中排名第一。家具出口总额226.2亿元，增长18.9%，占全县出口总额的66.9%。

3. 中国出口沙发产业基地——海宁市

2020年，海宁家具行业共有生产企业100余家，从业人员约3万人。根据海宁市统计局对45家行业内规模以上企业的统计资料汇总，2020年海宁市家具行业累计实现规模以上工业总产值56.99亿元，同比下降28.2%，利税4.24亿元，同比下降46.8%，全行业利润2.47亿元，同比下降37.2%。根据海关统计数据显示，2020年海宁市家具及制品累计出口49.5亿元，同比下降10.16%。布沙发出口24.22亿元，同比下降10.3%；皮沙发出口13.43亿元，同比下降14.2%；布沙发套出口8.26亿元，同比增长0.6%；皮沙发套出口3.86亿元，同比下降5.9%。

4. 中国欧式古典家具生产基地——玉环市

玉环市的家具经过30多年的发展，已形成品种繁多、配套齐全、产业链完整的产业集群发展模式，尤其是新古典家具和欧式家具，其产品质量和工艺水平处于全国领先地位。玉环市的家具企业共258家，规模以上企业23家。2020年全市行业总产值35.61亿元，内销总额28.78亿元，出口总额6.83亿元。2020年5月1日—6月15日，市政府、精品家具城、50多家企业100余品牌联合举办时尚家居旅购节，结合互联网线上销售活动，实现与消

费者快速结合的效果。

5. 中国红木（雕刻）家具之都——东阳市

经过多年发展，东阳木雕红木家具产业已形成了东阳经济开发区、横店镇和南马镇等三大产业基地，东阳中国木雕城、东阳红木家具市场和南马花园红木家具市场等三大交易市场。目前，东阳市有红木家具企业 1300 余家，规模以上企业 200 余家，从业人员 10 余万人，全年产值超 200 亿元，现有中国工艺美术大师 11 人，省工艺美术大师 48 人，金华市工艺美术大师 124 人，形成全链条产业体系。2020 年，东阳成功举办首届"中华大师汇"暨第十五届中国木雕竹编工艺美术博览会和第二届中国红木家具展览会等国家级展会和赛事，为产业发展搭建交流展示平台。

四、家具流通卖场发展情况

1. 杭州大都会家居博览园

公司是第六空间家居发展有限公司旗下的一家经营世界顶尖家居产品的专业市场，市场总营业面积 20 余万平方米。大都会由六馆一街七大专业主题商场组成：凡尔赛宫、现代馆、国际建材馆、定制馆、8090 生活馆、灯饰软装馆、品牌大道，系高端国际家居卖场第六空间旗下的全国十三大商场体量之首。园区与众多进口顶级家居品牌达成了地区代理或战略合作关系：FENDI CASA、VERSACE、Ligne Roset、TURRI、EPOCA、CHRISTOPHER GUY、NATUZZI……2020 年开展新零售模式"知麻家"，由阿里巴巴资深行业买手团队和第六空间专业买手团队，凭借专业经验、时尚眼光，借助大数据分析，挑选了包括年轻人喜爱的原木风设计品牌"样子生活"，设计师钟爱的调性品牌"jolor"、意大利进口性价比品牌"康铂萨"，意式极简代表品牌"coconordic"，都市现代整体家居品牌"Found Home"，摩登复古网红品牌"Evita Home"，专业儿童风格品牌"小鬼当家"等超 50 个不同风格、价位的品牌，既有供应链直供的制造型工厂，也有设计师挚爱的调性潮流品牌。

2. 锦绣国际家居

公司位于浙江金华，市场创建于 1995 年，由金华美联商业运营管理有限公司投资管理。旗下拥有回溪街江北店、婺州街江南店 1 号馆、江南店 2 号馆、金华商城店四大连锁卖场，16 万平方米的营业面积，是浙江中西部地区最具影响力的专业家居市场。江北店是浙江中西部地区档次最高的现代国际家居馆，囊括众多风格高端家居品牌，是金华及周边地区精英阶层优质家居生活的首选；江南店 1 号馆地处江南婺州街核心地段，拥有三大楼层八大主题版块，与江南店 2 号馆合力打造高端家居商圈，并与江南建材市场共同形成集家具、建材为一体的 20 万平方米的家居购物中心；江南店 2 号馆植入大家居概念，将高端家具与卫浴建材、整体橱柜、整体软装、高端定制等业态融合；锦绣国际家居商城店位于金华商城 F 区，市场定位更年轻化，贴近大众消费。

3. 浙江广汇家居商场

公司目前运营的有衢州市广汇名品家具广场、衢州市广汇百姓建材家具广场两大主题商场，已全面打通低中高端家具、建材、装饰行业上下游产业链。2018 年入驻的家居风格都是以北欧、中式为主、2019 年和 2020 年入驻的家居风格都是以轻奢、极简为主。两年期间新入驻的品牌有：意迪森、格调、东家定制、可木、顾家家居真皮定制、VVCASA、意斯特、艾库、库斯、浪琴、大自然床垫。据统计，浙江广汇家居商场五一节前重装开业或新装开业的店面有近 20 个，这是近两年以来衢州大规模的家居环境升级场面，也是为衢州市民创造一个全新的家居购物环境。

4. 东阳红木家具市场

东阳红木家具市场成立于 2008 年，总营业面积 12 万平方米；入驻红木品牌 100 多家，例如：年年红、大清翰林、明堂红木、中信红木等国内知名品牌，东阳市十大精品生产企业、红木家具行业知名企业悉数入驻市场，是东阳最早成立的红木家具专业市场。目前市场按楼层规划分为：一楼为经典之家，囊括了各类收藏级别的红木家具；二楼为名品之家，汇集了一批知名的红木大品牌；三楼为精品之家，大师之作尽出于此；四楼为原创之家，以新中式红木家具为主，简约时尚，极具现代感。近年来，东阳红木家具市场对传统中式红木家具消

2020 年度"浙江出口名牌"名单

序号	企业名称	申报品牌名称	申报类别	新增/复核
1	浙江强伟五金有限公司	强伟	轻工工艺	新增
2	浙江帝龙新材料有限公司	帝龙	建材冶金	新增
3	杭州中艺实业股份有限公司	LETRIGHT	轻工工艺	复核
4	顾家家居股份有限公司	KUKA KUKA 顾家家居	轻工工艺	复核
5	乐歌人体工学科技股份有限公司	乐歌 Loctek	机械电子	新增
6	浙江豪中豪健康产品有限公司	艾力斯特	轻工工艺	复核
7	永艺家具股份有限公司	永艺	轻工工艺	复核
8	嘉瑞福(浙江)家具有限公司	嘉瑞福	轻工工艺	复核
9	安吉超亚家具有限公司	超亚	轻工工艺	复核
10	浙江博泰家具股份有限公司	BJTJ	轻工工艺	复核
11	喜临门家具股份有限公司	喜临门	轻工工艺	复核
12	星威国际家居股份有限公司	"星威"牌	轻工工艺	复核
13	欧路莎股份有限公司	欧路莎	建材冶金	复核

费板块进行整合提升,将四楼原有的现代家居重新定位新中式,先后入驻多家知名的新中式品牌。

五、品牌发展及重点企业情况

2020 年,全省有浙江强伟五金有限公司和浙江帝龙新材料有限公司被新增为浙江出口名牌,杭州中艺实业股份有限公司等 11 家公司被复核为浙江出口名牌。

1. 圣奥集团

圣奥集团以办公家具为主营业务,同时经营置业、投资等,是中国家具协会副理事长单位、浙江省家具行业协会理事长单位。通过 30 年的持续发展,构建"1+N"全球研发模式,至今已形成了 2 大总部 +3 大制造基地,总占地面积达 631 亩,建筑面积达 606800 平方米的产业布局。2020 年家具销售 27.2 亿元,纳税 1.5 亿元,全年利润 1.11 亿元。公司作为行业内首家省级专利示范企业,投入巨资成立研究院致力于产品研发,拥有办公家具行业首个通过 CNAS 认证的实验室,在德国柏林设立圣奥欧洲研发中心,并携手浙江大学成立智能家具研究中心,积极引进、培养国际设计人才。目前,公司累计申请专利 1300 余项,并荣获"国家级工业设计中心""省级企业技术中心""省级工程技术研究中心"等称号。截至目前,公司产品远销世界 115 个国家和地区,服务了 167 家世界 500 强企业、298 家中国 500 强企业。

2. 顾家家居股份有限公司

公司是上市企业(股票代码:603816)。目前,顾家家居远销 120 余个国家和地区,拥有 4500 多家品牌专卖店。旗下拥有"顾家工艺沙发""睡眠中心""顾家床垫""顾家布艺""顾家功能""全屋定制"六大产品系列及海外合作品牌等。2019 年荣获中华人民共和国工业和信息化部颁发的"国家级工业设计中心(2020—2023)"称号。顾家家居坚持以用户为中心,并创立行业首个家居服务品牌"顾家关爱",为用户提供一站式全生命周期服务。

3. 喜临门家具股份有限公司

公司创始于 1984 年,是享誉全球的国潮床垫企业,2012 年喜临门在 A 股主板上市(股票代码:603008),是国内床垫行业第一家上市企业。公司全球门店共计 3643 家,产品销往全球 70 余国。公司年产量 600 万套（件），9 大生产基地遍及全球，包括绍兴总部、绍兴出口基地、绍兴酒店基地、河北香河、四川成都、广东佛山、河南兰考，并在泰国、越南等建立了海外制造基地，加速布局全球。喜临门专注研发创新，截至 2020 年底，共持有全球专利超 640 项，先后推出净化甲醛（铂金净眠因子）、气体弹簧、抗菌防螨双核技术等多项创新科技。疫情之下，喜临门实现逆势上扬，2020 年总营业收入达 56.23 亿元，同比增长 15.43%，国内零售保持 26% 的收入增长。2020 年，喜临门发力智能睡眠市场，推出全球首款点状弹簧智能床垫 Smart 1，正式开启智能深睡时代，斩获工业设计国际邀请赛产品设计大奖。4 月 22 日，喜临门连续 5 年荣登工信部认证"中国品牌力"行业第一。

4. 永艺家具股份有限公司

公司是目前国内最大的坐具提供商之一，2015 年 1 月 23 日在上交所挂牌上市（股票代码：603600），是国内首家在 A 股上市的座椅企业。目前在国内拥有三大生产基地，是国家办公椅行业标准的起草单位之一、业内首批国家高新技术企业之一，是国家知识产权示范企业、中国质量诚信企业、中国家具行业科技创新先进单位、服务 G20 杭州峰会先进企业、国家"绿色工厂"；公司"健康坐具研究院"是行业内唯一的省级研究院。同时，公司拥有国家级工业设计中心、省级高新技术企业研究开发中心等众多荣誉。

5. 浙江大丰实业股份有限公司

公司起源于 1991 年，2017 年在上海证交所主板上市，为客户提供包括舞台机械、灯光、音视频、电气智能、座椅看台、声学修饰等的文体场馆设施整体集成解决方案，连续 20 多年为央视春晚提供智能舞台系统，为 G20 峰会、金砖峰会、上合峰会、一带一路、互联网大会、奥运会、世界杯、亚运会、全运会、F1、NBA 等重大活动和赛事，提供核心产品与服务。公司是国家制造业单项冠军示范企业、国家文化和科技融合示范基地、国家文化产业示范基地、国家体育产业示范单位、国家文化出口重点企业、国家高新技术企业及国家知识产权示范企业；主导并制定 14 项国家（行业）标准，累计获得专利 900 多项，其中发明专利 150 多项。参建的成都城市音乐厅、西安高新国际会议中心等项目于 2020 年分别荣获"鲁班奖""国家优质工程奖"与"中国建筑工程装饰奖"；入选 2020 年"一带一路"文旅产业国际合作重点项目。

6. 恒林家居股份有限公司

公司是一家主营智慧办公产品的主板上市公司，是国内领先的座椅开发商和目前国内最大的座椅制造商及出口商之一。2017 年 11 月，恒林股份在上交所 A 股上市。据海关统计，2008 年至 2019 年，公司办公椅年出口额名列行业前茅。公司通过了欧洲、美国和日本等国家和地区知名采购商的严格认证，与全球知名企业 IKEA、NITORI、Staples、Office Depot、SourceByNet、Home Retail、LI&FUNG 建立了长期稳定的合作关系。公司参与起草了 12 个国家标准、6 个轻工行业标准、2 个浙江制造团体标准，产品先后荣获"德国红点奖""If 设计大奖""中国家具设计奖"等国内外多项荣誉；拥有国家知识产权优势企业、国家专利示范企业、智能化功能坐具省级企业研究院、智能化功能坐具省级高新技术企业研发中心、浙江省企业技术中心、浙江省工业设计中心、浙江省博士后工作站等资质。

7. 中源家居股份有限公司

公司成立于 2001 年，主要从事竹制品的研发销售。2008 年，中源家居开启战略转型之路。专业从事功能性沙发产品，市场遍及美国、美洲、亚非拉、欧洲。2018 年 2 月 8 日，公司在主板挂牌上市。公司先后获国家绿色工厂、国家知识产权优势企业、长三角 G60 科创走廊工业互联网标杆工厂、浙江省著名商标、浙江省第一批上云标杆企业、浙江名牌产品等荣誉称号。中源家居在做精做强功能性沙发的基础上，向板式家具、寝具、智能家居等业务板块辐射，向内销市场拓展。推进新零售及数字化转型战略，加快智能制造步伐，总占地面积 727 亩，对标德国工业 4.0 的未来工厂于 2020 年启动建设。2020 年前三季度，公司营收约 8.09 亿元，同比增长 6.50%。

8. 乐歌人体工学科技股份有限公司

公司于 2017 年 12 月 1 日在深交所创业板上市，是 IPO 形式上市的人体工学大健康行业第一股

浙江省家具行业协会 2020 年会暨六届五次会员代表大会

和跨境电商第一股。主要产品包括：线性驱动智慧办公升降系统、智慧升降工作站、智能小秘书工作站、智能电脑架等健康智慧办公/家居类产品，产品市场占有率达国内第一、全球第二。

作为国家高新技术企业，乐歌拥有 3 大生产基地、25 家分子公司，全球员工近 4000 名，主要分布中国、美国、越南、菲律宾等地。目前，公司的研发人员有 600 余名，获得了国家级 CNAS 实验室认定、省级博士后工作站、省级高新技术企业研发中心、省级企业研究院。2020 年，公司联合鄞州区政府、宁波大学共建智慧大健康装备产业技术研究院，为产业链上下游企业提供研发服务。公司关键技术来源为自主研发，截至 2020 年 9 月底，拥有国内外各项专利 957 件，其中发明专利 58 项，软件著作权 18 项，中国驰名商标 1 项，是国家知识产权优势企业。公司各项技术打破海外技术垄断，为关键技术国产化起到示范作用。

9. 图森木业有限公司

公司成立于 2008 年，是一家专注于高端家装木作定制和家居空间打造的企业。2017 年成立图森家居有限公司，作为图森木业有限公司的子公司，运营 Tonino Lamborghini Casa，CG Nighttime 等进口品牌家具和国产系列家具，整合空间走向大家居时代。"图森"立志打造国际知名、国内领先的高端定制家居品牌，目前图森拥有图森 C·经典系列、图森 NC·东方美学系列、PUCCINI·意式现代系列、PANAREA·意式轻奢系列、图森家具系列以及意大利进口 Tonino Lamborghini CASA 家具系列，与英国 Christopher Guy 合作，共同打造 CG Nighttime 系列产品，展现了强有力的空间打造能力和品牌创新力。公司通过了国家 CNAS 实验室等机构认可，近期荣获创新发展奖 - 市长质量奖，并斩获家居行业大雁奖、金星奖等各项大奖。

六、行业重大活动

1. 承办 2020 年全国行业职业技能竞赛——第四届全国家具职业技能竞赛总决赛

11 月 1—2 日，由中国轻工业联合会、中国家具协会、中国就业培训技术指导中心、中国财贸轻纺烟草工会全国委员会主办，东阳市人民政府承办的 2020 年全国行业职业技能竞赛——第四届全国家具职业技能竞赛总决赛在浙江东阳成功举办。总决赛比赛内容以《手工木工》国家职业技能标准中的高级技工（国家职业资格三级）为基准，评出工匠／设计之星金奖 1 名、银奖 2 名、铜奖 12 名、优秀奖 25 名，前 3 名报请人力资源和社会保障部授予的"全国技术能手"荣誉称号。

2. 举办第三届东作红木文化艺术节

"国艺正当红"——第三届东作红木文化艺术节 9 月 30 日在东阳盛大启幕，由东阳红木家具市场举办，为期 8 天的第三届东作红木文化艺术节于 10 月 7 日落幕，累计成交 2075 单，销售金额超 1.2 亿元，向各地消费者宣传展示了东阳红木行业的发展实力。活动期间，由市委宣传部、市文联主办，市美术家协会、东作水墨会承办的戴家样·陈炯明《开国群星画卷》原稿展同期举行。东阳红木家具市场还与戴敦邦等艺术名家深度合作，推出了红木家具定制项目，将艺术名家的作品展现在红木家具上，提升了产品的附加值，实现了经济效益和社会效益双赢。

3.《政府采购——家具项目采购需求标准》发布，并获"2020 中国政府采购奖年度创新奖"

《政府采购——家具项目采购需求标准》是全国首个政府采购需求标准，由浙江省政府采购联合会、浙江省家具行业协会组织采购人单位、代理机构、评审专家及家具企业等相关方共同起草，并于 6 月 8 日颁布实施。截至 2020 年底，已有预算金额超过 1.6 亿元的家具项目采用了需求标准，在浙江政府采购家具项目中的普及率达 20%，并荣获"2020 中国政府采购奖年度创新奖"，取得了良好的经济效益和社会效益。

4. 举办浙江省家具行业协会 2020 年会暨六届五次会员代表大会

12 月 9 日，"坚定信心·同舟共济"浙江省家具行业协会 2020 年会暨六届五次会员代表大会在杭州宝盛水博园大酒店成功举办。家具行业内重要领导，上海展、广州展、东莞展、苏州展等展会的负责人、连锁卖场的负责人及全省 600 多位家具企业代表参加了本次会议。

（浙江省家具行业协会　顾佳佳、高锦奇）

福建省

一、行业概况

2020年，疫情席卷全球以及中美贸易战的持续发酵，对福建省家具行业产生了不可忽视的影响。疫情初期的停工停产，让家具产品出口与内销需求都受到了严重抑制，企业面临严峻考验。下半年随着国内疫情有效控制缓和、国外疫情仍在蔓延加剧，部分外单转移至国内生产，加上欧美等国"宅经济""财政补贴""居家办公"等政策因素影响，国外家具市场需求不降反升，福建家具行业出口持续回暖。家具出口订单翻倍增长，在一定程度上弥补了上半年的下滑。据相关部门统计，2020年1—12月，福建家具出口同比去年增长约7.5%，但由于原材料价格上涨、环保压力增大、汇率波动等因素，企业利润被挤压，福建省家具产业整体收益并无明显增长。

2020年，福建省家具行业实现总产值1050亿元，同比下降6.3%，其中规模以上企业378家，工业总产值620亿元，同比下降1.6%；利润总额达32.97亿元，同比下降14.6%。2020年福建省家具出口333.4亿元，同比增长7.5%。企业数约5100家，从业人员近40万人。

二、行业纪事

1. 加强服务平台建设，引导行业技术水平进一步提高

为提高企业创新意识，提升行业整体设计水平和竞争力，福建省家具协会组建各类平台、建立研发院、成立工作站，为企业开展服务。协会联合高校、检测机构等单位分别建立了海西家具技术研发服务平台和福建省家具产品质量检验检测服务平台，

2016—2020年福建省家具行业发展情况汇总表

主要指标	2020年	2019年	2018年	2017年	2016年
企业数量（个）	5100	5300	5500	5500	5500
工业总产值（亿元）	1050	1120	1100	1050	950
主营业务收入（亿元）	1022	1080	1060	1030	940
规模以上企业数（个）	378	365	356	341	330
规模以上企业工业总产值（亿元）	620	630	577	546	465
规模以上企业主营业务收入（亿元）	637	638	554	525	460
出口值（亿美元）	48.1	44.7	46.5	42.5	34.66
家具产量（万件）	15025	15177	12961	14796	15123

数据来源：福建省家具协会。

至今已为多数会员企业提供检测需求和解决生产技术难题。2015年底，协会成立福建省海西家具产业发展研究院；2020年，协助完成2020国际（永安）竹居博览会的策划、参展组织工作；赴企业调研，为企业提供家具设计研发技术支持，助推福建家具行业发展。

2. 举办技能大赛，提升行业创新水平

2020年11月，由仙游县人民政府、福建省家具协会、福建省古典工艺家具协会等主办的2020年全国行业职业技能竞赛——第四届全国家具职业技能竞赛福建仙游赛区选拔赛在仙游举办，高校学生、企业职工积极参赛。福建选手在第四届全国家具职业技能竞赛总决赛中收获颇丰：荣获工匠之星奖6名，其中工匠之星·铜奖（全国轻工行业技术能手）、工匠之星·优秀奖（中国家具行业技术能手）、工匠之星奖（中国家具行业工匠之星）各1名；荣获青年设计之星奖4名，其中金奖、银奖、铜奖、优秀奖各1名。

三、特色产业发展情况

1. 仙游

素有"文献名邦""海滨邹鲁"之美誉的仙游，以其红木雕刻工艺精湛，先后被授予"仙作红木家具产业基地""中国古典家具收藏文化名城""中国古典工艺家具之都"等称号。2020年，仙游县政府出台相关政策，强化人才保障、协调物资供给、突出政策引领、积极拓展市场、推动降本增效，做大全球工艺美术品展示交易公共服务平台，推动仙游工艺美术产业稳健发展。2020年，全县工艺美术产业实现产值480万元，同比增长9.1%。

2. 漳州

漳州地处海峡两岸重要区域，家具行业作为后起之秀，充分发挥地域优势，融入海西发展。目前家具产业以木制家具和金属家具为主，并带动木料加工、贴面、装饰、包装、运输等行业发展。近几年来，在漳州相关政府部门、行业协会的支持帮助下，家具产业体系日臻完善，集群效益显现。2020年受国内外疫情及中美贸易摩擦的影响，漳州市家具总产值112.17亿，同比下降20.9%。

3. 安溪、闽侯

历经40多年的创新发展，安溪县家居工艺文化产业走过一条"竹编—藤编—藤铁工艺—家居工艺"的创新蜕变之路，成为继茶产业后第二大特色支柱产业，产品畅销60多个国家和地区，是全国重要的藤铁工艺品生产基地。先后获评"中国藤铁工艺之乡""中国家居工艺产业基地""世界藤铁工艺之都"等称号。2020年全县家居工艺产业链实现产值195万元，同比增长11.4%。

家居装饰工艺品产业为闽侯县经济六大支柱产业之一，闽侯县政府坚持创新，让闽侯家居装饰工艺品行业从原来单一的竹编，拓展到竹、木、草、藤、铁等八大类，基本形成以白沙、鸿尾、荆溪等乡镇为集聚地，以铁件、皮件、竹草编和木制品为主导产品的格局。2020年，完成出口约8.4亿美元，同比增长5%。

4. 三明、南平、永安

福建省竹类资源丰富，具有发展竹产业的良好基础和条件。多年来，福建省通过科技创新、政策推动、加大投入等措施，积极推动现代林业建设，竹产业发展呈现了良好的势头。目前，福建现有竹林面积达100万公顷，竹产业产值突破600万元，主要分布在三明、南平等地。"中国竹笋之乡""中国竹子之乡"和"全国林业改革与发展示范区"——永安市，竹资源丰富（全市拥有竹林面积102万亩），2020年，永安全市竹业总产值91.1万元，同比增长5.9%。

四、家具流通卖场发展情况

福建省家具卖场呈多元化发展，有以红星美凯龙、居然之家、喜盈门为首的连锁型卖场，主打中高端产品；有以中亭美居、左海家具广场、百姓家居、各类建材商城等为首的本土卖场，主打中低端产品。近几年，受电商平台、精装配套、社群等多种外部力量的冲击，消费群体需求习惯的改变以及国内疫情的持续影响，2020年，福建家具流通卖场处于微盈利状态，增长较乏力。面对严峻的市场环境，家具卖场探索新模式、新渠道，一方面通过线上流量、渠道多元化、引入新业态等措施，巩固卖

场业务竞争力；另一方面努力开发新业务，包括装修业务、辅材销售、家居物流等，打造新的增长线。

1. 红星美凯龙

2020年，红星美凯龙福建区域新开1家红星美凯龙，1家星艺佳。截止2020年底，福建区域共计17家红星，2家星艺佳。红星美凯龙福建区域经营面积达84万平方米，家居品牌入驻数为2828家。在家装业务上，2020年共计营收325.8万，开启了家装业务新篇章。

福建全省商场全年销售超12.83万元，通过总部小程序新型传播共产生68.95万次阅读，精准锁客12.84万人，其中2.35万人进行了销售转化。2020年，红星美凯龙持续关注消费者的合法权益。在3·15期间，红星美凯龙福建区域获"12315消费维权服务点""消费维权志愿者"等省级荣誉，获选福州市首批"线下无理由退货承诺示范单位"共3家商场，并承办全市授牌仪式落地，获6个官方网站联合发布。

2. 居然之家

居然之家福建分公司于2011年入驻福建，分公司总部设置在泉州洛江店。目前福建分公司共计20家家居建材商场，建筑面积合计近65万平方米，其中已开业11家，分别为泉州洛江店、晋江店、龙岩龙腾店、龙岩大道店、漳州龙海店、福州东南国际店、三明宁化店、福州茶亭店、南安华生店、石狮店、安溪店；筹备中5家，分别为漳州店、仙游店、福州长乐店、南平建阳店、泉州南安成辉国际店；待筹备4家，福州闽侯店、南平延平店、宁德福清店、泉州惠安店。

未来3年，福建居然之家将向全省各地市进行战略布局，完成全省32家卖场的连锁发展目标。2020年，泉州洛江店面对疫情对市场冲击的严峻形势，在集团总部及分公司的指导下，迅速调整营销策略，通过淘宝直播、同城站等新零售工具开展线上营销、推进数字化建设等新零售转型工作，2020年共计开展淘宝直播170场，同城站上线品牌163个，上线商品16272件，全年销售额为2.39万元。其中，天猫"618""双11"两场大型活动，借助新零售营销分别实现1290.61万元、7930.93万元的销售额。泉州洛江店通过2020年的积极探索，在新零售转型方面已

经走在了福建省家居建材行业的前列。

五、品牌发展及重点企业情况

1. 三棵树涂料股份有限公司

三棵树创立于2002年，总部位于福建莆田，于2016年登陆上海证券交易所在A股主板上市，2019年上榜胡润中国民营企业500强榜单，2020年跻身全球涂料上市公司市值排行榜10强，成为北京2022年冬奥会和冬残奥会官方涂料独家供应商。公司现有员工8000多名，在上海、广州、北京成立中心，并在四川、河南、天津、安徽、河北、广东、湖北等设有及在建10个生产基地，拥有全资及控股企业21家。

三棵树国家认定企业技术中心由诺贝尔化学奖得主杰马里·莱恩教授担任首席技术顾问，设有博士后科研工作站、院士专家工作站、CNAS国家认可实验室等，并在建三棵树（上海）科学研究院。三棵树参与50项国家和行业标准的制订，现拥有300多件授权专利，研制了30多个一级保密配方，并发表了核心技术期刊论文37篇。公司目前已研发8000多支产品，满足用户全屋一站式绿色建材需求。三棵树健康家具漆，致力于打造中国高端家具漆领军品牌，专注于UV、水性、净味PU、清味PE产品，获得国际最高级别环保标准德国蓝天使认证、中国环境标志产品认证。新冠肺炎疫情期间，三棵树捐资捐物累计达1800多万元，展现企业大爱。

2. 漳州市国辉工贸有限公司

漳州市国辉为木质家具生产企业，是中国家具协会副理事长单位、中国实木家具专业委员会副主任单位、国家级林业重点龙头企业、全国守合同重信用企业。公司位于漳州市金峰经济开发区，占地250亩，2020年，公司产值16156万元。2020年，公司引进专业喷涂自动线新设备，自动线的轨道设备选用高效节能设备替代目前配置的普通设备，新生产线根据油和水通用原理设计，增加专用温度干燥控制系统和除湿控制系统，完成了涂装的油和水的环保涂装工艺升级，提高喷漆质量，节省了15%的人工成本和投资成本。新设备的投入，标志着公司进入一个新台阶。

第七届国际（永安）竹天下论坛

福建省家具协会第七次会员代表大会

3. 厦门玉鹭控股有限公司

玉鹭控股创立于1993年，前身是厦门玉鹭家具有限公司，总部位于厦门，是一家专业从事软体家居、家纺、智能家居、电子电器、休闲运动鞋服等领域的集团企业。玉鹭品牌于2006年起至今连续被评为福建省著名商标；2013年荣获中国驰名商标；2014年被国家级认定为中国500个最具价值品牌；2016年度被评为厦门老字号、厦门家具行业前三甲、特区三十年最具影响力民生品牌等三十多项荣誉称号。

4. 福州福田工艺品有限公司

福田创办于 1996 年，主营现代板式家具，下设福州福润实业有限公司和江苏福田家居有限公司。公司以智能制造引领发展，从德国引进先进设备，拥有静电喷涂油漆生产线，UV、NC 和水性漆等多条涂装生产线。同时，公司配备吸尘和除尘设备、废水和废气处理设备等环保设备，保证了企业的绿色发展。公司拥有专业研发人才 50 多人，获得 40 余项国家专利，并先后荣获"福建省高新技术企业"和"国家高新技术企业"称号；在品质、环保、社会责任各方面均符合欧美标准，先后通过了 BSCI、SMETA、ICS 客户体系认证。

六、行业重大活动

5 月，福建省家具协会联合今日家具，举行了三场"爱拼才会赢：2020 家居业往哪儿看？"系列公益直播。主题分别为《从危机到机遇，家居企业复苏靠什么》《聚力凝神，如何破局内外销难题》《直播营销，家居企业到底怎么玩》。此次直播提振了行业信心，为促进行业稳定发展起到了重要作用。

9 月，福建省家具协会联合 Intertek 天祥集团举办"最新中、欧、美家具化学法规要求解读线上直播培训会"。此次培训会帮助企业进一步了解国内外最新政策法规要求，提高应对能力。

11 月，由永安市竹产业研究院、国际竹藤组织、福建省家具协会等单位联合举办的 2020 国际（永安）竹居博览会（简称"竹博会"）在福建三明永安市开幕。本届竹博会融经贸投洽、产品展示、学术研讨、文化交流为一体。同期举办竹天下论坛、竹产业发展趋势线上论坛等活动，交流最前沿的竹行业发展理论，探讨竹产业未来发展的趋势。

12 月，福建省家具协会第七次会员代表大会在福州召开，会上完成换届程序，分别邀请了方圆标志认证集团公司作"家具行业投标可用认证项目介绍"的主题演讲、福建省商务厅外贸处做相关外贸政策的解读。会议还开展了对话环节。

（福建省家具协会　沈洁梅）

江西省

一、行业概况

2020年，江西省家具行业各项经济指标均有不同的下降。面对困局，家具企业积极应对，在转型升级、品牌升级、设计创新、产品附加值提升及销售模式创新等方面较往年都加大了投入力度。

二、行业纪事

1. 行业发展趋势放缓，行业转型升级提速

在新常态下，为赢得生存与发展的空间，江西省家具企业在产品结构优化、发展模式转变、产品质量提升与生产效率提高方面做了大量实质性工作，行业出现新变化。

淘汰落后技术，走高质量发展之路。众多公司纷纷加强技术创新，提升加工技术和工艺，行业在生产技术水平的提升、生产率的提高等方面有较大进步。如：汇明家具公司在智能化、信息化、数字化应用上深度融合。

注重产品创新，走品牌发展方向。2020年，江西省家具企业逆势飞扬，加快走出去的步伐，特别是自由王国、团团圆、蓝天木业、文华家瑞等南康家具企业多次组团参加国内一线家具品牌展会，参展数量和面积刷新历史纪录，行业地位稳步提升。

创新营销模式，线上线下有机融合。部分企业已建立起自己的网上销售平台，实现实体店与电子商务、线上与线下的有机融合。尤其在2020年"双十一"期间，江西省家具线上销售呈现逆势增长的良好态势，仅南康家具产业带成交额就达19.5亿元，跻身全国产业带成交额前十名。

2. 外省企业内迁承接加快

随着我国家具产业迁移工作加快，周边省份越来越多的家具生产企业向江西省迁移，形成了以九江瑞昌、上饶玉山为代表的新产业发展聚焦地，聚集了一批优势企业，如：瑞昌市华中国际木业有限公司，依托央企中林木业的产业资源，以及瑞昌市政府的大力支持，使当地家具产业链初具规模，多家规模以上企业入驻，为江西省家具产业发展注入了新力量。上饶玉山主要以江苏回迁企业为主，多数企业是从电商销售而转型生产的企业，呈现出"小而美"业态形势，发展势头良好，已形成一定的产业规模。

3. 抱团应对疫情

2020年1月30日，在疫情暴发后，江西省家具协会于向全体会员同仁发出《关于开展"抗击新型冠状病毒感染肺炎疫情"慈善募捐的倡议书》。省内家具企业积极行动，汇明家、团团圆、金虎、远大、卓尔、育佳等企业及个人共捐款700多万元，同时还捐献大量防疫物资，彰显了家具人的社会担当。此外，通过协会媒体上线抗击新型冠状病毒肺炎疫情专题，为抗击疫情提供信息技术服务；与江西省电视台连动，传递江西省家具行业在疫情防控中的先进事迹，传递正能量。

4. 江西省首家家居企业上市

2020年12月29日，汇森家居国际集团有限公司成功在香港港股上市，这是江西省首家上市的本土家具企业。此外，多家企业也进入了上市辅导期。

5. 格力电器落户江西南康

2020年5月12日，江西省委副书记、赣州市委书记李炳军率团前往珠海格力电器考察，亲力促成了格力电器股份有限公司与南康家具产业的合作。根据协议，格力电器将在南康投资建设制造业基地和区域营销总部，与南康家具产业合力打造"泛家居"产业链新平台，促进家电与家具的有机融合发展。格力电器落户南康，必将推动南康从家具的"单核时代"迈向"家电+家具"融合发展的"双核时代"，为南康高质量跨越式发展注入强大动能。

三、行业活动

1. 举办第七届中国（赣州）家具产业博览会

2020年10月25—31日，中国（赣州）第七届家具产业博览会在南康家居小镇成功举办。本届家博会在展会规模、档次、品质，以及行业影响力、美誉度、媒体关注度等方面都得到了前所未有的提升。同期举办2020中国家具进口木材博览会、线上家博会、机械博览会等多项重要活动，吸引全国各地行业内人士前来观展。据统计，第七届家博会期间，前来南康的专业观展人数超过13万人，线上线下成交额突破100亿元，是历届家博会中规格最高、成效最大、反响最好的一届，已成为世界家居潮流风向展示、商贸合作、行业交流的重大平台，并成为认识南康家具、认识南康的重要窗口，是江西的又一张"金色名片"。

2. 开展2020年江西省名牌产品认定工作

为树立家具行业品牌意识，打造有影响力的江西品牌，江西省开展2020年江西省名牌产品认定工作。根据《江西名牌产品管理办法》，江西省家具企业积极申报，提升了江西省家具品牌形象。

3. 发布《支持江西家具与企业共克时艰的倡议书》

2020年5月，宜春市家具商会向协会反映了江西省家具市场存在的一些不良发展现象，江西省家具协会高度重视，与相关政府反映情况，营造和谐共生的市场环境；通过媒体平台发布《支持江西家具与企业共克时艰的倡议书》，倡议省政府部门在政府采购过程中优先考虑选用江西省品牌企业，支持企业走出困境。

4. 举办线下培训，助力企业发展

江西省家具协会开展"江西家具在行动"主题活动，帮助陷入困局的企业加速升级，在危机中寻

中国（赣州）第七届家具产业博览会

找新的增长点。邀请博天国际为企业提供关键时期的"知识弹药"和"超级武器",号召企业疫情期间增强信心、找对方法、抢占市场。

四、品牌发展及重点企业情况

1. 江西汇明集团

集团是中国板式家具第一大出口商,是沃尔玛全球最大的家具供应商,是江西省扶持的家具行业第一家准上市公司,也是经南康区政府招商引资进来的一家全产业链生产企业。公司成立于2014年底,总占地面积约400亩。汇明旗下赣州爱格森人造板有限公司贯彻绿色发展理念,投入6亿多元,引进了由德国迪芬巴赫制造的连续压机生产线,打造了全球第三条、全国第一条采用废旧板材生产的无人化智能化车间,拥有将废旧木料、废旧建筑模板和废旧家具经粉碎、分选、加工成板材,再制造成为家具产品的能力,采用世界上最先进的意大利帕尔拌胶系统,可生产出E0板和无醛板,达到德国工业制造4.0的标准。

江西汇明集团牵头联合深圳有为技术控股集团、芜湖埃夫特智能装备,投资6亿元建设江西汇有美智能涂装科技有限公司项目一期,项目建设地点在江西省赣州市南康区龙岭镇家具产业园,现一期项目已在运行,二期项目的机器设备和基础建设已经接近尾声,于2021年3月份开工投产。汇有美智能涂装科技有限公司2021年计划投资5亿~10亿元,在龙回、镜坝工业园区建设智能共享喷涂中心,扩大生产规模和生产能力。

2. 江西自由王国家具有限公司

公司始创于2010年,是南康家具协会会长单位、江西省高新技术企业、江西名牌产品企业。公司拥有全套系列产品并开发出全产业平台,包括了经营进口"芬兰松"为主的国际木材经营部、拼板公司、产品设计研发中心、分系列产品生产线、运营仓储部。公司与瑞典、芬兰等国家建立了良好的合作关系。在政府领导支持下,通过赣州港,借助中欧班列,从瑞典和芬兰等国家运输木材至赣州。2020年,自由王国家具与格力电器正式签约合作。

公司每年投入100多万研发经费,拥有20项外观设计专利;积极探索产学结合,与家具院校江西环境工程职业学院共同组建鲁班学院;于2017年入驻赣州工业设计中心,2018年在南康工业设计中心组建了南康家具产学研实训中心,形成了较为完善的知识产权保护、人才培养、创新激励等制度,"一企一技"成效显著。

3. 江西姚氏教育装备集团有限公司

公司位于江西南城,其前身为江西世纪星校具实业有限公司。2018年,公司投资1亿元人民币建立江西姚氏教育装备集团有限公司,下辖世纪星校具、远方教育装备、国辉校具等7个子公司,职工187人。公司率先实施"机器换人"战略,先后投资2000万元,引进国内最先进的全自动焊接设备;投资500万元,引进20余条辊压成型机。与此同时,公司每年投入近千万元用于科研与设备更新,拥有发明专利4项,外观新型专利3项,实用新型专利18项。2020年,公司建立中国校具生产专业人才培训教学实训基地以及江西省市场监督管理局认证的南城校具产业工作站。

4. 江西卓尔金属设备集团有限公司

公司坐落在江西樟树,下辖3个分公司,注册资金15亿元,花园式厂区12万平方米,员工总数176名,工程技术人员占员工总数的28%。公司具有良好资质,密集架、书架、活动库房、金库门、保险柜、货架等产品获得国家多项发明专利,同时还获得中国档案学会定点生产企业、江西省档案学会定点生产企业、高新技术企业、全国质量信用AAA等级证书等荣誉。2020年,卓尔在参加的由全国招投标供应链品牌推介平台举办的"2020中国办公及商用家具评价推介"活动中,获得"2020中国金属办公家具十大品牌"荣誉。

生产方面,集团先后投入大量资金,在校平剪切、冲压、切割、成型、柔性加工、焊装、喷涂等生产工序引进购置了一批来自日本、美国、意大利、瑞士、瑞典等国的先进技术装备。借助新型传感技术、先进数控技术、系统协同技术等智能生产技术,改变了原有的传统生产方式,实现企业协同生产。

(江西省家具协会 谢斌)

山东省

一、行业概况

2020年是国家"十三五"收官之年,山东家具产业积极贯彻国家相关政策,加快产业新旧动能转换,推进供给侧结构性改革,行业实现平稳发展。尽管上半年受新冠肺炎疫情影响,但山东家具发展总体平稳,到9月份已恢复正常生产经营,未受到很大影响。2020年,山东家具生产企业4000余家,实现主营业务收入约1960亿元,同比增长约1.5%。山东家具产业以实木(定制)家具、软体家具、人造板、木工机械最具行业优势。

2020,山东家具行业发展特点总结如下:

新型营销模式出现。受新冠肺炎疫情影响,实体店家具消费锐减,部分厂家及商家开始利用电商直播平台——抖音或快手软件,在线直播讲解产品,线上直接下订单,开创了新的营销模式。

技术改造与研发水平不断提升。2月,山东两家智能化家居企业入围山东省政府重大项目:鑫迪家居的尚品本色智能家居工业4.0智能制造项目、大唐宅配的山东美家信息科技有限公司智能家居、集成模块和机器人领域,展现了家具企业对智能化、数字化改造的重视与提升。

整装定制企业发展速度继续加快。随着大众对家居品质要求的日益提高,整装定制一站式服务体系继续领跑行业,为用户提供全方位的居室解决方案。

二、行业纪事

2020年7月15日,山东省人民政府主办的第三届"省长杯"工业设计大赛,山东华汇家居科技有限公司"爱奥AS7床垫智能定制优选系统"获得铜奖。爱奥AS7床垫智能定制优选系统由华汇家居与中国科学院自动化研究所、清华大学研发团队合作研发,创造性地结合应用"传统床垫产品+人工智能+大数据+云端技术",在研发过程中实现了技术创新。本系统获得发明专利1项、实用新型专利3项、软件著作权2项。

12月,青岛一木金菱家具有限公司、山东欧普科贸有限公司、中环盛达环保科技集团(庆云)有限公司被评为2020年度省级"专精特新"中小企业。山东大唐宅配家居有限公司通过2020年度省级"专精特新"中小企业复审。

三、特色产业发展情况

1. 中国实木家具之乡——宁津

宁津家具梦工场是山东省首家家具创意主题孵化器、创客空间,占地3000多平方米,共包含

宁津县家具行业商会成立

"五区两中心"，即光影展示区、公共服务区、智能家具区、品牌展示区、联合办公区、设计中心、电商中心，是集创新创业、研发设计、品牌孵化、精品展示于一体的家具产业创新龙头。2020 年，宁津家具产业集群以宁津家具梦工场为引领，加快家具产业"五中心一平台"建设，推动信息技术、产品设计研发、生产制造高度融合，融入智能家居理念，打造中国实木家具个性化定制生产基地，以品牌高端化，提高特色产业竞争力。

2. 山东省老榆木家具产业基地——临清

临清市松林镇古典家具产业起于 20 世纪 70 年代，经过多年发展，已成为松林镇主导产业。松林镇充分发挥自身优势，培育古典家具产业由小变大、由大做强，成为山东省乃至全国知名的古典家具产业基地，有力拉动了地方经济增长。2020 年虽然受疫情影响，但税收仍超过 1 亿元，其中木材家具类企业贡献税收占总税收的 66%，保持了强劲的发展势头。目前全镇大小各类加工户 350 余户，从业人员 8000 多人，并辐射周边的德州夏津县等乡镇。

临清积极开展公共平台建设，一是推进"电商+"战略。通过实施"电商＋人才培养""电商＋平台构建""电商＋品牌培育"战略，推进家具产业与电商产业深度融合发展。目前，全镇已有超过 300 家经营业户通过电商渠道销售古典家具，从业人员达到 3000 余人，年网络销售额 8.5 亿元。借助淘宝、京东、快手、抖音等电商平台，松林镇家具产业的知名度和市场占有率不断提高。2019 年、2020 年连续两年，松林镇被评为"中国淘宝镇"。二是创新人才培育模式。内部挖掘乡土人才，外部邀请专家学者，通过授课培训、研讨交流、参观考察等方式打造产学研基地。三是建设新产业园区。针对家具产业出现的产品档次低、附加值小、生产工艺落后、环保不达标等问题，松林镇引进尚达置业有限公司，投资建设了家具产业园区，将产业园定位为传统产业新旧动能转换绿色智造示范区，在"项目园区化、园区产业化、产业集群化、集群生态化"实现了创新。园区总体规划 1500 亩，一期占地 120 亩，建筑面积 4.68 万平方米，已于 2018 年投入使用，目前，园区已入驻涉及白茬加工、打磨喷漆、雕刻等产业链企业 110 余家。

四、家具流通市场发展情况

2020 年受经济下行、市场疲软、行业竞争加剧、新冠肺炎疫情等影响，网上商城及电商直播新零售模式瓜分了家居市场份额，家居市场进入深层次洗牌期。红星美凯龙、居然之家继续领跑，2019 年山东银座家居与红星美凯龙达成战略合作，山东本土家居建材商场发挥自身优势，为商场精准定位，进行商场硬件提升，注重导购员及商城管理人员的培训，提升商场服务能力，产品质量保证、售后服务升级成为各商家的共识。地市级以上的家居建材商场经销商因囿于销售额的降低，成本及费用不堪重负，不同程度出现撤场现象，少则几千平方米，多则上万平方米，但山东县域家居商场总体稳定。

五、行业活动

1. 山东家具人共同战"疫"

新冠肺炎疫情暴发后，山东家具企业也纷纷行动起来，第一时间捐款、捐物支援疫区。家居行业部分企业也开始了企业自救、共克难关。家居卖场纷纷减免租金，企业先后出台相关优惠政策，齐心协力共同度过经济低迷期。

2. 尚品本色、大唐宅配入围 2020 年山东省重大项目名单

2 月 12 日，山东省人民政府发布《关于下达 2020 年省重大项目名单的通知》，公布了 2020 年省重大建设项目名单和 2020 年省重大准备项目名单。山东鑫迪家居的尚品本色智能家居工业 4.0 智能制造项目、山东美家信息科技有限公司的智能家居、集成模块和机器人领域两个项目入围名单。

3. 青岛国际家具展成功举办

7 月 6—9 日，第 17 届青岛国际家具展（同期全屋整装定制、国际木工机械及原辅材料展）在青岛红岛国际会展中心成功举办。本届展会参展商 1100 余家，参观观众达 33.6 万人次。

4. 山东省家具产业集群经验推广现场会在临清举办

9 月 21 日，临清市家具产业生态化建设暨全

第 17 届青岛国际家具展

山东省第六届齐鲁红木文化节暨
中国传统服饰旗袍收藏展、清玩雅器精品展

山东家具行业企业代表座谈会

山东家居 DOU 赢 2020 活动

省家具产业集群经验推广现场会在临清召开，来自全省各地市工信局、产业集群及企业代表参加会议。临清市人民政府副市长李树群作《临清市家具产业生态化建设情况》汇报，宁津县家具产业办主任刘宝祯作《打造完整产业链条，带动产业转型升级》报告，费县探沂镇党委书记黄宗国就《加快木业产业转型升级，实现区域经济高质量发展》进行详细解读。山东省家具协会副会长、秘书长韩庆生就《创新模式、精准服务，助推山东家具行业高质量发展》作专题报告。

六、品牌发展及重点企业情况

1. 青岛华谊优品智能家具有限公司

2020 年，华谊家具主营业务收入约 3 亿元，其中：出口额 2 亿元、内销额 1 亿元。为推动新旧动能转换，华谊投产建成占地 80 亩产业园区，并对二期待建 1.2 万平方米生产厂房以及 1.2 万平方米研发中心和生活配套设施进行了规划。借助新型媒体力量，青岛市跨境电商线上洽谈对接会暨 eBay 专场招商会，使销售渠道得到了拓宽。公司积极开拓国外市场，扩大华谊家具的国际市场份额，公司在 2020 年分别与法国客户 TIKAMOON、马来西亚客户 EMICO LTD 以及西班牙 NOBODINOZ 达成长期合作协议。

2. 山东大唐宅配家居有限公司

公司成立于 2001 年，是国家级高新技术企业，占地 276 亩，26 万平方米的厂房。公司自成立以来，打造了国内首家"家居产品敏捷化制造示范基地"，2020 年，公司实现销售额 2.58 亿元。品质、环保和创新，是大唐宅配发展与成长的根本。公司拥有省级技术中心，自主开发敏捷制造管理系统，引进国际先进的全套数控生产线，配套德国豪迈电子开料锯、重型全自动封边机、全自动 CNC 数控加工中心等先进设备,构建了国内一流的智能家居工业 4.0 系统,并与德国爱格板材、奥地利百隆五金、德国汉高、瑞好封边等多家全球顶级供应商达成战略合作,将产品与材料品质提升到国际先进水平。

3. 山东恒富家居科技有限公司

公司建于 2005 年,主要生产床垫用钢丝、弹簧、弹簧床网、布袋簧、海绵、成品床垫及睡枕。2020 年,公司销售收入 3.5 亿元,申请通过淄博市智能床垫研发中心,通过新上技改项目——100 万张成品床垫、6 万吨钢丝弹簧及智能床垫研发中心技改项目,目前已列为淄博市重大项目。项目计划投资 2.8 亿元,计划购置节能型拔丝机、全自动床网机、全自动布袋簧机器、全自动围边机、超高速电脑无梭多针衍缝机、智能床垫流水线、棕乳棉全自动半高压发泡生产线、切割机、包装机等自动化生产设备 260 余台(套),形成日产 3000 张、年产 100 万智能床垫的生产能力,成为山东省内最为先进的智能家居生产基地。

"佰乐舒"为公司旗下床垫品牌,以高端"金钻"系列、"大众 V8"系列为主体,以人体工程学为依托,运用智能传感技术实时采集人体各部位压力数据、软硬度和呼吸频率等数据,研发出适合不同人群、不同睡眠需求的智慧型床垫、高层便携式压缩卷包床垫等多种系列。公司将继续扩大原辅材料的生产规模,增添大量自动化设备替代原有半自动设备,增加产能,降低用工成本;加大开发成品床垫出口市场,发挥原辅材料优势,加大产品的出口力度。

4. 山东久典家具有限公司

2020 年,公司主营业务收入 5.5 亿元,利润总额 4821.5 万元,税收 1033.9 万元。公司紧跟行业政策调整步伐,企业生产经营实现了逆势上扬,取得显著效益。公司积极开拓国内市场,2020 年 8 月,新产品在深圳国际家具展亮相,全年新增经销商 45 家,总量达到 238 家。2020 年,公司投资 15 亿元在临沂经开区获批土地 200 亩,建设"久典家具工业 4.0 智能制造产业园"项目。随着公司发展,先后从德国、意大利等引进木工设备,进行设备升级。久典家具一直坚持设计创新,坚持全实木用料传统,为消费者提供高品质的整体实木家具及全屋定制解决方案。

(山东省家具协会 韩庆生)

"凤阳杯"第6届中国(周村)家居采购节·原辅材料展暨第五届中国软体家具创新发展论坛

山东省家具协会七届二次理事扩大会议暨"聚力变革,升级发展"行业发展高峰论坛

河南省

一、行业概况

河南是人口大省、消费大省和产业大省，在政府大力支持下，河南省家具企业经济实力不断增强，规模不断做大，人才逐渐走进工厂，企业综合实力和技术水平发生较大变化。但是与其他行业相比仍然存在一定差距，尤其是精通家具的各类顶尖人才有待于挖掘和引进。

2020年，全省奋力跑出复工复产加速度，聚焦聚力抓生产，综合施策促复苏，实现了工业经济逆势增长，规模以上工业增加值增长0.5%左右。1—12月份，河南省社会消费品零售总额22502.77亿元，同比名义下降4.1%，其中，限额以上单位消费品零售额5949.33亿元，增长0.1%，消费市场保持相对平稳。河南省家具行业营业收入同比增长8.2%，营业成本同比增长8.5%，利润总额同比增长3.2%。

二、产业发展概况

1. 产业集群

河南规模较大的产业集群有7家，其中：兰考县、原阳县为定制家具园区；清丰县、尉氏县为实木家具园区；信阳羊山区为综合家具产区（沙发外销）；平舆为户外家具园区（外销）；庞村为钢制办公家具产区（外销+内销）。园区社会分工明确，主导产业清晰，产业链基本完善，集群效应初步显现。以上7家园区是河南省家居行业的支柱产业，是河南家具从产业大省向产业强省高质量发展的压舱石。

2. 展会经济

"十三五"期间，河南销往省外、国外的家具呈快速增长趋势，近5年来，河南企业踊跃参加全国性一流展会，不断向国内外专业卖家、专业观众

2016—2020年河南省家具行业发展情况汇总表

主要指标	2020年	2019年	2018年	2017年	2016年
企业数量（个）	169	156	239	236	216
工业总产值（万元）	1601022	1395623	1263596	2586239	2399865
主营业务收入（万元）	1600123	1393569	1262373	2584382	2385693
规模以上企业数（个）	60	59	68	67	61
规模以上企业工业总产值（万元）	1523265	1301298	1214877	2571897	2279808
规模以上企业主营业务收入（万元）	1520932	1301029	1213795	2570231	2263235
出口值（万美元）	16000	18000	17000	23000	21000
家具产量（万件）	4000	3200	3100	5900	5500

数据来源：河南省家具协会。

呈现河南整体水平和经济实力。河南雅宝、大信、亿佳尚品、三佳欧上、质尊、永豪轩、富利源、花都、莱特、佰卓、邦瑞、润亚亿森、俞木匠、叶家木匠、东方冠雅、语木皇家、世纪佳美、黄甫世家、美松爱家、千家万家、一品龙腾、江南神龙、华兰、大班等优秀企业，通过不断参加深圳、东莞、广州、浦东、虹桥等国内一流内外销展会，取得了很好的参展效果，将河南产品销往国内外市场。

2018年以来，连续3届的清丰实木博览会，推动了河南实木品牌快速发展，完成省内外市场布局，带动河南实木家具产业高质量快速发展，为河南家具面向全国提供了一个重要销售渠道和交流平台。展会期间来自全国不同地区的专业买家和专业观众蜂拥而至，展会结束后来清丰选货、调货、考察市场的专业买家络绎不绝。清丰展会已成为全国实木家具领域的一个新亮点。展会不但给企业带来了丰硕的订单，而且促进了全县家具产业的高品质发展，具有"清丰特色"的实木品牌，得到了全国同行的认可和欢迎。

3. 本土家具卖场

河南具有一定规模和影响力的地方家具卖场共有3家，其中，河南中博家具中心起步早、规模大，服务配套设施完善，有专业化家居物流配送公司；福蒙特家居中心，是本土最大的家具工厂直销基地，最近通过升级改造，从单一工厂直销店经营模式，向"工厂直销店+国内著名家居品牌店"的双店运营模式转型；河南欧凯龙家居集团有限公司是本土家居卖场，在全国家具卖场知名度较高，经营国内外知名品牌。以上3家家居卖场定位清晰，走差异化经营发展的道路，为河南消费者提供理想的家居生活方式和产品。

三、产业发展思路

一是尽快制定河南家具行业"十四五"规划，发挥人口大省、消费大省优势，争取早日跻身家具产业大省、强省行列。二是创新发展模式，以商贸带动制造，以制造助推商贸，让生产链、供应链、销售链紧密结合发展，打造一批中国中部地区家居商贸物流中心。三是实施品牌计划，引导企业强化品牌意识和创新研发。引进新技术，开发新产品，引领市场潮流，扩大产业集群知名度。

（河南省家具协会 刘艳明）

湖北省

行业纪事

1. 湖北省家具协会第七届会员代表大会召开

2020年12月22日,湖北省家具协会第七届会员代表大会在汉口和瑞华美达酒店召开,来自全省近300名会员代表到场参会。经过投票表决,谢文桥当选为新一届理事会会长,秦志江、尚德春当选为名誉会长,欧亚达商业控股等多家企业当选为副会长单位,程宏佳当选为秘书长,肖建伟当选为监事。

湖北省家具协会第七届第一次会员代表大会

2016—2020年湖北省家具行业发展情况汇总表

主要指标	2020年	2019年	2018年	2017年	2016年
主营业务收入(亿元)	420	450	430	428	360
规模以上企业数量(个)	180	200	198	198	175
规模以上企业主营业务收入(亿元)	210	260	248	236	193.5

数据来源:湖北省家具协会。

2. 同心战疫,守望相助

2020年百年不遇的疫情席卷全球,湖北武汉是重灾区。大灾面前,许多企业用爱心行动展现出了责任和担当。

隽水商会请缨组织车队专程接运防疫物资。得知有一批由省、市发放到各县的抗疫专用物资因通城距离远,运输车辆短缺,隽水商会主动请缨,发动并组织会员提供车辆和人手支援,将口罩和防护服连夜运抵通城交由县新冠肺炎疫情防控指挥部。企业家吴冬香和商会商议发起为家乡抗疫捐款的活动,并率先个人捐资1万元,将商会所募集到的现款全部捐献给通城县抗疫指挥部,并提供物资运输车辆供抗疫工作随时调用。商会荣获湖北省"四好商会""抗疫积极贡献奖"。

荆门市家具商会组织疫后招商洽谈会。常态化防疫前提下,荆门市家具商会会长陈丽华、星球家俱装饰集团有限公司董事长艾星球、家居博览中心总经理闵晓峰与会员们进行座谈,为商户解难,并进行职业培训,促行业复苏。荆门市家具商会副会长陈三明参与脱贫攻坚,为京山县永隆镇捐款。

(湖北省家具协会 谢文桥)

武汉市

行业纪事

1. 配合政府坚决打赢疫情防控阻击战

2020年1月23号封城以来，武汉家具行业协会通过组建的家具工作群网，利用网络、电话、微信等组织学习习近平总书记关于疫情防控工作的重要讲话和指示批示精神，带领武汉家具企业开展战疫情为武汉加油党员职工捐款物行动。

武汉欧亚达商业控股集团有限公司向省慈善总会捐200万元，同时组建24名物业人员奔赴武汉火神山医院支援病房装修，并无偿为医院33个房间安装灯具、开关等300余套，向武汉市政府捐赠2000张床铺支援武汉"方舱医院"建设，向武汉黄鹤方舱医院捐赠了百余件办公家具和数十套卫浴用品配件，并负责搬运和安装。

武汉金马凯旋集团向抗疫一线先后捐款200万元，调配80吨消毒防疫物资——口罩消毒液，捐至孝感、红安、郑州中原区。

武汉哥特欧陆家私有限责任公司（武汉云雾山生态旅游发展有限公司），向武汉市黄陂慈善总会捐赠35万元。

武汉和平科技集团股份有限公司向周边村居民捐芹菜、大蒜、消毒机、酒精、84消毒液、口罩总价值16万元，捐黑皮冬瓜蔬菜67吨；捐酒精250瓶、84消毒液150瓶、巧克力150盒、空气除菌袋150袋、沃柑2650斤，支援给湖北省9个医疗队。

2. 武汉家具行业协会第六届会员代表大会召开

2020年12月22日，武汉家具行业协会召开第六届会员大会暨换届选举工作会议。按协会章程规定，经无记名投票通过了《武汉家具行业协会章程》，选举武汉欧亚达商业控股集团有限公司为协会理事长单位（法人单位）；徐建刚同志当选为武汉家具行业协会第六届理事会理事长，为协会法定代表人；谢文桥同志当选为武汉家具行业协会第六届理

2016—2020年武汉市家具行业发展情况汇总表

主要指标	2020年	2019年	2018年	2017年	2016年
企业数量（个）	850	900	900	960	1080
工业总产值（亿元）	58	67	70	78	80
主营业务收入（亿元）	50	56	60	65	65
规模以上企业数量（个）	20	20	20	20	20
规模以上企业工业总产值（亿元）	12	15	16	18	20
规模以上企业主营业务收入（亿元）	9	9.5	10	15	15
内销额（亿元）	68	70	70	80	85

数据来源：武汉家具行业协会。

武汉家具行业协会第六届第一次会员代表大会

第 10 届家博会暨线上云展会

事会秘书长；雷开俊同志当选为武汉家具行业协会第六届理事会监事；代鑫林同志当选为武汉家具行业协会第六届理事会名誉理事长。

经会议选举，湖北联乐床具集团有限公司周毅、金马凯旋家居集团郭艳、居然之家湖北分公司卢治中、武汉市金鑫集团有限公司杨江华、武汉和平大世界实业有限公司刘立行、武汉市红旗家俱集团有限公司游建星、武汉超凡家具制造有限公司叶怀斌、武汉国泰龙翔家居有限公司陈兆强、武汉家华家具有限公司李超、武汉爱蒂思家私有限公司徐勇前、武汉市汉商集团股份有限公司李金华、武汉锦天家具有限责任公司常一林、湖北鸿达市场管理有限公司黄红新、武汉金都明珠实业有限公司贺席联、武汉市伊舍屋美家居有限公司吴翠芹、湖南省红荣居家具有限公司徐用军、武汉市江华家私有限责任公司游发根 18 家企业负责人当选为副理事长。

3. 金马凯旋家居举办第 10 届家博会暨线上云展会

金马凯旋家居第 10 届家博会暨线上云展会于 2020 年 7 月 12 日开幕。金马凯旋家居 CBD 主动求变，制定了一系列针对商户复工复产后的帮扶政策和举措，以适应新市场、新环境、新时代的需求，包括线上商城的建立、新媒体的尝试、直播平台的应用等，为行业的发展注入新的活力。本届云展会是武汉疫情之后第一场家居博览会，历时 5 天，总展区面积超 300000 平方米，专业展位面积突破 40000 平方米，参展品牌超千家，吸引了湖北、湖南、安徽、江西、河南、江苏各地逾万名经销商前来采购交易，成交额超过 1 亿元。

（武汉家具行业协会　徐汉平）

湖南省

一、行业纪事

1. 齐心抗"疫",共克时艰

2020年,湖南省家具行业积极关注疫情情况,响应国家号召,延迟复工时间。同时,各个企业也积极承担社会责任,在各地防控物资紧缺时,调度一切资源支援防控一线,捐赠防控物资、款项,为疫情防控贡献自己的力量。

2. 举办建材家具专业性展会

5月15—17日,2020第12届中部(长沙)建材新产品招商暨全屋定制博览会暨第2届中部(长沙)家具·家纺博览会火爆举办,为全国停滞的建材家居市场献上了一场盛宴。本届博览会展览面积为9万平方米,汇聚了2156家参展企业、3805个品牌新产品亮相。据不完全统计,建博会3天时间的观展人数达18.6万人次,其中专业观众达11.5万人次,来自全国的观展车辆达2.6万辆,现场总成交金额超109亿元,各项数据再创新高,广大参

第12届中部(长沙)建材新产品招商暨全屋定制博览会

展企业纷纷表示展会效果远超预期。在面临经济活动不振的特殊疫情期间,在企业现金流极度紧张、市场不振、复产不易的困难时期,参展企业所获的交易订单为复工复产、复商复市注入了强心剂。

3. 晚安樱花节成功举办

阳春三月春暖花开,湖南省家具行业协会会长

2016—2020年湖南省家具行业发展情况汇总表

主要指标	2020年	2019年	2018年	2017年	2016年
企业数量(个)	6000(含定制企业)	3640	3280	3400	3650
工业总产值(亿元)	385	400	530	550	502
主营业务收入(亿元)	400	420	550	570	540
规模以上企业数量(个)	218	204	188	176	150
规模以上企业工业总产值(亿元)	265	272	230	310	350
规模以上企业主营业务收入(亿元)	255.70	261.21	219.97	307.64	346.74

数据来源:湖南省家具行业协会。

湖南家协会员疫情捐赠汇总表

序号	单位	捐赠物资及帮扶措施	折合总价值（万元）
1	晚安家居	捐赠 18000 瓶酒精抗菌液，1000 套隔离衣，218 张乳胶床垫	130
2	湾田国际	捐赠一次性口罩 6 万个、酒精 6 吨、消毒液 4 吨、防护服和护目镜 650 套、空气净化器、额温计等	100
3	海人科技	捐赠 5 升装医用酒精 100 瓶、护目镜 190 副、免洗手消毒凝胶 150 瓶	4
4	梦洁集团	新建防疫物资生产线，捐赠总价 282 万元病床所需家纺用品	282
5	高升宏福家具	投资 800 万转产生产一次性医用外科口罩	—
6	罗西家居	捐赠 1000 个 KF94 口罩	4
7	维以科技	捐赠 1000 张环保棕垫	8
8	匠为配装	捐赠 1000 个口罩	0.5
9	居然之家	捐赠 1000 万元以及价值 1000 万元的医用口罩、防护服、防护眼镜等	—
10	欢颜新材料科技	捐赠现金 2 万元，捐赠医院用床垫 500 张	12
11	名士达油漆	捐赠 122.33 万元	122.33
12	蝶依斓软装	捐赠 16000 元	1.6
13	红星美凯龙	免除自营商场商户任意 1 个月租金及管理费	—
14	三维家	逛逛美家 90 天免费使用	—
15	浏阳国际家具城	所有商户减免一个月租金	—
16	中国红木馆	所有商户减免一个月租金	—
17	舒康美家具	捐赠 45191.76 元	4.51
总计			668.94

单位——晚安家居文化园百亩花海迎春怒放，3 月 22 日，第四届晚安国际樱花节如期而至，通过"晚安樱花直播购物节"，为广大市民带来线上云赏花。晚安家居文化园每年 3—4 月樱花盛开，免费为市民开放园区游园赏花，已成为长沙人民休闲的天然氧吧，更是湖南人民的一张绿色风景的靓丽名片。

4.《湖南省家具产业发展研究报告》发布

为充分了解湖南省家具行业发展现状，形成湖南本省家具产业特色定位，湖南省家具行业协会与湖南省工业和信息化行业事务中心、中南林业科技大学家具与艺术设计学院联合开展了为期 4 个月的家具企业调研工作。调研主要分为省内摸底和省外学习两个版块，省内调研主要为晚安、星港、梦洁等软体家具本土品牌，邵阳舒康美、岳阳基荣木业、常德易红堂等实木品牌，娄底海人科技、岳阳大为竹业等特色竹家具品牌等；省外则对湖北监利、石首，河南信阳，江西南康等家具集聚区进行学习考察。

调研形成《湖南省家具产业发展研究报告》，

晚安樱花节

《湖南省家具产业发展研究报告》发布现场

于 2021 年 3 月 26 日由湖南省家具行业协会上面向全行业发布。该报告通过对湖南省产业发展现状及趋势、产业优劣势及机遇挑战分析，明确了湖南省家具产业发展目标和战略定位，以期推动湖南省家具产业高质量发展，逐步实现"湖湘家具"品牌崛起。

（湖南省家具行业协会　刘发刚）

广东省

一、行业概况

2020年,广东省家具行业积极面对新冠肺炎疫情席卷全球的严峻形势,在国家"六稳""六保"政策指引下,实施"增品种、提品质、创品牌"三品战略及绿色发展理念,主要特点如下:行业首次出现负增长,多元化缓解出口压力,全屋定制成新趋势,战疫情有序复工复产,设计赋能产业,会展经济助力国内大循环,设计工匠精神新发展,医养健康家具乘势发展,公共涂装中心助力环保,创新驱动上新台阶。

1. 行业首次出现负增长

2020年,全省家具规模企业约1454家,约占全国6544家的22.7%。利润总额103.67亿元,约占全国417.75亿元的24.8%,比上年下降25.6%,行业平均利润率5.46%,企业平均利润713.7万元/家。

2020年,全省家具规模企业主营业务收入1900.57亿元,比上年2230.72亿元减少14.8%,净减少330.15亿元,约占全国6875.43亿元的27.6%,企业平均主营业务收入13071.4万元/家。

2020年,全省家具规模企业总产量18837.75万件,比上年20168.90万件减少6.6%,净减少1331.15万件,约占全国91221.04万件的20.7%,企业平均产量12.96万件/家。

2020年,海关统计全省家具出口1187.23亿元,比上年同期1267.69亿元下降6.3%,净减少80.46亿元,约占全国家具出口4197.60亿元的28.3%,与全国相比,出口产品单价逐步提升。

2. 多元化缓解出口压力

重重困难 2020年,广东省家具出口贸易企业在春节后率先复工复产,加班生产交付年初订单;二、三季度国际市场和国际海上运输全面停摆,出口订单和产品生产全面叫停;四季度国际市场对我国家具出口需求大增,企业加班加点赶货、出货,一些企业收到的订单排产到2021年一季度,由于国际海上运输恢复缓慢,出现一柜难求和运费大幅度上涨的困难。

多元化国际市场 一年来,广东省家具出口企业为应对出口低迷被动形势,在商务部《关于帮助外贸企业应对疫情克服困难减少损失的通知》指导下,通过不断优化外贸结构,线上线下开拓国际市场,设计创新、优质优价等策略,千方百计开拓新的市场,加强对"一带一路"沿线国家出口,效果显著。位于出口前二十位的尼日利亚、中国台湾、越南、韩国、澳大利亚等国家和地区的出口增幅均在二位数,分别增长35.5%、31.9%、18.6%、15%和13.9%,直接抵消因新冠肺炎疫情和中美贸易战对广东省家具出口的影响。位于出口前十位的日本、加拿大、德国、沙特阿拉伯、马来西亚也保持在2.6%~1.3%的小幅增长。部分企业响应号召积极转内销,取得初步成效。

部分国家和地区出口受阻 2020年,广东省家具出口美国311.74亿元,比上年同期334.13亿元减少6.7%,占本省家具出口26.3%,约占广东出口美国总额的27.7%。位于出口前二十位下降幅度较大的是印度、阿联酋、南非、中国香港、菲律宾、法国、英国等国家和地区,分别下降33.3%、16.9%、16.4%、11.9%、6.7%、6.3%和5.0%。

激发木材进口潜力 自2020年1月1日起,为保护环境,我国积极扩大进口,优化进口结构,对150多项木材和纸制品设置进口暂定税率,其中绝大部分产品是首次实施暂定税率,由5.3%左右下降到3.2%左右,包括纤维板、胶合板、刨花板、木地板、软木制品、瓦楞原纸、牛皮纸等。2020年,我国进口原木和锯材合计10757.3万立方米,同比下降5.2%;进口金额160.4亿美元,同比下降11.8%;平均单价149美元/立方米,同比下降6.9%。在家具行业应用较多的阔叶原木进口1264万立方米,平均单价232美元/立方米,同比分别下降16.8%、9.4%。其中,热带阔叶原木858.1万立方米,同比下降13.4%,占比67.9%;温带阔叶原木405.9万立方米,同比下降29.6%,占比32.5%。

二、行业纪事

1. 全屋定制成新趋势

需求变化 2020年,在我国家居装修市场中,提高居住质量和居住环境、买新房子自住和方便出租成为城乡居民装修的三大原因,越来越多的人热衷于追求整体风格的协调统一,要求既省时又省事的"交钥匙"工程成为新宠。对消费者而言,愉悦乐观的设计风格和具有安全感的氛围营造变得更受欢迎,一些具有中国特色的家居设计频频引发消费者关注。同时,疫情让人们对民用家具的多功能性、办公家具的多样性提出了新要求。

2020年,广东省家具企业及时调整设计、生产和服务模式,根据消费者喜好,定制适合需求的产品,引领我国家居全屋定制发展新趋势。在守住零售渠道优势的基础上,积极拓展整装、大宗、拎包入住、电商等渠道业务,带动各品类收入稳步增长,工程、整装、拎包入住等渠道贡献突出,衣柜等品类攻坚克难,业绩再上新台阶。通过推进信息化、精益生产及职能体系改革等多种措施降本提效。持续加强大数据、人工智能、科技大基建和整装新品研发投入。克服直营业务比重大,直营店铺租金、销售人员薪酬等属于刚性费用,疫情影响客户进店、安装交付等外部因素,及时摆脱疫情掣肘,逐步重返发展轨道。

其中,广州尚品宅配家居用品公司依托高科技创新性迅速发展,结合消费者喜好,让消费者参与到家具设计中,提供全屋定制服务。科凡全屋定制集全屋家具研发设计、生产智造、终端运营为一体,创新服务模式。伊百丽全屋定制坚持品牌意识,生产精良家具。卡诺亚全屋定制生产全面实行信息化管理,让产品品质得以保证。欧派家居向消费者提供家居设计方案、高品质的家居产品配置和人性化的家居综合服务。诗尼曼全屋定制拥有世界先进的德国豪迈生产线,创造了中国家具行业黄金增长法则。好莱客全屋定制以"HomeLike(舒适的家)"为信念追求,为每个家庭提供更具品质的生活方式。皮阿诺全屋定制依托自主研发、坚持原创设计的品牌理念,备受消费者喜爱。

2. 战疫情有序复工复产

省家协加强指导 2020年1月27日起,广东省家具协会先后向业界发出《众志成城,共同抗击新冠肺炎疫情倡议书》《行动起来,坚决打赢广东家具行业复工疫情防控阻击战的十条建议》《文明祭扫,广东家具人同心战疫情倡议书》《关于切实做好广东省工矿商贸领域安全生产工作的倡议书》。

2月1日,成立疫情防控领导小组。4月15日,与省贸促会主办"全省疫情防控涉外法律风险防范线上培训班",帮助家具、家居出口企业应对因疫情造成的合同履约、劳资关系等法律问题,增强发展信心。

有序复工复产复市 2020年,广东省家具行业规模以上企业累计平均用工31.26万人,比上年34.43万人减少9.2%,行业复工复产率超过九成,有力地支持了国家"六保"新政。

2月10日,广东联邦家私集团、深圳长江家具公司等成为广东省家具行业第一批复工复产的骨干企业。2月25日,乐从家具市场举行整体复工启市仪式,在罗浮宫集团、顺联集团、皇朝家私集团、国际博览中心、红星美凯龙等主要商贸综合体带领下,全球最大的中国家具创新与商贸之都开门营业。3月初,全省家具生产企业和家具卖场陆续复工复产复市。3月5日,乐从家具城商会发出《关于乐从家具市场租金优惠方案的意见》,提出2月份租金和管理费全免,3、4月份租金和管理费减免50%的建议,得到广泛响应,一些发展商还主动延长减免时间,展现了家具人共克时艰、共渡难关的责任与担当。3月18日,中山华盛家具公司带头采取"点对点、一

乐从家具市场举行整体复工启市仪式

站式"包车方式，经过 1000 多千米路程、10 余个小时颠簸，将时隔 2 个月、远隔在外的 22 名滞鄂员工接回东升镇，标志着广东省家具行业外省员工基本回到企业，为全面复工复产打下良好基础。

捐款捐物减租降费 据不完全统计，2020 年 3 月 6 日止，广东省家具行业有 427 家单位累计捐款捐物价值逾 6200 万元。其中，395 家捐赠现金 5223 万元，32 家捐赠物资价值超过 970 万元，用实际行动积极投身疫情阻击战。同时，32 家家具商业机构推出减租、降费支持，35 家会员和骨干企业给经销商让利支持，携手打造同舟共济、互助互利、共克时艰的健康生态命运共同体。1 月 31 日，尚品宅配公司向钟南山医学基金会捐款 200 万。2 月 11 日，广东省家具协会向省中医院赴湖北医疗队捐赠 10 万元。2 月 19 日，罗浮宫家居集团向佛山第一人民医院、南方医科大学顺德医院赴湖北医疗队分别捐赠 100 万元。企业捐款直接投放到广东省驰援武汉医疗队的"一线战场"上。

全省家具行业摄影大赛 以"青春·家具·人生——抗击疫情、职业风采、成长足迹、团队精神"为主题，在 209 组参赛作品中产生一等奖 1 名、二等奖 2 名、三等奖 3 名、最具活力奖 1 名、最佳创意奖 1 名、优胜奖 22 名、最佳组织奖 3 名、优秀指导老师奖 5 名。获奖作品展现了广大团员青年在战疫情和复工复产中积极向上的精神风貌，鼓励更多青年透过细腻镜头，体会青春的风采、见证成长的历程。

3. 设计赋能产业

第十届"省长杯"工业设计大赛泛家居专项赛 以"设计赋能产业"为主题，设产品设计组、概念设计组，面向国内外家电、家具、厨卫等生产企业、设计机构、设计院校、职业设计师征集参赛作品。省直和地方赛区共征集 10350 件参赛作品，成为本届初赛参赛数量最多的专项赛，初赛晋级复赛作品 1035 件。来自工业设计、行业管理、家具设计、家电设计、室内设计领域的 9 位专家评委从设计主题、过程、结果、价值 4 个方面，对 984 件实际参评作品进行评审，产生产品组和概念组一、二、三等奖和优胜奖，共 60 名。达希家具公司的轻灵作品获产品组二等奖，联邦家私的鼓旗、优坐家具公司的 air 休闲椅、海太欧林公司的升降班台获产品组三等奖。柳毅的休闲椅获概念组一等奖，五邑大学的素涟茶室、黄吉林的竹光客影概念组二等奖，佛山科技学院和广州美院的斜面柜、五邑大学的梅香疏影、朱云的方圆多功能可调式家具、广州筑尚公司的声控茶水柜获概念组三等奖。在专项赛推荐参与决赛的作品中，取得银奖 3 名、铜奖 2 名、单项奖 11 名、优秀奖 182 名得好成绩。出版《专项赛作品集》，成为传播"设计赋能产业"、展示泛

第十届"省长杯"工业设计大赛泛家居专项赛评审会

家居设计创新发展的载体。王曦副省长在参观专项赛部分获奖作品展时，对省家协致力于设计引领、推动行业高质量发展取得的成绩表示肯定。广东省家具协会被第十届省长杯工业设计大赛组委会授予先进集体，王克、辛宝珊为先进个人。

系列家具设计大赛 红古轩杯新中式家具、荷花杯酒店家具、百利杯·全国大学生办公家具、中泰龙杯办公家具、健威杯板式家具等系列设计大赛，吸引了来自全国相关设计院校师生、设计机构和家具企业的设计师踊跃参加，参赛作品水平不断提高，为推动行业设计创新、发现人才、吸引人才、培养人才发挥了重要作用。

4. 会展经济助力国内大循环

3月展会推迟或合并举办 第45届中国（广州）国际家具博览会延期至7月举办。作为疫后国内首个超大型全产业链家具博览会，受新冠肺炎疫情的影响，依然保持近30万平方米的超大规模，参展企业1607家，入场观众人数达145363人次，为促进行业和企业后疫情时代重启发展、保障家具行业供应链和产业链稳定，发挥了内销和外贸皆强的积极作用。

第34届深圳国际家具展览会延期至8月举办。以"链接·世界"为主题，不仅是家居品牌的展示，更是全球设计界的一次集体盛会。第39届国际龙家具展览会和第29届亚洲国际家具材料博览会延期至8月举办。新增玛奥汇展、米兰汇、世博汇分会场，扩大"中国家具·龙江智造"区域品牌影响力。第43/44届国际名家具（东莞）展览会延期至8月合并举办，以"聚变·家居新磁场"为主题，整合上下游优质产业链资源，打造大家居供应链采购平台，刺激中国家居市场的重振与复苏。

部分展会如期举办 第46届中国（上海）国际家具博览会成为家居人2020年下半年的主战场，面积近25万平方米，参展企业近1000家。专业观众入场总人数达118409人次，受疫情影响较上届有小幅回落。展出题材包括民用家具、户外家居、饰品家纺、办公家具等，展会呈现定位准、平台佳、设计优、软体强、布局全、活动精、服务专、安全稳八大亮点。

第十五届中国（乐从）红木家具艺术博览会。以"品红木文化·赏中式生活"为主题，首次采取实体展区与数字化展会结合方式，让消费者在"现场+线上"逛展会、品珍品、侃文化，以"望·闻·问·切"的品鉴手法，欣赏交流、互动体验红木家具的"型·艺·材·韵"。第四届中国（中山）新中式红木家具展，以"国潮中式 优选生活"为主题，实现厂商、经销渠道、终端、产业链、卖场等各环节全方位联动。2020广州国际高端定制生活方式展览会，展出面积近3万平方米，在罗浮宫家居广州艺术中心设分会场。

5. 设计工匠新精神

2020年，第四届全国家具职业技能竞赛总决赛。分家具设计师和手工木工两个国家级二类竞赛，全国设7个分赛区。来自广东顺德职院等院校设计机构，广东新会、广东中山、广东番禺赛区的选手勇夺一金、二银、十二铜、二十三优秀奖的好成绩。广东省家具协会被全国家具制作技能竞赛组委会授予"优秀组织单位"，副会长李礼获得"优秀个人"称号。

6. 医养健康家具乘势发展

紧急驰援医疗机构 2020年，新冠肺炎疫情暴发后，多家企业为医疗机构紧急捐赠家具。1月30日，广东合创优品家具公司提前复工，将一批钢制办公家具紧急驰援捐赠武汉火神山医院。2月中旬，中山华盛家具公司向佛山第四人民医院捐赠20万元防疫医疗家具并完成安装。

医养家具进入快车道 2020年，面对全球性新冠肺炎疫情，我国加快了发热门诊建设和公办、民营医疗机构、医疗科研系统的升级改造步伐，医养家具进入快速、全面升级的关键时刻。

2020年，中国超过60岁的老龄人口已达2.6亿多人，老龄化现象严重，中国社会面临着巨大的养老和医疗的双重压力，多层次的养老和医疗服务需求潜力巨大，医养大健康成为一个巨大的朝阳产业。随着人工智能、大数据、5G通信等新兴技术在医养家具行业的应用，引领了智能化医院和适老化空间的变革与创新。医养家具企业把握行业发展方向，运筹帷幄，将先进的科技与设计理念融入医养家具产品中，缔造高性价比的医养家具，打造专业的医养家具品牌。中山市中泰龙办公用品公司、广州市仪美医用家具公司、广州市宏铭医院专用家具公司等企业集医用、养老、办公家具配套为一体，致力于以一站式解决方案服务，为全球大健康行业提供专属化、人性化、系统化的医养家具配套。

7. 公共涂装中心助力环保

2020年，新修订的《广东省环境保护条例》正式实施。广东省规模以上和骨干企业全面完成排污许可工作。为进一步保护和改善生活环境与生态环境，有效解决中小家具企业排污处理和环保问题，中山大涌镇瑞达家具环保治理中心、南海桂城镇红

广东省家具协会第七届会员代表大会

木家具绿色服务中心、九江镇绿色智能共享涂装服务中心、顺德龙江镇中恒联合涂装中心、乐从镇和润喷涂中心等，在家具主要产区采取多方融资、共享服务、专业治理的运营模式，为广大中小家具、木制品生产企业提供共享喷涂服务，将原分散于各家具厂的喷漆工序集中生产、集中管理，对喷漆废气、废水进行集中治理达标后排放，有效解决了家具行业环保治理中存在的一次性投资大、运营缺乏科学性、中小企业污染物治理成本高等问题，一定程度上缓解了中小企业喷漆环保压力，减轻了政府部门多点监控的工作压力。

8. 创新驱动上新台阶

国家工业和信息化部认定深圳长江家具（河源）有限公司为绿色工厂。

广东省工信厅认定广州尚品宅配居公司为广东省服务型制造示范平台，认定佛山维尚家具公司、广东耀东华公司为广东省服务型制造示范企业。

广东省林业局新认定海太欧林集团华南公司、肇庆现代筑美公司，认定保留广东联邦家私集团、东莞光润家具公司、江门健威家具公司、广州百利文仪公司、中山红古轩家具公司、中山东成家具公司、宜华生活科技公司、广东耀东华公司为广东省林业龙头企业。

2020年12月，广东省家具协会第七届会员代表大会在广州召开，民主选举产生了第七届理事会：王克当选会长，张承志等18人当选执行会长，蔡志辉等49人当选副会长，庄子标等213人当选理事。第七届监事会：高英华当选监事长，林旭、曾军当选为监事。

（广东省家具协会 王克）

广州市

一、行业概况

2020年，广州市现有登记注册的在业存续的家具企业4753家，其中高新技术企业79家。全年新增登记注册家具制造企业665家，同比2019年减少3.48%，注册资本1000万以上企业44家，同比增长29.41%。

二、行业纪事

1. 新冠肺炎疫情反推广州家具行业构建内外循环新发展格局

新冠肺炎疫情让中国外贸出口企业从2020年伊始就深受全球范围的各大展会延期、国内工厂停工以及出口限制等连锁因素的影响。受上下游及供应链等相关环节的波及，企业无法按照合同约定期限完成交货，使得合同履约不确定性增大，出口企业面临的合同被取消、交纳罚金、货物被拒、贷款拖欠等一系列风险急剧上升。

上半年家具建材行业重要展会纷纷宣布延期举行，其中第45届中国家博会（广州）延期至7月举行，2020年第127届广交会改为线上举办，2020年中国广州定制家居展览会延期一年举行。疫情对以外销为主的广州家具制造业及线下展会活动深受影响，加快构建以国内大循环为主体、国内国际双循环相互促进的新发展格局，成为当前及"十四五"规划的重要发展思路。

2. 广州发布全国首个行业企业公共卫生事件防控规范团体标准

为使广大家具企业对公共卫生事件防控工作有标可依，经过1个月的紧急筹备起草，由广州市家具行业协会提出，13家来自产业链上下游的会员企业以及华南农业大学、华南理工大学及广东轻工职业技术学院3所高校的专家团队等共同起草的T/GZF 1—2020《家具企业突发公共卫生事件防控规范》团体标准在2020年3月26日顺利通过评审，在全国团体标准信息平台成功发布。被媒体评价为："该规范为国内首个行业企业公共卫生事件防控规范团体标准"，"彰显了广州社会组织在疫情防控和复工复产工作中的责任和担当"。目前，该标准已成功入选《2020年广州市公共服务类地方标准制定计划项目》名录。

3. 广州家具行业开展史上最严环保污染整治工作

根据调查数据估算，广州全市家具制造行业VOCs年产生量约1400吨，但VOCs年排放量达1200吨以上，即有效净化的VOCs污染仅200吨左右，约85%的排放量未得到有效净化。VOCs污染对人体较大影响，涂装等涉VOCs工序产生的VOCs多数含有苯、甲苯、二甲苯等可对人体内脏造成毒害甚至致癌作用的有毒有害物质；VOCs排放至大气中，经过复杂的光化学反应可生成臭氧、光化学烟雾等，直接影响人类健康和区域生态环境。

2020年3月30日，《广州市生态环境局 广州市工业和信息化局关于开展家具制造行业挥发性有机物（VOCs）污染整治工作的通知》（以下简称《通知》）正式印发实施。这标志着广州将开展家具制造行业VOCs污染整治，10月1日后不符合整治任务要求、继续开展生产活动的企业，将由生态环境部门依法查处。

《通知》明确了整治的四大任务：原辅材料清洁化替代、生产过程控制、安装高效污染防治设施、规范内部管理。具体来说，对于木质家具制造企业，推广使用水性、紫外光固化等低VOCs含量涂料，要求替代比例达到60%以上；对于金属家具制造企业，推广使用粉末涂料；全面使用水性胶粘剂，替代比例达到100%。含VOCs原辅材料在生产、包装、运输、转移、使用、储存等过程中应保持密闭，使用过程中随取随开，用后应及时密闭，减少挥发。《通知》同时明确，自2020年10月1日起，不符合整治任务要求，违反《中华人民共和国大气污染防治法》等法律法规，继续开展生产活动的，由生态环境部门依法查处。

同时，广州市生态环境局于2020年5月11日发布《广州市家具制造行业挥发性有机物排放自动监控技术指南（试行）》及《广州市家具制造行业挥发性有机物排放数据传输规范（试行）》，要求各有关具备涂装、喷涂、施胶、干燥等产生挥发性有机物（VOCs）废气工序的家具制造企业执行通知标准，按要求安装自动监控设备，并在广州市生态环境局相关联网平台完成建设后，实现数据联网传输。

4. 广州发布定制之都三年行动计划

随着第四次工业革命的到来，以互联网、大数据、云计算为代表的新一代信息技术与制造业加速融合，推动制造业向数字化、网络化、智能化转型升级。大众对个性化的需求日益增长，个性化定制已成为消费热点，释放出巨大的市场潜力。以定制化为特征的新经济形态，规模化个性化定制成为制造业发展的新趋势。广州定制产业基础良好，定制家居发展领先全球，汽车、服饰等行业规模化个性定制模式崭露头角，此时提出建设"定制之都"，出台政策文件，引导企业通过个性化设计、柔性化生产和智能化服务实现降本增效，扩大已有的产业优势，推动广州制造实现高质量发展，树立"广州定制"新名片，提升广州定制的全球影响力。

2020年1月19日，广州市工业和信息化局、广州市商务局印发《广州市推动规模化个性定制产业发展建设"定制之都"三年行动计划（2020—2022年）》，提出用3年左右时间，培育引进一批具有国际竞争力的规模化个性定制龙头骨干企业，建设一批支撑规模化个性定制发展的行业级工业互联网平台，打造一批集总部经济、展示体验为一体的产业集聚园区，塑造一批消费者满意的定制产品与服务品牌，建成较完整的规模化个性定制产业体系和发展生态。到2022年，规模化个性定制产业产值翻番，定制家居行业产值达1000亿元。培育形成5个示范产业集群，30家示范企业，20个名品名牌，成为世界先进、国内领先的规模化个性定制产业创新策源地、应用示范地、产业集聚地，成为具有全球影响力的"定制之都"。

2020年9月23日，广州市工业和信息化局公布2020年广州市"定制之都"示范（培育）名单，其中欧派家居集团股份有限公司、索菲亚家居股份有限公司、广州尚品宅配家居股份有限公司、广州好莱客创意家居股份有限公司入选2020年广州市"定制之都"示范名单示范企业；三维家前后端设计生产一体化服务平台入选2020年广州市"定制之都"示范名单示范平台；尚品宅配定制生活馆入选2020年广州市"定制之都"示范名单示范体验馆；广州诗尼曼家居股份有限公司、广东劳卡家具有限公司、广州声博士声学技术有限公司入选2020年广州市"定制之都"示范培育名单示范企业；DIYHome大家居三维设计平台、来设计工业设计定制服务平台入选2020年广州市"定制之都"示范培育名单示范平台。

广州将深入实施制造业八大提质工程，把广州建设成为制车之城、软件名城、显示之都、定制之都、新材高地，到2035年，广州将形成工业化、信息化，全面建成具有国际竞争力的科技创新强市、先进制造业强市，达到涌现一批带动创新发展，支撑全球产业链、供应链的总部企业和头部企业的目标。

三、品牌发展及重点企业情况

穗宝集团

从1971年穗宝生产出第一张床垫至今，穗宝已拥有4个生产基地，分别位于广州、上海、天津、雄安，总面积20万平方米，具有3万平方米数字化仓库，年产逾100万张床垫，品牌价值153.92亿元，现旗下有七大品牌，形成了涉及家具、家居装饰、酒店配套等多项业务的企业群体。穗宝集团采用多渠道营销方式，专卖店2000多家，覆盖大型综合家居卖场、大型百货商场和临街自营商铺等多种渠道类型，既进驻一线大城市，也深入到乡镇城市。此外，穗宝床垫还远销美国、日本、澳洲、中东、南美等海外 10 多个国家和地区，全球用户超过 1200 万人。

穗宝集团多年来专注于产品，关注睡眠本身。与权威医学、科研机构携手合作，深入挖掘睡眠原理与成因，针对各种典型睡眠问题探索解决方案，更携手国际一流材料供应商，成立"睡眠研究中心"和"测量弹簧网监测中心"，不断将科研成果注入产品开发之中，获多项国内国际专利。与 IBM 合作，在床垫中率先引入 iFEEL 深睡眠感知系统，专注床垫产品在舒适、承托、健康三大深睡环境上的设计，针对中国人特点进行优化创新，融合多项专利技术，不断提升用户深度睡眠体验。未来，穗宝将携手故宫宫廷文化，倡导国潮文化，持续推进品牌年轻化战略落地。

（广州市家具行业协会　杨家辉）

四川省

一、行业概况

2020年是充满挑战和机遇的一年。一方面，新冠肺炎疫情横扫国内国外，致使全球经济低迷，甚至一度处于停滞状态，四川家具行业也跌宕起伏，在艰难中前行。另一方面，计算机技术、人工智能、基因工程等科学技术飞速发展，整个人类社会都处于快速变革中，四川家具行业也顺势而为，借助高科技，开拓新天地。

截至2020年底，据不完全统计，四川家具行业实现总产值1002.25亿元，总体发展平稳；规模以上企业工业总产值达到810.31亿元，同比增长1.11%；全省家具出口3.02亿美元，同比有所下降；企业数量约3400家，从业人数近60万人。

现阶段，四川家具行业也面临一些问题：第一，智能家居理解误区，实际产品更接近"功能家居"；第二，专业技术人才缺乏，原因为家具从业者福利待遇低、行业企业对职业培训重视度不高；第三，产品规格档次不高，在品牌、品类、营销及渠道4个方面还有待提升。

二、行业纪事

1. 有温度：抗击疫情 倡议复工复产

为响应国家号召，积极推进节后企业复产、工人复工，四川省家具行业商会联合成都八益家具股份有限公司发起关于"做好复工开业前'新冠'疫情联防联控的倡议"，得到近百个厂商家积极响应，为家具行业在疫情时期稳步发展打下基础。同期，四川各大家具企业联手抗疫，捐资捐物。其中全友家居捐款200万元。

2. 有力度：筹办活动 搭建接洽平台

2020年3月15—22日，四川省家具行业商会联合八益家具城筹办四川家具2020春季线上订货会暨3·15线上购物周活动，搭建生产厂家与经销商对接洽谈的线上平台。4月17—19日，成都定制家居展览会在中国西部国际博览城展开。6月1—4日，第二十一届成都国家家具展览会开启线上直播模式，揭开西南家具展会史上新篇章。6月和8月，四川省家具行业商会举办两季中国西部家具商贸之

2016—2020年四川省家具行业发展情况汇总表

主要指标	2020年	2019年	2018年	2017年	2016年
企业数量（个）	3400	3510	3530	3890	4050
工业总产值（亿元）	1002.25	1020.27	1016.30	1033.40	1018.63
规模以上企业工业总产值（亿元）	810.31	801.38	798.46	771.22	740.56
出口值（亿美元）	3.02	3.34	3.27	2.98	2.71

数据来源：四川省家具行业商会。

都·四川家具 2020 夏季订货会。7 月 2 日，中国西部家具商贸之都第九届国际家居文化艺术节暨 2015 夏季订货会盛大开幕，为内陆第一家具文化节。12 月，成都市和家双线家装建材、家具家电博览会在中国西部国际博览城举行，展览总面积 2.4 万平方米，标准展位 280 个，特装面积 1 万平方米，参展企业 180 家，到场客户约 2.5 万人，现场签约 8000 单，成交额约 2.4 亿元。

3. 有高度：行业盛会 定发展和方向

6 月 15 日，四川省家具商会在成都金牛宾馆召开四川省家具行业商会五届二次理事会议。深入探讨了疫情下家具行业存在的问题和发展方向，选举通过了改选崔呈国同志担任四川省家具行业商会常务副会长的提案。6 月 24 日，四川消费品工业智能制造现场交流会在德阳市中江县召开，就各自领域探索数字化转型、智能化建设是这场百人大会的主题。7 月 9 日下午，由四川省家居产品商会与四川省家具材料商会联合主办，以"融合链接·慧赢未来"为主题的四川家居行业创新发展交流沙龙在成都中林智能创业孵化器管理有限公司会议室隆重举办。10 月 22 日，在成都金牛宾馆召开"2020 川派家具赋能升级峰会"，分析定制家居的发展趋势，为传统家居转型升级提供了方向。

4. 有深度：交流学习 共谋行业发展

6 月 16—19 日，四川家具代表团参观第 23 届中国（胜芳）家具博览会，开展交流学习活动。7 月，商家代表和八益家具城部分经营管理人员，在广东乐从召开四川家具乐从厂商双向商务洽谈会。9 月 4 日，四川省家具进出口商会携百余位来自西南地区的家具领域领军企业代表，到访酷家乐杭州总部参观交流。10 月 31 日—11 月 2 日，四川企业代表在浙江东阳参加"2020 年全国行业职业技能竞赛——第四届全国家具职业技能竞赛总决赛"。

三、家具流通卖场发展情况

1. 成都八益家具城

2020 年，成都八益家具城持续发挥中国西部家具商贸之都主体市场和中西部地区家具批发中心的巨大作用，为抗击疫情和恢复行业市场秩序助力。由四川省家具行业商会主办、成都八益家具城承办的四川家具春、夏两季订货会均取得了不俗的业绩，体现了八益家具城恒久的号召力和魅力。

2. 太平园国际家居博览城

公司成立于 1996 年 10 月，旗下拥有太平园家私广场（太平园佳灵店）、太平园国际家居博览城（太平园双流店）、太平园西部家居建材城、铝业公司、宜家居地产等全资子公司及专业卖场，是集商业地产、房地产开发、铝业经营、家具销售、项目投资为一体的综合性大型民营企业。

3. 富森美家居

公司始创于 2000 年 12 月 7 日，是专业致力于大型商业卖场规划、投资、建设和运营，装饰设计与施工，产业投资，现代金融等，以产业运营为特征的现代企业。2016 年 11 月 9 日，富森美在深圳证券交易所挂牌上市（股票代码：002818）。在国家产业政策的指引下，通过近 20 年发展，现拥有富森美装饰建材总部、富森美建材馆、富森美家具馆、富森创意中心等自营商业卖场，以及富森美&聚信美重庆店、富森美泸州店、富森美自贡店等加盟委管商业卖场。

4. 红星美凯龙

2007 年，红星美凯龙正式进驻四川，迄今已 14 个年头。红星美凯龙以连锁发展模式，在四川地区开店速度、开店数量、辐射范围等多个方面都取得了瞩目成就。此外，在以大卖场为主要运营模式的传统市场环境下，红星美凯龙还走出了多业态经营的新路子。行业人士认为，红星美凯龙具有成熟的商业模式、强大的品牌、稳健增长的业绩。消费者认为，红星美凯龙购物环境高大上、家居建材时尚前沿、贴心服务 360 度全方位。红星美凯龙在整个西南的家居行业中占据着举足轻重的地位。

5. 居然之家

居然之家成都琉璃店于 2011 年 9 月 24 日正式开业，是居然之家在中国的第 58 家门店。成都居然之家位于成都市三环路琉璃立交旁，锦华路 86 号，以中高端为经营定位，为顾客提供设计、材料、家具、家居用品及饰品等"一站式"服务，是融家装设计中心、家具建材品牌专卖店、建材超市、家居商场等多种业态为一体的大型家居建材主题购物中心。2020年，居然之家已经在成都开设了4家门店，在全省共开设了19家门店，惠及全省千万人群。

四、品牌发展及重点企业介绍

1. 成都八益家具集团

公司始建于1985年，先后被授予"四川家具制造工业企业最大规模和最佳效益首强""四川省先进企业""全国乡镇企业先进企业""四川省最佳文明单位""全国精神文明建设工作先进单位"等诸多荣誉。2020年，八益一手抗疫情，一手抓发展，两手抓两手硬。推迟开市时间，减免厂商疫情期间房租，进行消杀工作，保证公共安全卫生，倡导自觉隔离，免费寄送万千口罩与厂商。复工复产，承办2020年春、夏两季订货会，春季订货会采用线上模式，搭建厂商交流平台，活跃家具市场；夏季订货会按期举行，全国各地经销商纷至沓来，打响新冠肺炎疫情重创之后关键一枪。

2. 四川全友家私有限公司

全友家私主要生产板式套房家具、实木家具、床垫、沙发、软床和定制家具、工程家具、整体橱柜、卫浴等系列产品，产品畅销全国，并远销欧美、东南亚多个国家和地区。公司投巨资兴建的全友家居国际工业港，由德国BRUNSARCHITEKTEN规划设计院与意大利COMANI规划设计院规划设计，是国内一流、国际领先的家具工业港。公司全面推进企业信息化战略，实现了从产品研发设计、采购、生产制造、物流、销售，到顾客售后服务的全价值链信息化集成管理。

2020年，全友家居稳定中谋发展，1月，荣获"美居中国·四川家具2019整装定制优势品牌"荣誉称号并且坚持绿色发展，产品通过碳足迹认证；2月，荣获"2020年度家居行业服务榜样"与"2020年度家居五星服务店面"两项大奖；3月，全友家居抗击疫情，向湖北潜江捐款200万元；8月，荣获"2020杰出绿色质造奖"；9月，举行2020年"绿色梦想"助学金、奖学金颁发仪式；10月，举办"伸出圆手·卫蓝行动"公益市集活动，荣获"2020四川民营企业100强"称号；12月，荣获"2020中国家居行业年度品质奖"等多项殊荣。

3. 明珠家具股份有限公司

公司始创于1989年，拥有员工5000余人。作为中国家具规模超大的家具制造企业之一，掌上明珠家具共拥有占地数千亩的总部基地，明珠工业园A区、B区基地，华北园区和华南园区五大生产基地，以及门类齐全的26家专业分厂，分别在意大利米兰和中国成都设立了的两大研发中心。同时，集团拥有21个分公司、1000余家经销商、近2000家专卖店。主要生产板式套房家具、沙发、餐桌椅、床垫、软床等系列产品，有30多个系列、2000多个款式，连续多年畅销全国，并出口欧美、东南亚的多个国家和地区，是名副其实的中国家具行业旗舰企业。

2020年，明珠家具谋定而后动。5月，掌上明珠家居总部基地首批获评"成都市工业旅游示范点"；9月，"掌势局，明未来"掌上明珠家居31周年年会暨"整家设计·拎包入住"体验峰会成功举行；10月，"旅行·家"品牌全球行活动开启。

4. 成都市双虎实业有限公司

公司始建于1989年，现在已经成为一家占地面积1600余亩，固定资产数亿元，员工万余人的企业。双虎实业旗下拥有板式、实木、金属、沙发、软体等几大类别数十个系列的家具和西部超大规模的家具展厅，展厅面积1.8万平方米，并拥有强大的销售网络和良好的市场发展前景。双虎实业目前在全国有20家总经销/区域批发商，其销售网络已覆盖全国31个省、市、自治区，销售网点达数千家。

2020年6月，双虎家私荣获行业"创意先锋品牌"称号；7月，双虎·数字营销论坛暨集团OAO签约仪式启动；8月，召开"新生态 共精彩"发布会；9月，双虎全屋家具加入无界联盟"88创富汇"计划，并且发布《中国健康人居生活方式白皮书》。

（四川省家具行业商会　王小丽）

成都市

一、行业概况

2020年，新冠肺炎疫情席卷全国乃至全球，家具产业遭遇重创。疫情之下，家具产品的销售渠道发生了变化，从过去单一的门店卖货、卖场卖货，发展成地产和物业公司、家装公司、软装公司、互联网电商平台、直播平台、短视频营销平台同步卖货。这对传统家居行业的上、中、下游企业造成了巨大的冲击。同时，家居企业的环保、安监、税收、社保等各项经营成本大幅攀升，使企业面临着前所未有的困难和挑战。家具行业内一些新的模式、新的亮点不断涌现，成都家具行业正向先进制造业方向不断前进。

2020年，国内定制家居市场快速增长，定制家居对传统成品家具及活动家具的冲击趋势越发明显，不少传统家具也试水定制家居。成都全友、掌上明珠、得一等家具企业也纷纷在全屋定制领域发力。"成品＋定制"已成为市场发展的必然趋势。

当前，互联网、大数据、智能制造正在成为整个家具行业发展的新动力，并将改变未来家具行业的生产经营方式。成都家具行业在面临新的发展机遇时，已经在由数量扩张向质量提升发展，由原来的注重规模转变为注重质量效益。

2020年，成都市家具产业总值为996.3亿元，同比下降1%，其中，规模以上家具企业工业总产值为798.4亿元，出口值为2.82亿美元。据统计，成都家具产业拥有家具材料配件工厂、家具生产制造工厂（民用和办公）、家具卖场共3200多家企业，拥有家具从业人员110余万人。

二、行业纪事

1. 品牌企业彰显大爱，捐款援助湖北武汉

2020年春季，成都品牌家居企业在疫情面前彰

2016—2020年成都市家具行业发展情况汇总表

主要指标	2020年	2019年	2018年	2017年	2016年
企业数量（个）	3250	3400	3200	3500	3500
工业总产值（亿元）	996.3	1008	1003	1023	1006
主营业务收入（亿元）	805.7	821.6	953	1025	1200
规模以上企业数（个）	758	726	689	653	625
规模以上企业工业总产值（亿元）	798.4	736.1	705.4	687.5	647.6
出口值（亿美元）	2.82	3	2.6	2.2	1.5
内销额（亿元）	803	815	950	1020	1198
家具产量（亿件）	1.83	1.98	2.16	2.17	2.11

数据来源：成都市家具行业商会。

显出责任与担当，积极向湖北武汉疫情灾区进行爱心援助。其中，帝欧家居股份公司向武汉捐赠100万元，向钟南山基金会捐助100万元；四川省永亨实业公司向武汉捐款31万元；成都诸葛家具公司向浙江乐清市捐赠30万元；成都金度家具公司向武汉红十字会捐赠20万元；成都爱的家具向湖北捐赠20万元；成都更新家具向武汉捐赠20万元；四川省创新家具向武汉捐助10万。成都家居企业累计向湖北疫情灾区捐款500万元以上。5月26日，成都市家具行业商会召开抗击疫情表彰大会，对上述爱心企业通报表彰，并颁发了奖牌和荣誉证书。

2. 举办峰会研讨发展，交流信息分享经验

为应对2020年下半年的家具市场新形势，共商川派家居品牌企业发展之道，8月15日，由成都市家具行业商会主办的"成都家具行业发展研讨会"成功召开。中国家具协会理事长徐祥楠出席本次大会。天子、巨田、名扬世佳等成都家具企业负责人60余人参会，共同探讨在萧条的市场环境下行业发展的新思路、新模式和新路径。研讨会上，中国家具协会理事长徐祥楠介绍了中国家具行业的发展现状、发展趋势，希望川派家具企业注重品牌建设，持续提升产品研发能力，实现更好、更快、更高质量发展。

3. 川企亮相广东展会，树立品牌拓展渠道

2020年，成都国际工业家具展休展一年，未能举办。东莞名家具展、顺德龙江家具展、广州家具展、深圳家具展延期于2020年8月开幕。川派家具品牌企业诸葛家具、得一家居、行草家居、高晟家居、米兰家居亮相深圳家具展，两厅家具、凯威家居亮相东莞名家具展。人间印象家居、德邦博派家居、鼎赞家居、水立方家居亮相顺德龙江家具展。川派家居企业纷纷展出新品、树立品牌、拓展渠道，取得了良好的参展效果。

4. 组团走进江西南康，参观展会考察工厂

10月24日，成都市家具行业商会组织会员企业代表近50人，赴江西省赣州市南康区考察，参观南康家具展，考察南康优秀家具工厂。成都掌上明珠、阳光林森、巨田、行草、好风景等川派企业代表参加活动。考察团参观南康家具小镇，观摩南康家具展，考察自由王国、文华家瑞、木牛家具、巴德士博士家具、富龙皇冠等优秀家具工厂，同时还

成都家具行业发展研讨会

参观了南康家居中心市场、光明白坯材料市场等，了解南康实木家具企业的经营运作模式，学习南康家具企业的先进管理经验。

5. 组团考察广元园区，协同政府产业转移

在成都、广元两地市委市政府的指导下，2020年9月22日，成都市家具行业商会组织28家家具企业走进广元市昭化区、旺昌县"中国西部家具绿色发展产业园"，开展为期两天的考察活动。考察团了解招商引资政策，积极与广元市招商部门商洽购买土地、入驻园区、融资贷款事宜，协同政府实施产业转移。

三、家具流通卖场发展情况

1. 成都八益家具城

成都八益家具城位于成都市城南武侯区三环路外侧，是"中国西部家具商贸之都"的主体市场，是中国西部最具影响力的家具批发市场之一。商场主营川派板式套房家具、两厅家具、沙发、办公家具等，门店多为四川家具工厂开设的直营店，主要业务为批发，兼顾零售。八益家具精品博览城里主营广东、浙江、北京、天津等地的中高端家具，主要业务为零售。八益家具城成功举办了面向全国家具经销商的订货会，在行业内取得了良好的成效。

2. 成都太平园家具城

成都太平园家具城目前在成都市武侯区簇桥三环路内侧建设了"太平园家具城一馆"，经营面积22万平方米，在双流区建设了"太平园家具城二馆"，含家具馆和建材馆，经营面积85万平方米（一期35万平方米，二期50万平方米），总体经营面积达107万平方米，是四川省乃至西部地区经营面积最大的家居批发卖场。商场物业产权全部由太平园公司自持，没有对外做任何销售。成都太平园家具城是"中国西部家具商贸之都"的主体市场，是中国西部最具影响力的家具批发市场之一。商场主营川派板式套房家具、两厅家具、沙发、办公家具等，门店大多数为四川家具工厂开设的直营店，主要业务为批发，兼顾零售。位于成都市武侯区簇桥三环路内侧的太平园家具精品广场，主营广东、浙江、北京、天津等地的中高端家具，主要业务为零售。太平园家具城成功举办了面向全国家具经销商的订货会，在行业内取得了良好的成效。

3. 成都富森美家居

成都富森美家居是深圳交易所上市企业（股票

成都太平园家具城

代码：002818），主营大型建材和家居商场的投资和开发、运营和管理。富森美家居在成都市城南三环路内侧建有家居馆、建材馆、软装馆，在城北三环路外侧建有家居馆、建材馆、名品街等。商场主要业务为零售业务，主营产品为广东、浙江、北京、天津等地的中高端家具产品，门店经营者主要为代理广东、浙江、北京、天津等地家具品牌的经销商。四川省内的建材、家居企业也入驻富森美家居开设门店。目前，川派家具优秀企业如全友、掌上明珠、双虎、朗赋、森达博轩等纷纷入驻富森美家居。除了大成都市场外，富森美家居已经拓展了重庆、四川泸州等地市场，在重庆、泸州开设了富森美家居分店。

4. 香江家居 CBD

香江家居 CBD 由总部位于广州的上市公司香江控股集团投资建设，位于成都市新都区新繁家具园区，共有 3 个馆，主营业务为家居产品的批发兼零售，卖场经营面积为 50 万平方米以上。商场内既有四川家具企业开设的直营门店，也有代理广东、浙江、北京等地中高端家具品牌的经销商开设的专卖店。

5. 红星美凯龙家居

红星美凯龙家居目前在成都市区一共开设 4 家大店，分别为成都市武侯区佳灵路一店、成都市武侯区双楠路二店、成都市金牛区三环路金牛立交侧三店、成都市天府新区天府一街四店。在四川省内的南充、达州、泸州、绵阳、自贡等地级城市，红星美凯龙现已开设有 20 余家大型门店。

6. 居然之家家居

居然之家家居目前在成都市区设有 3 家大店，分别为成都市青羊区西单商场金沙店、成都市锦江区琉璃立交琉璃店、成都市金牛区一品天下大街一品天下店。在四川省内的泸州、德阳、绵阳、广安、内江等地级城市，已开设有 20 余家大型门店。

7. 月星家居

月星家居目前在成都市龙泉驿区设有 1 家大店，位于成都市龙泉驿区成龙大道。在四川省内和重庆市，月星家居已开设有多家大型门店。

四、品牌发展及重点企业情况

1. 成都全友家具公司

成都全友家具公司在成都市崇州市智能制造园区和羊马工业区拥有 3000 亩以上工业用地的自建厂房，并在湖北省潜江市、河南省濮阳市清丰县修建有分厂，产品定位于全国的县级城市和乡镇等二、三级市场。2020 年，全友家具公司加大对定制家居生产工厂、木门生产工厂的投资建设，将"板式家具套房"模式调整为"成品+定制"的模式，在终端销售门店以定制家居为主，融合了成品家居、木门、橱柜、洁具、卫浴、家居饰品等产品资源，为消费者提供"整家入住"模式。公司积极为经销商赋能，帮助终端门店经销商运用设计软件，同时，公司加强与恒大、保利、碧桂园、龙湖、万科等国内地产公司的合作，为地产公司提供拎包入住家居产品服务。目前，全友家具公司在全国以二、三级市场为主的城市建有 3000 多家专卖店，年产值逾 100 亿元。

2. 成都明珠家具股份公司

成都明珠家具股份公司在成都市崇州市智能制造园区和崇平工业区拥有 1600 亩工业用地的自建厂房，产品定位于全国的县级城市和乡镇等二、三级市场。2020 年，明珠家具公司加大了生产管理和市场营销的数字化建设进程，加大了智能制造机械设备的投入，加大互联网管理软件投入，提升智能制造水平。公司整合终端门店的产品销售模式，将"板式家具套房"模式及时地调整为"成品+定制"模式，并融入橱柜、木门、软装、饰品等产品资源，提出整家设计，拎包入住服务理念，发布《五心诺言白皮书》。同时，明珠家具公司加强与恒大、保利、碧桂园、龙湖、万科等国内地产公司的合作，为地产公司提供"拎包入住"家居产品服务。目前，明珠家具公司在全国以二、三级市场为主的城市建有 1000 多家专卖店，年产值逾 30 亿元。

3. 成都双虎家具公司

成都双虎家具公司在成都市彭州市拥有 1200 亩以上工业用地的自建厂房，并在江苏省宿迁市、

成都明珠家具股份公司

河南省濮阳市清丰县修建有分厂，产品定位于全国的县级城市和乡镇等市场。2020 年，双虎家具公司加大了对定制家居生产工厂以及线上线下互联网电商的投入，将原有"板式家具套房"模式及时调整为"成品 + 定制"模式，在终端销售门店以定制家居为主，融合成品家居、木门、饰品、软装等产品服务，为消费者提供整家入住服务。同时，双虎家具公司加强与恒大、保利、碧桂园、龙湖、万科等国内地产公司的合作，为地产公司提供拎包入住家居产品服务。目前，双虎家具公司在全国以二、三级市场为主的城市建有 1000 多家专卖店，年产值逾 30 亿元。

4. 成都天子集团公司

成都天子集团公司总部位于成都市金牛区三环路外侧华侨城创想中心大厦，集团下设成都天子套房家具厂、天子客餐家具厂、天子真皮沙发厂、天子布艺沙发厂、天子床垫厂等家私企业，并在成都市新都区自建经营面积 4 万平方米的蓉都家具城，经营套房家具、客餐家具、沙发等产品。集团在成都市郫都区自建经营面积 5 万平方米的不锈钢材料市场，经营不锈钢材料。集团在四川省广汉市自建 1200 亩的四川国际石材城，经营石材材料、石材家具等。2020 年，集团提升工厂设计能力及智能制造能力，优化家具展厅的整体形象和空间设计，整合定制家居等产品资源，以"定制家居 + 两厅半家居"模式拓展市场。

5. 成都诸葛家具公司

成都诸葛家具公司位于成都市新津区工业开发区，主要经营产品为皇玛·康之家沙发，成立逾 20 年。公司专注于沙发产品的打造，与全球范围内的德国、意大利、美国、日本等顶级沙发材料供应商建立了战略合作关系。2020 年 8 月，成都诸葛家具在成都隆重举行了"中国健康沙发品牌峰会"，并参加了 8 月深圳家具展，展出的产品受到经销商和市场的一致好评。2020 年，皇玛·康之家重金投入研发团队，获得多项产品设计专利，探索健康沙发科技，通过研究不同的身高、体型的真人数据，兼顾中国人体体型特征，独创"健康沙发 7C 座靠系统"。

6. 成都得一家具公司

成都得一家具公司位于成都市崇州市智能制造园区，建有客餐厅家具、沙发、软床、全屋定制等多家工厂，成立逾 20 年。2020 年 8 月，得一家具参加深圳家具展，展出产品获得经销商和市场的一致好评。得一家居坚持产品研发原创，并已逐步掌握了实木家具加工制造的独特核心技术。公司非常重视人才的发掘培养，与中南林业科技大学、四川农业大学等科研院校长期紧密合作，每年都招收数十名优秀本科、硕士毕业生到厂实习，并从中选拔出合格的储备干部和技术人才。

（成都市家具行业商会　邓萍）

贵州省

一、行业概况

2020年，贵州家具行业在疫情中转变经营方式，实现有效增长。根据工商和家具行业统计，2020年，全省家具生产注册企业5590余家，实现工业总产值235.7亿元。其中，80余家规模以上企业实现工业总产值69.2亿元。2020年，虽然受疫情影响，贵州家具行业增长率明显放缓，但仍然以5.8%的速度增长。

二、行业纪事

1. 防控消杀，助力企业复工复产

贵州省家具协会联合贵州省室内环境净化行业协会开展"众志成城、战胜疫情，我们在行动"防控消杀病毒的公益活动，保障企业安全恢复生产。贵州品瑞格办公家具有限公司、贵州大自然科技股份有限公司、小马大定制等单位为抗击疫情贡献力量。

2. 编制团体标准，提升企业质量

根据贵州省市场监督管理局申报的"贵州省定制家具产业质量提升"项目要求，贵州省家具协会牵头开展的贵州家具行业优势产业定制家具产品提升行动顺利开展，编制了贵州省定制家具团体标准T/GZFA 002—2020《定制木质家具验收及售后服务规范》，并通过审定；联合贵州省产品质量监督检验院，组成团体标准宣贯检查小组，陆续对贵州省定制家具行业19家重点企业进行扶持、培育、质量提升项目检查。

团体标准的贯彻实施，规范了企业与消费者之间现场定制要求、验收标准及质量品质规定。2020年，贵州奥尔登家居有限公司、贵州索莱客家居有限公司、贵州卡米多家居有限公司、贵州美意家居有限公司、贵州森泰美家居有限公司、贵州兴恒瑞达家具有限公司、贵州洛克邦家具有限公司等一大批定制生产企业表现抢眼，生产总值最高增长达50%以上。因定制行业的快速增长，贵州天峰板业装饰有限公司、贵州乐利木业有限公司等销量均有较大提升，板材企业迎来新爆发期。

3. 企业拓展渠道多样化

贵州省家具协会联合柯柯木商务平台，免费帮助企业拓展社群销售渠道；大自然床垫参加了深圳家具展；成都、重庆、云南、湖南等地展会上，贵

2016—2020年贵州省家具行业发展情况汇总表

主要指标	2020年	2019年	2018年	2017年	2016年
初具规模企业数量（个）	1200	1200	1186	1180	1180
工业总产值（亿元）	235.7	223	184	138	115
规模以上企业工业总产值（亿元）	69.2	64.8	58.3	53.6	49.33
家具产量（万件）	420	410	395	388	373

数据来源：贵州省家具协会。

州企业均有参加；以大自然床垫、贵州奥尔登家居为代表的生产企业尝试直播带货，取得了优异成绩；奥尔登家居明星演唱会效果惊人；小马大定制带领 40 多家贵州品牌与贵州电视台等官方媒体合作，取得了不俗成绩；贵州惠水长田家具产业园、龙里北部工业园、千家卡工业园三大家具生产园区商圈逐渐形成。

4. 编辑出版行业工具书

《贵州家居行业采购资源》工具书刊正式出版，并陆续发往贵州 9 个地州、88 个县、1795 个乡镇家具生产企业、家居生产企业、家具及家居经销商，提高贵州家具生产企业知名度。

5. 举办家居采购节

由于受疫情影响，2020 年第五届贵州家具展览会暂停。为减轻企业复工复产压力，组织企业众筹办展，7 月下旬，在有关单位和企业的支持下顺利举办了第五届贵州家具展系列活动"2020 小马大定制家居采购节"。

6. 组织企业交流学习

贵州省家具协会组织贵州家具企业代表及招投标专家对优秀企业进行参观考察；组织"黔、渝、湘、赣四地家具行业企业合作交流会"；邀请南康家具协会代表赴黔考察等等活动，共同分享资源，寻找合作项目，促进家具产业发展。

7. 做好政府与企业的桥梁

根据贵州省工业和信息化厅《关于提供 2021 年优质烟酒，健康医药，其他轻工类专项资金候选项目明细清单的通知》，贵州省家具协会推荐部分优秀企业申报贵州省工信厅 2021 年行业发展项目资金申报计划；根据贵州省大数据管理局《贵州省实施"万企融合"大行动打好"数字经济"攻坚战方案》通知，组织家具生产企业、流通企业实现信息化上云，帮助企业办公财务管理、人才管理、研发设计、培训等实现数字化管理。

8. 成立岩板产业跨界联盟

贵州省家具协会与佛山家具行业协会、湖南省家具行业协会、赣州市南康家具协会、深圳家具行业协会、依诺岩板、蒙娜丽莎陶瓷集团、新明珠集团等行业协会、代表企业，发起成立岩板产业跨界联盟，大力推动家具、石材、设计等领域与岩板的融合发展。召开"贵州家居行业-佛山岩板家居行业推介商洽会"，取得圆满成功。

（贵州省家具协会　田洪）

陕西省

一、行业概况

2020年，陕西省家具行业同全国大部分家具行业一样，在疫情影响下出现了一些困难和问题，但陕西省家具行业长期向好的趋势没有变，全省规模以上家具制造企业产值数量同比2019年增速放缓。2020年，陕西省居住类商品增势良好。10月，家具类商品增速由负转正，增长3.4%，快于9月份13.3个百分点；五金、电料类商品增长23.0%，快于9月份12.6个百分点；建筑及装潢材料类商品增长21.5%。1—10月，家具类、五金、电料类和建筑及装潢材料类分别累计下跌16%、下跌9.1%、增长2.9%，较前三季度分别提高2.6、3.7和2.7个百分点。

二、行业纪事

1. 响应政府，助力抗疫

2020年2月3日，陕西省家具协会于成立"陕西省家具协会肺炎疫情防控应急领导小组"，向全省家具企业发出两次倡议。福乐集团员工连夜为西安市公共中心捐赠赶制价值80.9万元的300张医疗床垫，并出资购买300套医疗床具；西安大明宫实业集团捐款500万元；南洋迪克捐款100万元等。西安大明宫、咸阳正大、三森、和记万佳、明珠原点、大明普威、阎良永晓、榆林三辰、百花门业等企业积极响应号召捐款捐物、减免房租。

3月初，陕西省家具协会积极展开动员会员企业复工复产相关工作，并对家居流通商场：西安大明宫、三森、居然之家、咸阳正大、和记万佳、明珠原点、阎良永晓等复工情况和经营场所防疫管控措施进行现场调研；4月初，协会对西北家具工业园、宝鸡华保家具、大明普威家具、秦港木业等会员企业现场调研，了解复工复产情况，就疫情后企业发展进行沟通交流。

2. 成功举办第十九届西安国际家具博览会

本届展会会期为9月17—20日，为期4天。展会持续深化"渠道营销合作、产业链供应、家居生活方式推广、大众消费体验"四大功能，汇集来自全国各地的300余家知名家具参展商。展会现场布局明晰，精品家具、红木家具、办公家具、定制家居、家居饰品、机械类配件等品类一应俱全，全产业链呈现。

3. 联合培训专业人才成效明显

2020年，陕西省家具协会培训中心与雨丰学院已共同举办了5届家居行业人才专场招聘会，取得显著成果。截至目前，陕西省家具协会培训中心经过培训及考核，结业学员700多名，考核结业学员700多名，均已输送到西安各大家具商场和家具企业，获得一致认可和好评。

4. 不断加强协会建设

为做好企业宣传推广工作，促进陕西家具品牌影响力不断提升，陕西家具网电脑端和手机移动端于2020年1月份正式运行。

三、品牌发展及重点企业情况

1. 西安福乐家居有限公司

福乐创立于1965年，福乐家居始于1985年，

福乐家居捐赠医疗物资

西安雨丰设计学院

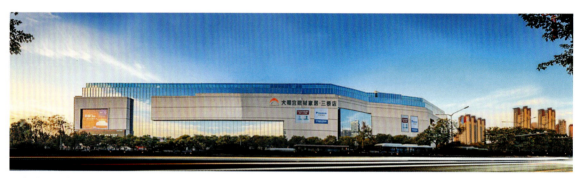
西安大明宫实业集团

是西北地区规模最大综合性企业之一，是中国家具协会副理事长单位，弹簧软床垫行业标准的起草单位之一。公司是国家二级企业、中国产品质量无投诉企业、轻工部重点骨干企业。主导产品福乐床垫是国家A级产品、中国十大床垫品牌。福乐商标是中国驰名商标。2020年，福乐在激烈的市场竞争中，稳步发展，取得了一定的成绩。3月8日，公司正常复工；6月，福乐家居第十三分公司正式进驻居然之家曲江家居生活MALL；同月，为适应福乐集团的发展需要，公司任命田田女士为福乐集团总裁、福乐家居总经理，全面主持集团及所属公司工作。

2. 西安大明宫实业集团

集团创立于1993年，是一家以地产开发和商业运营为主，为建材、家居、百货等流通行业提供经营平台的民营企业。2003年12月28日，大明宫建材家居·北二环店开业，成为当时西部地区单体面积最大、档次最高、品种最全的建材家居专业商场。2014年3月29日，大明宫建材家居·钻石店的璀璨开业，集团完成了西安地区东、西、南、北、中的商业布局。截至目前，集团运营47个专业商场和市场，总营业面积350万平方米，容纳户近万家，经营20余个大类，百万种商品。商场市场遍布国内9省25城，大明宫建材家居成为全国同行业知名品牌。2020年抗击新冠肺炎疫情战役中，集团率先捐款500万元，用于西安市疫情防控工作。截至目前，集团为社会公益慈善事业捐款累计超过3亿元。

3. 西安雨丰设计学院

雨丰设计成立于2014年，通过7年的积淀，在全屋定制及室内设计等行业拥有良好的口碑。2020年，学院搭建了以基础培训班为主，提升培训班为辅的多元化课程体系；和西安工业大学继续教育学院达成战略合作，成立雨丰人人力资源公司；雨丰设计与丝路国际设计师联盟、陕西省室内装饰协会联合举办"丝路国际大讲堂——设计生活之美"公开课，开拓设计视野。

（陕西省家具协会　张华、虢凌含）

西安市

一、行业概况

2020年新冠肺炎疫情暴发后，西安家具行业遭受较大冲击，企业生产销售大幅下滑，家具卖场客流减少、销量锐减。为帮助企业共渡难关，西安市政府制定了《关于有效应对疫情 促进经济平稳发展的若干措施》等政策，为企业减负降费、降低成本、提供流动资金信贷、稳定职工队伍发挥了积极作用。但受疫情管控、经济下滑、原材上涨等因素影响，企业依然面临较大困难，直到五一节后，生产企业、卖场才逐步走上正轨，下半年基本实现了正增长，但全年总体水平较上年有所下降。

二、家具流通卖场发展情况

1. 原点新城

原点新城在严峻复杂的家具市场环境中仍然稳扎稳打，在2020年9月成功举办了"聚力同行 财富共生——第十五届中国原点（秋季）家具展销订货会"，聚合了厂家、代理商、经销商链条资源，打造成为集品牌展销、看样订货、洽谈交流为一体的

原点新城国际家居博览中心

大家居商贸平台。活动期间，众多二、三级市场经销商参会，成交记录不断刷新，提振了因疫情受创处于低迷的市场，增强了商户经营信心。

2. 红星美凯龙

2020年8月，红星美凯龙太白店、龙首店隆重举办了"家居焕新·公益行"活动，服务对象是西安援鄂医护人员和西安抗疫一线工作者，通过实际行动为抗疫医护人员、社区工作者免费进行家居焕新维保，彰显了家居行业的企业家精神。

2016—2020年西安市家具行业发展情况汇总表

主要指标	2020年	2019年	2018年	2017年	2016年
企业数量	610	660	690	690	710
主营业务收入（万元）	185000	200000	205000	202000	197700
规模以上企业数量	55	58	58	58	58
规模以上企业主营业务收入（万元）	130000	140000	141000	137000	130800

数据来源：西安市家具协会。

红星美凯龙家居焕新公益行启动仪式

南洋迪克家具"木系人生 非凡之旅"工厂行活动

三、品牌发展及重点企业情况

1. 南洋迪克家具制造有限公司

2020年8月，公司隆重举办"木系人生·非凡之旅"活动，向消费者展示了升级后的生产线，消费者参观了南洋迪克引进的德国、意大利、中国台湾的全新设备，包括国际上最先进的油漆喷涂生产线及现代化软体生产线以及南洋迪克重金投入的先进环保设施设备。消费者近距离感受实木家具的生产流程及匠心工艺，现场解密了实木家具核心工艺、关键工序、特殊工序，同时了解了原辅材料，让消费者真正实现了明白消费、放心消费。

2. 西安红木雅居阁

2020年12月，公司参加了以"联创·重拾奋斗者信心"为主题的第11届中国红木家具品牌峰会，本次峰会在浙江乌镇互联网国际会展中心举办。峰会评选了红木家具品牌"红品奖"，西安红木雅居阁总裁石立峰荣获"红木家具行业贡献终身成就奖"。在消费升级的风潮下，雅居阁以消费需求为核心，为消费者提供更好的用户体验与服务，迈向高端红木品牌，升级拓展业务范围，布局全屋整装领域，成为多元化的新型家居生活服务品牌。

（西安市家具协会　张革新）

甘肃省

一、行业概况

甘肃省家具生产企业主要集中在兰州市区、酒泉市、武威市、天水市、庆阳市等地，产品以办公家具、酒店家具、公寓家具、教学家具为主，全省现有家具生产企业200多家，除甘肃华一家具股份有限公司、酒泉富康家具有限公司、甘肃龙润德商贸有限公司等规模较大外，多为小微企业。

2020年甘肃省家具行业受疫情和市场环境的影响，企业业绩下滑：规模以上企业3户，累计完成工业总产值13519万元，同比下降13%；累计完成营业收入14110万元，同比下降11%；累计产量62393万件，同比下降14%。

二、产业园建设情况

甘肃省家具行业协会积极引导企业走集群发展道路，解决布局分散、产业集中度低、难以形成集群效应等制约家具行业快速发展的问题。协会通过各种平台大力宣传积极推介家具产业园项目建设和发展前景，推动甘肃科迪智能家具产业园区项目建设并取得顺利进展，克服疫情、招商和建设资金等困难影响，各项工作有序推进，园区建设进度得到省市领导的肯定。

三、家具流通卖场发展情况

甘肃省较大的家居卖场有20多家，营业面积近100万平方米，主要集中在兰州市、武威市、天水市、张掖市、酒泉市等城镇人口较集中的中心城市。其中经营面积超过10万平方米的卖场约5~6家，知名度较高、较有影响力的包括兰州市的兰州红星美凯龙家居商场、兰州月星家居商场、居然之家雁北店、三森美居家居广场等，武威市的新圣园

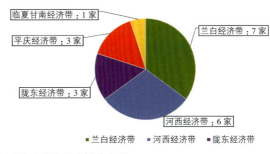

甘肃省主要家具卖场分布图

2016—2020年甘肃省家具行业发展情况汇总表

主要指标	2020年	2019年	2018年	2017年	2016年
规模以上企业数（户）	3	5	3	4	4
规模以上企业工业总产值（万元）	13519	15540	14800	15000	10600
规模以上企业主营业务收入（万元）	14110	15855	15100	16600	10820
家具产量（万件）	62393	72551	69097	73519	69858

数据来源：甘肃省家具行业协会。

家居汇展中心、月星家居等，天水市内有桥南家具建材城、居然之家等，张掖市的居然之家、红星美凯龙，酒泉市有富康家具城等。全年家具销售额近100亿元。

四、行业纪事

1. 依托学习，引领协会发展

甘肃省家具行业协会邀请兰州资源环境职业技术学院教授为会员单位讲授"深刻认识十九届五中全会的重大意义、全面把握我国进入新发展阶段的重大特征、如何认识加快构建国内大循环为主体和国内国际双循环相互促进的新发展格局、准确领会2035年远景目标和'十四五'时期我国发展的重点任务"等内容。营造讲政治、讲学习的良好氛围。

2. 面对疫情，展现人间大爱

疫情期间，甘肃省家具行业协会发出号召，会员企业纷纷响应，为奋战在一线的抗疫单位捐款捐物达200多万元，充分展现甘肃家具人的爱心和社会责任。

3. 开展调研，摸清行业家底

甘肃省家具行业协会对全省家具生产和流通企业开展行业调研，历时半年深入14个市、州、县走访调研35家生产企业和192家具卖场，摸清全省家具行业的基本情况，了解甘肃省家具行业发展现状和发展中存在的问题，掌握了企业疫情后复工复产复商情况，撰写《甘肃省家具行业研究报告》。

4. 助力扶贫，争先回报社会

甘肃有75个贫困县，是全国贫困县最多的一个省份。甘肃省家具行业协会积极认领扶贫任务，召开会议布置扶贫工作，为扶贫点定西市渭源县大安乡邱家川村村委会捐赠了一套价值2万元的会议办公桌椅，带动会员企业消费扶贫邱家川村胡麻油加工合作社价值5.4万元胡麻油3600斤，为甘肃贫困县全部脱贫摘帽出一份力。

5. 行业发展，凝聚形成合力

甘肃省工业经济和信息化研究院与轻工业研究所对甘肃省家具行业协会、甘肃龙润德实业有限公司、甘肃科迪智能家具产业园、甘肃金威家具有限公司等企业进行了调研，充分肯定协会和企业对甘肃经济建设发展做出的贡献，提出园区建设要起点高标准严，依托兰州新区发展的有利条件和土地、税收等优势，带动全行业上下游产业链发展等建议。

6. 友好协会，互帮互促共享

河南省家具协会唐吉玉会长一行来访，与甘肃省家具行业协会相互交流了两省家具协会情况、行业发展现状、生产流通受疫情的影响等信息。双方探讨了疫情后家具行业发展趋势，考察了兰州红星美凯龙等卖场。

7. 邀请专家，实操实战培训

为解决会员企业参与政府采购招投标过程中出现的经验不足、标书制作不规范等问题，甘肃省家具行业协会邀请了政府采购评标专家给协会全体理事单位，从实操实战方面讲解家具招投标技巧及注意事项，为会员单位参与招投标提高中标率进行培训。

8. 协会搭桥，立足排忧解难

为解决会员企业融资难、贷款难的问题，甘肃省家具行业协会搭建平台，邀请中国银行高新区中心支行、中国银行飞雁支行、甘肃银行总行、浙商银行城关支行等银行业务经理现场讲解贷款种类和办理程序，帮助会员企业解决贷款难、融资难的问题。

9. 行业发展，企业有为担当

在第45届中国（广州）国际家具博览会，甘肃省家具行业协会秘书长王刚当选为中国家具协会

政府采购评标讲座

办公家具专业委员会第四届委员；在中国家具协会第七次会员代表大会上，甘肃省家具行业协会当选为中国家具协会常务理事，甘肃龙润德实业有限公司当选为中国家具协会副理事长；甘肃龙润德实业有限公司被兰州市城关区人民政府授予2018—2019年度"守合同，重信用"单位。

（甘肃省工业经济和信息化研究院　徐彦英）

-07-
产业集群
Industry Cluster

编者按：产业集群是家具行业的基石。2020 年初，根据中国轻工业联合会产业集群管理办法，中国轻工业联合会、中国家具协会组织专家对广西融水县、容县两县进行产业集群考评，并于 5 月正式授予广西融水县"中国香杉家居板材之乡"、广西容县"中国弯曲胶合板（弯板）之都"荣誉称号。截至 2020 年底，中国家具产业集群共计 53 个，其中特色区域 40 个，新兴产业园区 13 个。本篇收录了我国家具行业 27 个产业集群 2020 年的发展情况。同时，所有产业集群分为七大类：传统家具产区、木制家具产区、办公家具产区、贸易之都、出口基地、新兴家具产业园及其他产区。通过归类比较，便于读者更好地掌握每类集群的发展情况，做出综合判断。

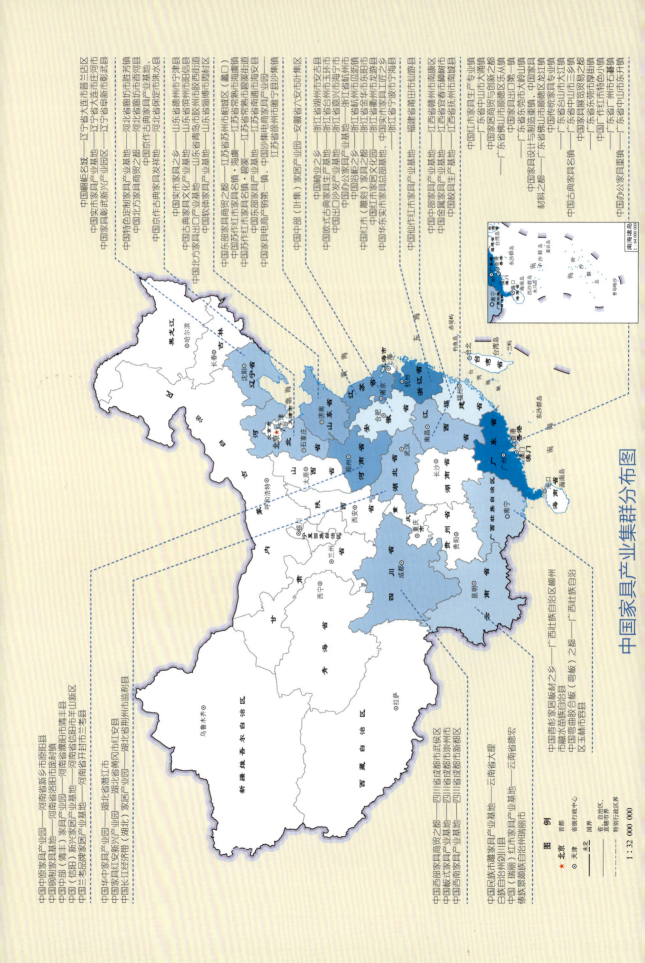

中国家具产业集群分布汇总表

序号	授牌时间	名称	所在地
1	2003年3月	中国红木家具生产专业镇	广东省中山市大涌镇
2	2003年8月	中国椅业之乡	浙江省湖州市安吉县
3	2004年3月	中国家居商贸与创新之都	广东省佛山市顺德乐从镇
4	2004年8月	中国实木家具之乡	山东省德州市宁津县
5	2004年9月	中国家具出口第一镇	广东省东莞市大岭山镇
6	2005年7月	中国西部家具商贸之都	四川省成都市武侯区
7	2005年8月	中国家具设计与制造重镇、中国家具材料之都	广东省顺德区龙江镇
8	2005年9月	中国特色定制家具产业基地	河北省廊坊市胜芳镇
9	2006年12月	中国实木家具产业基地	辽宁省庄河市
10	2007年3月	中国北方家具商贸之都	河北省廊坊市香河县
11	2007年5月	中国欧式古典家具生产基地	浙江省台州市玉环市
12	2008年1月	中国传统家具专业镇	广东省台山市大江镇
13	2008年5月	中国古典家具名镇	广东省中山市三乡镇
14	2009年6月	中国东部家具商贸之都	江苏省苏州市相成区（蠡口）
15	2009年12月	中国民族木雕家具产业基地	云南省大理白族自治州剑川县
16	2010年4月	中国板式家具产业基地	四川省成都市崇州市
17	2011年4月	中国出口沙发产业基地	浙江省嘉兴市海宁市
18	2011年6月	中国中部家具产业基地	江西省赣州市南康区
19	2011年7月	中国古典家具文化产业基地	山东省滨州市阳信县
20	2011年7月	中国北方家具出口产业基地	山东省青岛市胶州市胶西街道
21	2011年7月	中国华中家具产业园	湖北省潜江市
22	2011年7月	中国家具彰武新兴产业园区	辽宁省阜新市彰武县
23	2012年4月	中国办公家具产业基地	浙江省杭州市
24	2012年4月	中国金属家具产业基地	江西省宜春市樟树市
25	2012年10月	中国浴柜之乡	浙江省杭州市瓜沥镇
26	2012年11月	中国苏作红木家具名镇·海虞	江苏省常熟市海虞镇
27	2012年11月	中国苏作红木家具名镇·碧溪	江苏省常熟市碧溪街道
28	2012年12月	中国家具红安新兴产业园	湖北省黄冈市红安县
29	2012年12月	中国西南家具产业基地	四川省成都市新都区
30	2013年4月	中国（瑞丽）红木家具产业基地	云南省德宏傣族景颇族自治州瑞丽市
31	2013年4月	中国仙作红木家具产业基地	福建省莆田市仙游县
32	2013年8月	中国红木（雕刻）家具之都	浙江省金华市东阳市
33	2013年8月	中国东部家具产业基地	江苏省南通市海安县
34	2014年3月	中国中原家具产业园	河南省新乡市原阳县
35	2014年9月	中国京作古典家具产业基地	河北省保定市涞水县
36	2014年11月	中国钢制家具基地	河南省洛阳市庞村镇
37	2014年12月	中国红木家居文化园	浙江省衢州市龙游县
38	2015年4月	中国家具电商产销第一镇	江苏省徐州市睢宁县沙集镇
39	2015年5月	中国长江经济带（湖北）家居产业园	湖北省荆州市监利县
40	2015年5月	中国校具生产基地	江西省抚州市南城县
41	2015年5月	中国中部（清丰）家具产业园	河南省濮阳市清丰县
42	2015年10月	中国软体家具产业基地	山东省淄博市周村区
43	2015年11月	中国（信阳）新兴家居产业基地	河南省信阳市羊山新区
44	2015年11月	中国中部（叶集）家居产业园	安徽省六安市叶集区
45	2015年11月	中国家具展览贸易之都	广东省东莞市厚街镇
46	2016年7月	中国华东实木家具总部基地、中国实木家具工匠之乡	浙江省宁波市宁海县
47	2017年4月	中国广作红木特色小镇	广东省广州市石碁镇
48	2017年7月	中国兰考品牌家居产业基地	河南省开封市兰考县
49	2017年8月	中国办公家具重镇	广东省中山市东升镇
50	2018年1月	中国沙集电商家具产业园	江苏省徐州市睢宁县
51	2018年6月	中国橱柜名城	辽宁省大连市普兰店区
52	2020年5月	中国香杉家居板材之乡	广西壮族自治区柳州市融水苗族自治县
53	2020年5月	中国弯曲胶合板（弯板）之都	广西壮族自治区玉林市容县

中国家具产业集群
——传统家具产区

近年来，随着社会经济的逐步发展与深刻变革，红木家具产业结束了高速增长时期，迎来新的发展挑战。在我国高消费人群数量、消费主体维度、资产保值增值需求的综合提升推动下，传统红木家具产业注入了新的发展动力。目前，全行业有红木家具生产企业2万多家，形成了广东大涌、广东大江、广东三乡、云南剑川、山东阳信、江苏海虞、江苏碧溪、云南瑞丽、福建仙游、浙江东阳、河北涞水和广东石碁等传统家具产业集群，为满足人民日益增长的美好家居生活需要做出了积极贡献。

2020年，该行业依然面临产业链上游红木资源短缺、价格上升等问题，导致传统家具制作企业成本增加，行业挑战升级。对此，各产业集群从高质量发展、文化传承和设计创新等方面寻求突破，探索新的发展之路。主要表现在：①大涌、仙游、东阳、涞水、海虞等地举办文化节、家具展及成果展，弘扬传统文化，打造区域品牌；②大涌、石碁等地开展直播带货活动，拓宽网络销售渠道；③大涌、东阳等地积极制订红木家具相关的标准，引领产业升级，推动高质量发展；④东阳、涞水、仙游、大涌、石碁、大江等地通过举办第四届全国家具职业技能竞赛分赛区选拔赛等，培养选拔专业技能人才，满足行业发展需求。

广东 / 大涌

2020年，大涌镇红木家具企业达812家，正式发布《中式硬木工艺家具》等四项标准；举办大涌红木家具疯抢节、湾区精品红木——精选优品推介直播活动、届中国（中山）新中式红木家具展、2020中山大涌红木家具厂家直销节等活动。

江苏 / 海虞

海虞镇拥有红木家具生产企业及作坊家，从业人员6000多人，以金蝙蝠、艺、汇生等为龙头企业。2020年，受情的影响，海虞镇红木行业稍有下滑势，但总体影响较小；8月，召开海虞器台板行业整治暨培训大会；11月，2020"匠心苏韵"海虞苏作红木家具50年成果展。

浙江 / 东阳

2020年，东阳大清翰林等8家企业13个项目通过"浙江制造"品字标认证，其中卓木王家俱有限公司生产的深色名贵硬木家具（黑酸枝）通过国际互认，实现了东阳"浙江制造"认证国际互认"零"突破。11月，第四届全国家具职业技能竞赛总决赛以及首届"中华大师汇"在东阳中国木雕城成功举办；建设了东阳木雕红木抖音直播基地、"花园购"新零售智慧红木市场。

广东 / 石碁

石碁镇是广作红木家具制作技艺的重要发源地之一，涌现了番禺永华、家宝红木、番禺华兴等红木界优秀典范。2020年新冠肺炎肺炎疫情发生后，石碁红木小镇紧跟网络直播带货潮流，开展多场区长带货、镇长亲自挂帅的带货活动，探索石碁红木自媒体发展之路。

河北 / 涞水

涞水古典红木家具已有300多年的历史，现有红木家具制销企业413家。2020年产值达10亿元，销售收入达12亿元。规划建设中国京作古典家具艺术小镇，小镇被中国城镇化促进会列入全国首批103个特色小镇培育名单。目前，小镇项目征地工作稳步推行，配套工程紧密进行中。8月，举办第七届涞水京作红木文化节等活动。

中国红木家具生产专业镇——大涌

一、基本概况

1. 地区基本情况

大涌镇位于广东省中山市西南部，东临岐江河，西靠西江，面积 40.6 平方千米。现常住人口 7.54 万人，其中户籍人口 3.03 万人，海外侨胞 3 万多人。先后荣膺中国红木雕刻艺术之乡、中国红木家具生产专业镇、中国牛仔服装名镇、国家卫生镇、广东省教育强镇、中国千强镇、全国环境优美乡镇、中国家具优秀产业集群、中国红木特色小镇等称号。

2. 行业发展情况

20 世纪 70 年代末，大涌人凭借积极务实、敢为人先的创业精神，领发展之先汇聚全国的能工巧匠，开启了一段红木产业传奇，先后摘得"中国红木雕刻艺术之乡""中国红木家具生产专业镇""中国红木产业之都""中国产业集群名镇""全国特色小镇"等多块"国字号"牌匾。

3. 公共平台建设情况

近年，在中山市红木家具工程技术研发中心、中山市大涌镇木材干燥中心、木材物流中心、中山市红木家具研究开发院、中山市大涌镇生产力促进中心等原有公共服务平台的基础上，根据产业发展实际，新增了中山市中广测协同创新中心、中山市红木家具知识产权快速维权中心、红木家居学院众创空间、科技创新服务中心。

2018—2020 年大涌家具行业发展情况汇总表

项目	2018 年	2019 年	2020 年
全市（区、镇、乡）特色产业总产值（亿元）	17.36	16.99	15.18
特色产品销售额（亿元）	17.18	16.72	15.03
特色产品出口额（万美元）	469.3	438.7	345.87
生产企业数量（个）	909	879	812
固定资产投资（亿元）	14.94	13.93	21.16
其中：技术改造投资（亿元）	1.04	1.62	1.47
从业人员（万人）	3.30	3.25	3.12
年销售额 2000 万元以上企业（个）	11	11	5
专业市场数量（个）	3	3	3
省市以上知名品牌数量（个）	29	29	29

二、产业发展及重点产业情况

中国红木家具作为中国工艺美术殿堂里一颗耀眼明珠，是当之无愧的国粹艺术。但近年来由于受内外部多重因素影响，行业发展速度放缓，面临重重困境，去年突如其来的疫情更是雪上加霜。后疫情时代下，大涌镇有针对性地对规模以上红木企业进行帮扶，全力以赴打造红木家具龙头骨干企业。支持东成、伍氏大观园、地天泰、长丰、红古轩等大涌规模以上红木家具龙头企业走自营品牌道路。

通过不断提高产品质量，持续加大品牌积累，实现品牌提升拉动市场营销和产品价格的良性发展，构筑大涌红木家具区域品牌整体形象，通过统一宣传、统一参展、点面结合，全面提升大涌红木家具区域品牌的影响力和美誉度。

三、2020年发展大事记

2020年1月7日，中山市红木家具行业协会团体标准研讨会在红博城成功举办。协会标委会成员、参与标准起草单位、企业代表等30多人参加此次会议。会议对新制订的《中式硬木工艺家具》《中式硬木工艺家具售后服务规范》两项团体标准的征求意见稿进行了讨论与交流。5月26日，由协会组织制订的《中式硬木工艺家具》《中式硬木工艺家具售后服务规范》《中式硬木工艺家具 锯材常规干燥工艺操作规程》《中式硬木工艺家具 锯材干燥质量》等4项团体标准正式发布实施。这是继2019年6月发布《中式硬木工艺家具产品使用说明书编制规范》等4项标准以来，协会带领会员企业通过调研市场及行业需求后，为了提高现行传统家具产业标准的配套性，再次研制填补行业空白、着眼行业未来、可持续发展、适用于当下的团体标准。

四、2020年活动汇总

1. 大涌红木家具疯抢节

受疫情等影响，各行业经济复苏缓慢，为促进行业间相互帮扶、共渡难关。大涌在全国同行业率先发起百亿惠民疯抢节的公益活动，向全社会发出"全民救市行动倡议"，集结各方力量举办了一场"大涌红木家具疯抢节·每周六大折扣"的赋能活动，共克时艰，助力红木企业尽快恢复正常的生产和销售，尽快摆脱困境，重振中山虎威。活动从4月22日持续至6月30日，集合超百家会员企业积极参与，并得到众多中山知名媒体、广告公司的线上线下大力支持。

中山市红木家具行业协会团体标准研讨会

大涌红木家具疯抢节

湾区大涌、精品红木——精选优品推介直播活动

第四届中国（中山）新中式红木家具展

2. 湾区大涌、精品红木——精选优品推介直播活动

5月29日，由大涌镇政府主办的"湾区大涌、精品红木——精选优品推介直播活动"在大涌红博城举行。大涌镇党委书记郭丛枢和镇党委副书记、镇长贺修虎走进直播间，亲身参与红木产品网络带货销售、推介大涌特色景点，为红木家具产业开拓"线上引流+实体消费"发展新模式，打通网络电商销售渠道，擦亮大涌红木区域品牌，积极主动为"湾区大涌、精品红木"代言。

3. 第四届中国（中山）新中式红木家具展

8月21日，作为红木界的风向标，也是目前全国行业首个且唯一的新中式红木家具展——第四届中国（中山）新中式红木家具展，在大涌红木文化博览城楼六层高峰论坛中心盛大开幕。受疫情影响，本届红木展作为2020年红木行业首场线下专业展会，以"国潮中式、优美生活"为主题，高度契合当下消费升级的大趋势和美好生活的需求，助力"湾区红木"闪耀全国。

4.2020中山大涌红木家具厂家直销节

2020中山大涌红木厂家直销节于9月12日至10月11日圆满举行。活动以"湾区大涌、乐购红木"为主题，以"政府主导、行业抱团、企业让利"的联动方式，联动镇内500多家红木企业，以"一口价""厂家价""折上折"等优惠方式，突显大涌红木源产地优势，塑造"大涌红木"高质量品牌，成为消费者真正得到实惠的购物狂欢节，成为撬动红木家具产业复苏的有力支点，成为探索传统产业新业态、新模式的创新范本。

五、面临问题

一是大涌红木家具企业家经营管理理念普遍保守、安于现状，产业整体创新发展存在较大难度。二是大涌"红创二代"培养有待加强，新一代企业主大部分由外地来大涌工作的师傅成长起来，且随着业务发展，将企业外迁的可能性较大，人才和资金支撑不够稳定。三是红木家具产业的扶持主要依赖于市级及以上的财政支持，对于本镇产业具体发

2020 中山大涌红木家具厂家直销节

展契合度不高，亟待强化有关扶持奖励机制，进一步强化政府导向，激励企业做大做强。四是土地资源不足，限制了红木产业大型项目投资和落地。五是镇级财政力度比较薄弱，宣传力度较另外两大红木家具生产基地欠优势。六是大涌红木家具产业"散、小、乱、污"现象严重，粗放型产业发展模式已不再适应新时代高质量发展的需求。

六、发展规划

新形势下，传统生产经营模式弊端日益显露，企业发展难以为继，转型升级迫在眉睫。中山市大涌镇党委、镇政府高度重视红木产业发展，多措并举积极推动红木产业转型发展。

一是加强政企合作，通过开展网络带货培训班、优品红木直播活动等渠道引导探索"新零售"发展路径；协助头部企业发展高端定制业务，引导中端红木和实木家具生产企业发挥大涌木制家具健康环保、优质耐用、独特中式设计等亮点，发展办公家具，努力开辟中式办公家具新市场。二是抢抓机遇，紧抓"双区"驱动机遇，主动融入参与中山科学城平台建设，打造大涌工业园区，谋划现代智能家具生产基地，推动红木行业与现代智能家具的融合。三是规范行业发展，整治"散、小、乱、污"现象，全面贯彻实施标准化战略，以标准促规范，大力营造公平竞争、诚信经营的市场环境。

中国苏作红木家具名镇——海虞

一、基本概况

1. 地区基本情况

海虞镇地处长江之滨，面积 109.97 平方千米。近年来被授予全国重点镇、国家卫生镇、全国环境优美镇、中国休闲服装名镇、全国小城镇建设示范镇、中国人居环境范例奖、全国发展改革试点小城镇、全国首批试点示范绿色低碳重点小城镇、全国特色小镇、中国苏作红木家具名镇、中国苏作红木产业转型升级重点镇、中国家具行业先进产业集群等荣誉称号。

海虞镇围绕"产业优、生态优、配套优、文化优、服务优"始终坚持五大发展理念，通过培育"1+5"产业特色，实施"乡村振兴"等战略措施，不断提高人民幸福指数，全力打造精致、特色、美丽的幸福家园。

2. 行业发展情况

海虞镇政府精耕"苏作红木"区域名片，培育特色产业集群，深挖文化底蕴内涵。目前全镇拥有红木家具生产企业及作坊 154 家，从业人员 6000 多人，孕育出了金蝙蝠、明艺、汇生等知名品牌，拥有一支设计精英队伍和一批擅于精雕细刻的能工巧匠，具有工艺美术名人和高级工艺师、工艺美术师等 20 多位的设计团队。产品远销海外，进入美国白宫、扎伊尔等十多个国家的总统府，并先后被中南海紫光阁、钓鱼台国宾馆等选用，被誉为"东方艺魂""文化瑰宝"。

3. 公共平台建设情况

海虞苏作红木家具商会 商会现有会员单位 40 家，从业人员 2000 多人，拥有先进的木材干燥设备及先进的木工机械设备 1000 多台套，生产品种达 1200 多种，生产规模在国内红木家具行业中名列前茅。商会不定期组织企业参加雕刻、木工等职业技能赛，参展全国各地的精品博览会、品鉴会，组织企业考察各大产区并进行学习交流，开阔眼界，增加产品创新发展的信念，引导会员提高新产品研发能力和工艺水平，携手发展海虞苏作红木产业。

中国红木家具文化研究院 中国红木家具文化研究院是根据中国家具协会、海虞镇人民政府在 2012 年 11 月 20 日签订的《共建中国苏作红木家具名镇协议书》中的有关内容要求成立的。研究院成立之后，积极组织海虞红木企业参加培训，加强了国内外红木家具的信息的交流，给生产企业提供了技术支持，为扩大对外交流建立了平台。经过多次参展国内外重大展会，扩大了"海虞苏作红木"这一特色产区的影响力，进一步推进了海虞苏作红木家具品牌建设与市场发展。

二、经济运营情况

2018 年，海虞红木家具产业在工业总产值、利税、出口额上都较上一年有小幅的增长；2019 年，海虞镇在同业竞争激烈、市场变化莫测的情况下，完成工业总产值 157400 万元，完成出口额 1035 万美元，与上一年基本持平；2020 年，受疫情的影响，海虞镇红木行业稍有下滑趋势，但总体影响较小。

2018—2020 年海虞镇家具行业发展情况汇总表

主要指标	2020 年	2019 年	2018 年
企业数量（个）	87	87	87
规模以上企业数量（个）	25	25	25
工业总产值（万元）	157392	157400	157410
主营业务收入（万元）	75910	75920	75920
出口值（万美元）	1029	1035	1037
家具产量（万件）	32.40	32.50	32.59

三、品牌发展及重点企业情况

海虞红木家具产业以小而精为主基调，以"工艺质量求生存、争创名优求发展"为发展理念，走精品发展之路，先后有一批明星企业脱颖而出。

1. 常熟市金蝙蝠工艺家具有限公司

公司创建于 1966 年，为江苏省老字号，生产的"金蝙蝠"家具荣获江苏省名牌产品称号及江苏省工艺美术百花奖；"金蝙蝠"牌红木家具 1998 年进入北京中南海紫光阁，1999 年进入钓鱼台国宾馆。

2. 江苏汇生红木家具有限公司

公司生产的红木家具在 20 世纪 80 年代就远销美国、日本、中国香港、新加坡等国家和地区。公司与美国的林氏公司保持着年销售 80 万美元左右的合作关系。产品获首届中国传统家具明式圈椅制作木工技能大赛铜奖。

3. 常熟市明艺红木家具有限公司

公司成立于 1992 年，有多项产品的设计获得了专利。产品于 2015 洛杉矶艺术博览会中国国家展展出，获首届中国精品红木坐具设计创新奖等多个奖项。

4. 苏州迎晨阁红木家具有限公司

公司为唐寅故居遗址家具进行制作与修复，产品获第三届"金斧奖"中国传统家具设计制作大赛逸品奖等多个奖项，其"迎晨阁"品牌获得中国红木苏作流派领袖的称号。公司法人的家庭获誉"中华木作世家"称号。

四、2020 年发展大事记

在红木家具行业普遍不景气的大背景下，企业发展模式遵循市场规律，更加注重设计、技术、管理、人才、品牌、文化等综合素质的整体提升。创新设计方面，有的企业淘汰陈旧的设备，以一部分新型的机器代替纯手工，既节约了时间又减少了成本；有的运用信誉与口碑吸引客户取得订单；有的把书画等文化艺术与红木家具相结合，开拓了艺术方面的潜在客户；有的运用独特销售模式，打开了一片市场。

为了把优秀传统文化的海虞红木发扬光大，海虞镇政府搭建"创意、创样"平台。一方面促使金蝙蝠工艺家具有限公司与苏常外国语学校成立非遗红木雕刻传承基地；一方面深挖海虞红木文化，经过多年走访挖掘，多次修改《海虞红木发展史》（暂宣名），把海虞红木的发展与苏作技艺的传承通过文字的形式记载下来。

五、2020 年活动汇总

6 月，中国红木家具文化研究院协助海虞镇安监办、海虞苏作红木商会在镇政府召开海虞镇红木商会安全生产座谈会，这是海虞苏作红木家具商会安全生产月的一个重要活动。通过此次培训，红木企业自觉落实自身责任，把安全工作做到位，把隐患扼杀在萌芽状态。

8 月，中国红木家具文化研究院协同海虞镇政府组织召开海虞镇木器台板行业整治暨培训大会。海虞镇红木企业众多，已形成完整的产业链和区域特色。为提升企业对环保的意识，海虞红木企业完善环保设施，从而严格管理、规范运营，确保红木家具原材料、处理工艺及成品环保，使海虞红木走得更好更远。

8 月，海虞红木商会协同中国红木家具文化研究院共同组织海虞雕刻选手参加常熟市职业技能竞赛活动，海虞雕刻选手在比赛中脱颖而出，夺得一等奖和三等奖的好成绩。

10 月，海虞雕刻选手参加第二届江苏省"东方红木杯"家具制作职业技能竞赛，海虞选手获得了好成绩。

海虞苏作红木家具文化 50 年成果展合影

11月，由江苏省家具行业协会、海虞镇人民政府主办，中国红木家具文化研究院与海虞红木商会承办的"2020'匠心苏韵'海虞苏作红木家具文化50年成果展"成功举办。中国家具协会理事长一行、江苏省家具协会会长等相关领导出席了此次活动。成果展设在海虞镇铜管山乡村振兴学院和方言馆，展出了海虞红木特色区域特点和传统手工艺大美，获得了业内人士的一致好评和肯定。成果展期间还举办了的精品家具评比活动和红木文化发展论坛，红木家具产业专家、学者、企业代表和红木家具爱好者会聚一堂，参观、鉴赏、交流，共享行业发展成果，共商行业发展方向。

中国红木（雕刻）家具之都——东阳

一、基本概况

1. 地区基本情况

东阳市地处浙江省中部，隶属于浙江省金华市，有1800多年历史，文化深厚，素有"婺之望县""歌山画水"之美称，被誉为著名的教育之乡、建筑之乡、工艺美术之乡、文化影视名城（三乡一城）。

作为著名的中国红木（雕刻）家具之都，传承千年的东阳木雕与红木家具不断融合发展，形成了独具特色的木雕红木家具产业。经历十余年的发展，东阳木雕红木家具产业更加完善。近年来，按照"做强做优做长久、规范融合强创新"的总体要求，大力推动木雕红木家具产业高质量发展，在全国形成了先发优势。

2. 行业发展情况

近年来，东阳综合施策打好规范提升"组合拳"，先后开展一系列针对"低散乱"整治专项行动，并以中央环保督察为契机，大力推进环保整治，倒逼木雕红木家具产业改造升级，为产业发展提供公平公正的良好环境。通过整治，全市现有木雕红木家具规上企业47家，经工商注册登记的红木家具生产企业1300余家。

发展至今，红木家具企业越发注重内功修炼，品牌意识、知识产权意识也大大增强。据统计，2020年全市红木家具行业新增授权专利600余件，其中发明专利2件，全行业累计授权专利3200余件；拥有浙江省商标品牌示范企业4家。

自东阳制订的《红木家具》《深色名贵硬木家具》两个"浙江制造"团体标准发布实施后，全市企业以"品质标"为规范严格执行。2020年，中信、大清翰林、御乾堂、国祥、古森、万家宜、华厦大不同、天禧等8家企业13个项目通过"浙江制造"品字标认证，其中卓木王红木家俱有限公司生产的深色名贵硬木家具（黑酸枝）通过国际互认，实现了东阳市"浙江制造"认证国际互认的"零"突破。

3. 公共平台建设情况

经过多年发展，东阳木雕红木家具产业已形成了东阳经济开发区、横店镇和南马镇三大产业基地，东阳中国木雕城、东阳红木家具市场和花园红木家具城三大交易市场，专业市场面积达120余万平方米，还有80余万其他红木家具卖场。

为了推进产业健康持续发展，东阳先后建成了中国木雕博物馆、国际会展中心等展示平台，并结合木雕小镇建设，建成了木材交易中心、木文化创意设计中心、中国东阳家具研究院以及国家木雕及红木制品质量监督检验中心、国家（东阳木雕）知识产权快速维权援助中心等平台。

为引导产业集聚，大力拓展发展空间，全力推进红木小微园建设。目前，已建成的红木小微园有南马万洋众创城、南市街道红木创业园，共占地200多亩（1亩=1/15公顷，下同），建筑面积达28万平方米。随着村居企业清零和治危拆违的大力推进，特色小镇和小微园成为今后红木家具产业集聚发展的主要平台。

二、品牌发展及重点企业情况

2020年，新冠肺炎疫情突如其来，给木雕红木家具产业带来极大冲击。为克服疫情带来的不利

中国木雕博物馆

影响,加快复工复产,东阳第一时间组建木雕红木产业工作专班,出台《关于扶持木雕红木产业发展的若干意见》,降低企业经营成本,并成立干部先锋队、驻企服务团,蹲点企业开展"三服务",及时为企业纾困解难。

同年,为扩大东阳木雕红木产业品牌影响力提供载体和渠道,东阳成功引入"新华社民族品牌工程"项目。为给木雕红木家具行业培养输送人才,浙江广厦建设职业技术大学开设了雕刻艺术与设计国际班。疫情下,东阳积极搭建线上平台,助力企业引流,建设了东阳木雕红木抖音直播基地、"花园购"新零售智慧红木市场。

此外,东阳木雕红木宣传片连续3年登录央视,"世界木雕·东阳红木"冠名高铁列车再度发车,辐射5省3市等东阳红木家具主要销售区域,知名度持续提升。

2020年,东阳红木家具企业不断进行自我突破、开拓创新,一批企业脱颖而出,呈现出了蒸蒸日上的发展态势。以明堂红木、中信红木、卓木王红木、苏阳红红木等为代表的东阳木雕红木龙头骨干企业逆势而上,为广大的木雕红木家具企业领路引航。以明堂红木为例,从2016年的G20杭州峰会、2017年金砖厦门峰会、2018年上合青岛峰会、2019年第七届世界军人运动会、"一带一路"峰会、上海进博会、澳门回归20周年、中韩领导人会议等,都有明堂红木制品的身影,持续叠加的品牌效应已经显现。

三、2020年发展大事记

1. 首届"中华大师汇"

2020年11月1—5日,以"初心·匠心·美好生活"为主题的首届"中华大师汇"在东阳中国木雕城举办,由中国工艺美术协会、中国家具协会、中国林业产业联合会、新华社民族品牌工程办公室、中国劳动学会、东阳市人民政府共同主办。活动期间,同步举办第十五届中国木雕竹编工艺美术博览会、第二届中国红木家具展览会,展会同期开展中华大师汇成果展、中华大师高峰论坛、第二届红木家具产业发展论坛、中国红木产业转型升级暨"放心消费长三角"研讨会、第三届中国(东阳)香文化论坛、新华社民族品牌工程企业代表看东阳等系列重要活动。

本次活动中,大师巧匠珍品汇聚,民间文创新品云集。6个主要展区,特色鲜明、精彩纷呈。中国工艺美术大师创新作品展,展示全国百名大师创作的木雕、根雕、竹制工艺品、陶瓷、玉器、漆器、刺绣、编织、花画等13大类工艺品;"中式好空间"整装精品展区,展出11套"中式好空间"、讲述11个中国好故事,让"美丽的家具会说话",反映新时代人民美好生活的愿景；2020"中国的椅子——聚艺·东阳"原创作品展区，从全国各地高等院校、设计机构、家具生产制造企业选送的 571 件椅子原创作品中遴选出 100 件进行展示；"红创二代"新品展区，展出全国各地有代表性的"红创二代"创作的红木家具新品；浙江（金华）工艺美术精品展，对金华市籍工艺美术大师创作的 412 件精品进行展示；东阳旅游产品展区，展示具有东阳特色的旅游文创产品。

2. 第四届全国家具职业技能竞赛

2020 年 10 月 31 日—11 月 2 日，2020 年全国行业职业技能竞赛——第四届全国家具职业技能竞赛总决赛在东阳中国木雕城国际会展中心举行。本次竞赛由中国轻工业联合会、中国家具协会、中国就业培训技术指导中心、中国财贸轻纺烟草工会全国委员会主办，东阳市人民政府承办。不同于往年单一工种竞赛，第四届全国家具职业技能竞赛分为手工木工和家具设计师两个赛项。手工木工竞赛共有 55 名职工选手参赛；家具设计师竞赛共有 54 名选手参赛。

经过激烈角逐，东阳赛区选手凭借扎实的制作功底和赛前的努力练习，在总决赛的两个职业技能竞赛项目上均获得优异的成绩。浙江东阳赛区选手陈李强斩获总决赛手工木工组桂冠，且在总决赛前十五席中，东阳赛区选手占据五席。

"中华大师汇"开幕式

"红创二代"新品展合照

第四届全国家具职业技能竞赛东阳分赛

中国京作古典家具产业基地、中国京作古典家具发祥地——涞水

一、基本概况

1. 行业发展情况

涞水古典红木家具已有300多年的历史，是中国家具协会评定的"中国京作古典家具发祥地"，同时又是中国家具协会与涞水县人民政府共建的"中国京作古典家具产业基地"。

目前，涞水京作红木家具制销企业400余家，熟练技师近千人，从业人员上万人。2020年产值达10亿元，销售收入达12亿元。涞水与其他产区相比，虽然规模较小，但独有的区位优势、京作红木传统文化优势及享有的京津冀协同发展战略优势，使涞水红木产业发展潜力巨大，后发优势明显，正成为承接北京产业转移和外溢的首选地。

2. 公共平台建设情况

2020年，根据中共河北省委、河北省人民政府《关于建设特色小镇的指导意见》，为有效再现和保护京作古典家具的历史文化，充分挖掘京作古典家具的深刻内涵和文化价值，河北尚霖文化产业园投资有限公司牵头、协会配合，在县城北部规划"中国京作古典家具艺术小镇"（以下简称"小镇"）。

小镇以建设具有典范意义的特色小镇为目标，着力打造中国京作古典家具文化产业高地、环北京医疗养生度假目的地、国家4A级精品旅游区。建设京作古典家具产业园区、京作古典家具创意展示区、京作古典家具文化体验区、京作古典家具产业综合配套区、国际乡村营地公园、拒马河生态文化公园六大功能板块。项目建成后，将成为全国北方最具特色的古典家具、艺术品、工艺品展示、销售市场，京郊传统文化创意基地、儿童科普教育基地、京郊新兴特色旅游目标地以及北方最具特色的古典家具文化旅游目的地。

目前，小镇被中国城镇化促进会列入全国首批103个特色小镇培育名单；被河北省人民政府评定入围"河北省首批特色小镇"30个创建类小镇名单；小镇概念性规划已编制完成。小镇项目征地工作稳步推行，配套工程紧密进行中。

2018—2020年涞水县家具行业发展情况汇总表

主要指标	2020年	2019年	2018年
企业数量（个）	400	410	413
规模以上企业数量（个）	8	8	8
工业总产值（万元）	120000	140000	156000
规模以上企业工业总产值（万元）	11000	12000	13500
内销额（万元）	135000	170000	184000
家具产量（万件）	2.0	2.2	2.8

二、品牌及重点企业

目前，涞水已先后推出珍木堂、森元宏、永蕊缘、万铭森、乾和祥、艺联、易联升、艺宝、精佳、古艺坊、琨鑫等多个品牌。河北古艺坊家具制造股份有限公司成功挂牌石家庄股权交易所，是河北省高新技术企业。

1. 涞水县珍木堂红木家具有限公司

公司是涞水县古典艺术家具协会会长单位。公

司成立于 2008 年，占地面积 20 亩，总资产 1.2 亿元。年生产古典红木家具 3000 件（套）。公司成立以来立足深厚的京作家具文化积淀，大力弘扬京作文化及传统工艺，努力创建具有涞水特色的古典红木家具系列。"珍木堂"品牌深受红木消费者喜爱。2014 年在保定市首届乡土艺术成果展中，公司参评作品黄花梨《根雕龙凤呈祥》荣获优秀精品奖。2014 年 12 月公司被保定市文广新局授予"保定市第二批文化产业示范基地"。2015 年被河北省科技厅命名"河北省科技型中小企业"。2020 年销售收入 0.8 亿元，产值达 6000 万元。

2. 涞水县万铭森家具制造有限公司

公司创立于 2014 年，注册资金 500 万元，年生产红木家具 3000 件，建筑面积 1 万余平方米，占地 20 亩，职工 54 人。公司主要生产大果紫檀及老挝红酸枝红木家具，包括客厅、餐厅、书房、卧房、休闲、中堂等六大精品系列明式风格京作古典家具，品种达百余款。2020 年销售收入达 0.7 亿元，产值达 5500 万元。

3. 河北古艺坊家具制造股份有限公司

公司始创于 1996 年，原名"涞水县古艺坊硬木家具厂"，2005 年成立古艺坊家居文化创作室，并于 2014 年 2 月在石家庄股交所成功挂牌。2014 年被国家认定为高新技术企业。公司占地 43 亩，有中式家具专业技术人员 270 名，在省内外拥有独立家具专卖机构 27 家，已在北京、石家庄、保定设立市场拓展部，年生产销售现代中式家具 25000 件，公司总资产 5000 多万元。公司下辖 3 个自主品牌，"古艺坊"主营现代中式榆木家具；"和安泰"主营古典红木家具；"元永贞"主营高档民用家具。2020 年销售收入达 1.2 亿元，产值达 9000 万元。

4. 涞水县永蕊家具坊

公司是一家专业制作、修复各式明清硬木家具的手工企业。公司手工艺人们将木雕、字画、古玩、窗花等艺术点缀其中，融会贯通，使每一件家具都成为了一件赏心悦目的艺术品。2010 年 7 月首届中国中式家具精品展上，永蕊家具坊参展作品《梅花画案》被中国工艺美术学会授予工艺特色奖。2020 年销售收入达 0.3 亿元，产值达 1500 万元。

5. 涞水县森源仿古家具厂

公司创建于 1997 年，占地 15 亩，是涞水县古典艺术家具协会常务副会长单位。公司主要生产书房、客厅、卧室系列红木家具及各种工艺品；家具制作材料以红酸枝为主；风格以明式、清式家具设计风格为主，重结构、少装饰，重整体简洁厚重、轻奢华雍容。2020 年销售收入达 0.3 亿元，产值达 1000 万元。

三、2020 年发展大事记

3 月 21 日，涞水县委书记王江调研红木家具产业；4 月 9 日，涞水县常务副县长张晓峰调研红木家具产业现状；7 月 19 日，国务院扶贫办陈志刚调研电商、红木家具及文玩核桃产业。8 月 23—25 日，组织全国行业职业技能竞赛第四届全国家具职业竞赛涞水选拔赛；8 月 25 日，举办涞水县第七届京作红木文化节暨第六届文玩核桃博览会。10 月 31 日—11 月 02 日，涞水分赛区 5 名优胜选手赴浙江东阳参加 2020 年全国行业职业技能竞赛——第四届全国家具职业技能竞赛总决赛，珍木堂选手李永强、万铭森选手任长胜荣获工匠之星·铜奖（全国轻工行业技术能手）。

四、面临问题

企业规模小，无法形成强企优企的引领、带动作用；创新、技术力量弱，制约产业优化升级；专业人才缺，产业发展动力和后劲不足；企业运营不规范，缺乏科学管理现代企业的观念和方法；品牌产品少，低价竞争阻碍了家具行业的发展。

传统家具产区

中国广作红木特色小镇——石碁

一、基本概况

石碁红木小镇位于广州市番禺区石碁镇,是《粤港澳大湾区发展规划纲要》中提及的黄金地带,是粤港澳大湾区内核之一。

石碁镇是广州地区重要的广作红木家具制作技艺传承发展地之一。自2018年7月南浦村红木小镇成功引入碧桂园集团进行合作建设,现阶段中国广作红木特色小镇正如火如荼地建设中,同时,为解决产业集群内红木家具企业生产用地困难,石碁镇政府正积极考虑申请划拨100余亩用地供产业集群企业用于生产使用,解决生产问题。未来,石碁红木小镇项目肩负城市更新标杆、产业升级和文化传承的历史使命,未来将建设成为"广作红木国际艺术展示窗口""广府艺术文化旅游名片"和"华南地区首个智能家居创新平台",将成为番禺东部崛起战略产业载体。

二、品牌及重点企业情况

作为中国广作特色红木小镇集群,在品牌打造方面,石碁红木小镇拥有自有品牌商标"石碁红木"。2020年10月,"石碁红木"获得广州市番禺区市场监督局拨入集体商标品牌荣誉单位奖励,未来在品牌打造方面继续砥砺前行。

广州市番禺永华家具有限公司作为石碁红木产业集群的龙头企业、全国重点红木家具品牌,公司在2020年获得多项殊荣。2020年9月,公司荣获广东省质量体验协会常务理事单位;10月,公司荣获中国家具协会第七届理事会副理事长单位等。10月,公司董事长陈达强荣任中国家具协会第七届理事会副理事长;同时,公司董事长陈达强被认定为广州市非物质文化遗产代表性项目"广式硬木家具制作技艺"的代表性传承人。

三、2020年发展大事记

2020年新冠肺炎疫情发生后,石碁红木小镇紧跟网络直播带货潮流,开展多场区长带货、镇长亲自挂帅的带货活动。6月,石碁红木小镇首次尝试

镇领导直播带货

红木特色小镇效果图

红木网络直播带货，番禺区领导、石碁镇领导为石碁红木小镇代言，亲自上阵充当网红带货主播，坐镇"番禺网络四九墟直播马拉松"网络直播带货活动，多件精美红木家具上线即秒光，情况热烈为未来探索石碁红木自媒体探索之路多一份信心。

11月1日，石碁红木小镇组织产业集群内优秀技能选手参与在浙江东阳举行的全国行业职业技能竞赛——第四届全国家具职业技能竞赛总决赛，广州市永华家具有限公司选手王志国、邱海平、姚帮庆和广州广作工艺家具有限公司选手潘成柱获得本次大赛"工匠之星·优秀奖"；广州市永华家具有限公司王志国、邱海平、姚帮庆、陈双明和广州广作工艺家具有限公司潘成柱选手获得"中国家具行业技术能手"荣誉称号。广州番禺赛区石碁镇政府、广州市番禺区石碁古典红木家具行业协会获"优秀组织奖"。

四、发展规划

石碁以高端精品家具而著称，是广作技艺的代表。石碁红木小镇未来也将拥抱大数据，结合国家对科技发展的支持，开启"智慧创变，传统产业集群式升级"模式，助力红木产业智能制造发展与升级。

红木小镇未来规划将打造集行业顶级人才于一体的工作室机制，营造浓厚文化氛围，培养新一代广作红木人，同时加强与各大院校合作联系，鼓励校企加强合作，寻找并培育家具制作、营销人才，在传承中创新，为红木产业注入新动能，新血液，开创无限新可能。支持科技创新企业集群式发展，将红木家具产业延伸发展文化创意、智能家居、家居家具等产业链条，保护发展红木家具产业集群并形成产业生态集群。

未来石碁红木特色小镇将以全新的面貌呈现，在原来的基础下打造新式智能红木平台，集工业、商业、服务业、旅游业、文化产业于一体宜居宜业宜游优质生活圈。未来规划中将有红木文化商业街区、智能家居体验中心、创新企业总部集群、臻品匠心艺术酒店等。困扰红木家具制造业的环保问题也将在产业升级中得到解决，未来红木小镇规划将红木家具制造涉及环保的生产环节集合化管理，真正实现家具产业园内产业升级，向集生产、物流、商贸、体验、休闲、观光、服务、教育、电子商务于一体的转变，加快发展红木产业新业态、新经济。

中国家具产业集群
——木质家具产区

木质家具是家具行业中最重要的子行业，产量、主营业务收入和利税总量等各项指标均位居家具行业首位。据国家统计局数据显示，2020年木质家具制造子行业规模以上企业4182家，完成工业增加值增速-6.4%；累计实现营业收入4087.20亿元，同比下降8.43%；实现利润224.22亿元，同比下降15.65%；营业收入利润率为5.49%；完成出口交货值614.53亿元，同比下降17.08%。

木质家具质轻、强度高、易于加工，天然的纹理和色泽，手感好，使人感到亲切等特点。木质家具制造业的上游主要为木材加工业，我国是少林国家，木材供给方面存在较大缺口，人造板家具、钢木家具应运而生，可以节约大量木材，提高木材使用率。目前我国家具企业所生产的家具种类品种非常丰富，但是木质家具依然最受欢迎，生产企业数量位居全国首位。

2020年，木质家具产量前五位的地区依次是广东、浙江、山东、福建、江西，其中广东累计产量6063.20万件，占全国木质家具产量（下同）的18.85%；浙江累计4229.39万件，占13.15%；山东累计3471.44万件，占10.80%；福建累计3456.54万件，占10.75%；江西累计3437.62万件，占10.69%。产量前十位的地区中，江苏、安徽、山东、浙江产量同比实现正增长，增速依次居前，其中江苏同比增长90.92%，涨幅最大。

从产业集群角度看，江西南康、四川崇州、山东宁津、浙江玉环等地的木质家具生产较为集中，广西容县的胶合板弯板、广西融水的香杉家居板材都是较为特色的家居板材生产基地，为木质家具制造提供了优质材料来源。

山东 / 宁津

宁津县家具以实木为特色和优势，共有家具生产企业27200家，规模以上企业数量230家。2020年宁津家具产业实现工业总产值117亿元。同年，宁津县家具行业商会成立，成为山东首个县级家具行业商会。成立大会上，宁津县家具产业办、宁津县家具行业商会与山东省家具协会、廊坊香河家具市场、霸州胜芳家具市场、淄博周村区家具产业联合会、兰华家具市场签署战略合作框架协议。

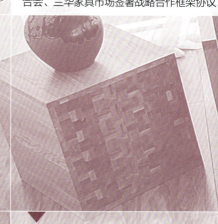

浙江 / 玉环

玉环市家具经过30多年的发展，已形成产业链完整的产业集群发展模式，尤其是新古典家具和欧式家具，其产品质量和工艺水平处于全国领先地位。2020年，玉环市家具企业268家，规模以上企业23家，家具产量76万件。5月，玉环市政府、行业协会、精品家具城联合举办时尚家居旅购节，打造时尚家居新地标；同期举办玉环家具新品发布会，100多款最新力作盛宴上演。

四川 / 崇州

崇州市拥有本土家具生产龙头企业全友家私、明珠家具,以及业内领军企业索菲亚、尚品宅配、喜临门等各类家具企业1000家,相关从业人员7万余人,主要从事板式、实木、藤编、艺雕、钢木家具的研发、生产及销售。2020年总产值约300亿元,规上家具企业50家,规上总产值约91亿元,上缴税收4.4亿元。

江西 / 南康

家具产业是南康区首位产业。2020年,南康家具交易市场面积300万平方米,市场面积和交易额位居全国三强,家具产业集群产值突破2000亿元,顺利完成全年发展目标。同年,南康家具电商交易超570亿元,南康家具产业带实现了从参与跟跑到提速并跑,再到赶超领跑的历史性跨越。

广西 / 融水

融水县木材加工产品主要是以香杉板材为主,其中生产高级免漆家居板、细木工板、齿接板等香杉家居板材深加工企业300多家,其他竹木加工企业20多家。融水香杉家居板材精选融水大苗山区域优质杉木为原材料,产品具有防潮耐腐、不易变形、绿色环保等特色性能,是久经考验的传统材料。

广西 / 容县

容县是广西林业大县,拥有大片速丰林产。目前,容县共有林产企业560多家,其中有80多家异型胶合板企业,生产各种高级办公椅系列椅板和家具。占领了广东异型胶合板市场的80%份额。异型胶合板产业产品的异军突起,使全县全年林产工业总产值达23.6亿元。

中国实木家具之乡——宁津

一、基本概况

1. 地区基本情况

宁津县位于山东省西北部冀鲁交界处,东邻乐陵市,南连陵县,西与北以漳卫新河为界,与河北省的吴桥、东光、南皮三县隔河相望。区划面积833平方千米,人口49万,是中国五金机械产业城、中国实木家具之乡、中国桌椅之乡、山东省实木家具示范县、山东省优质木制家具生产基地、山东省实木家具产业基地、中国民间艺术(杂技)之乡和中华蟋蟀第一县。

2. 行业发展情况

宁津家具产业起源于20世纪90年代,经政府积极扶持引导,逐渐走出了一条由小到大、由弱到强、由分散到集聚的产业化道路,成为当地的三大支柱产业之一,是促进当地经济发展和群众增收的重要引擎。产品远销国内多个省市并出口到美国、韩国、德国等30多个国家和地区。宁津家具产业已经成为全县的特色产业、富民产业和优势产业,取得了一个又一个灿烂的荣誉,逐渐声名鹊起、享誉全国。

2004年,被中国轻工业联合会、中国家具协会授予"中国桌椅之乡";2008年,被评为"中国家具十佳产业转移基地";2009年,成为"山东省出口木制品及家具质量安全监管示范区",2010年,成为"山东省优质木制家具生产基地";2011年,被授予"山东省实木家具示范县",荣获中国家具产业链模式创新金奖;2012年,被评为"中国实木家具之乡";2013年,荣获中国家具优秀产业集群奖;2014年,荣获"山东省实木家具产业基地"称号;2017年,荣获"中国轻工业特色区域和产业集群创新升级示范区"称号;2019年,荣获"中国家具行业突出贡献单位"称号。

2020年,为顺应市场竞争促进家居产业提档升级,克服企业小散、资源不集中、恶性无序竞争等痛点,成立宁津县家具行业商会,这也是山东首个县级家具行业商会。商会将在参会参展、原材料集中采购、克服无序竞争等方面发挥积极作用,实现资源共享、平台共用、供需对接。在商会成立大会上,宁津县家具产业办、宁津县家具行业商会与山东省家具协会、廊坊香河家具市场、霸州胜芳家具市场、淄博周村区家具产业联合会、兰华家具市场签署战略合作框架协议,共同打造并培育山东实木家具品牌。

3. 公共平台建设情况

宁津家具产业集群以宁津家具梦工场为引领,加快家具产业"五中心一平台"建设,推动信息技术、产品设计研发、生产制造高度融合,融入智能家居理念,打造中国实木家具个性化定制生产基地。以品牌高端化,提高特色产业竞争力。宁津家具梦工场是山东省首家家具创意主题孵化器、创客空间,占地3000多平方米,共包含"五区两中心",分别是:光影展示区、公共服务区、智能家具区、品牌展示区、联合办公区、设计中心、电商中心,是集创新创业、研发设计、品牌孵化、精品展示于一体的家具产业创新龙头。

二、经济运营情况

2018—2020 年宁津县家具行业发展情况汇总表（生产型）

主要指标	2020 年	2019 年	2018 年
企业数量（个）	2700	2870	3078
规模以上企业数量（个）	230	237	256
工业总产值（万元）	1170000	1163000	1183600
主营业务收入（万元）	1130000	1150100	1152800
出口值（万美元）	1560	2350	2750
内销额（万元）	1119000	1133000	1107800
家具产量（万件）	970	1050	850

2018—2020 年宁津县家具行业发展情况汇总表（流通型）

主要指标	2020 年	2019 年	2018 年
商场销售总面积（万平方米）	11.5	11.5	12
商场数量（个）	55	55	54
入驻品牌数量（个）	150	132	105
销售额（万元）	55000	53000	50000
家具销量（万件）	67.8	66	50

2018—2020 年宁津县家具行业发展情况汇总表（产业园）

主要指标	2020 年	2019 年	2018 年
园区规划面积（万平方米）	112	112	112
已投产面积（万平方米）	60	60	55
入驻企业数量（个）	230	190	170
家具生产企业数量（个）	201	187	167
配套产业企业数量（个）	19	3	3
工业总产值（万元）	480000	463200	441000
主营业务收入（万元）	462000	457800	430000
利税（万元）	108000	113000	109000
出口值（万美元）	962	773	830
内销额（万元）	455000	452700	425000
家具产量（万件）	500	420	289

三、品牌发展及重点企业情况

目前全县拥有"兴强""万赢""吉祥木""德克"4 个山东省名牌产品和"美瑞克"1 个山东省著名商标。

1. 山东华诺家具有限公司

公司由廊坊华日家具股份有限公司投资 19.5 亿元建设，主要生产木门、办公酒店家具、软体沙发等产品。

2. 斯可馨家具北方基地

该项目由江苏斯可馨家具股份有限公司投资建设，总投资 10 亿，固定投资 8 亿，年产 30 万套家具，年销售收入 20 亿，利税 2.5 亿。

3. 宁津县三江木业有限公司

公司是一家拥有自营进出口权的技术密集型家具企业，产品获得全国 13 个家具质量检测机构认证，成为绿色家具名牌产品，出口韩国、日本等地。

4. 宁津宏发木业有限公司

公司是一家专业从事餐桌、餐椅生产的企业，是"全国民营企业重点骨干企业"，原材料由德国、法国直接购进，产品主要出口澳大利亚、欧美、东亚、阿拉伯等国家和地区。每年可生产各种高档餐桌椅 50000 套。

5. 山东德克家具有限公司

公司是一家集生产、销售、科研于一体的现代化家具制造企业，也是全县家具行业的龙头示范企业之一。主要生产高档实木餐桌、餐椅，产品先后荣获"山东名牌""绿色环保产品""消费者满意产品"等荣誉称号。

6. 山东鸿源家具有限公司

公司是宁津家具行业的龙头示范企业之一，是实木家具生产企业，拥有从台湾引进的先进生产设备 180 台套，专业生产星级酒店客房、餐厅及办公家具，产品于 2006 年荣获"山东名牌"称号。

四、2020 年发展大事记

中国轻工业联合会公布"2020 年度轻工行业中小企业公共服务示范平台名单","宁津家具梦工场"成功入选,这是宁津县家具产业平台建设方面取得的又一重要成果。

五、2020 年活动汇总

12月22日,山东省首家县级家具行业商会——宁津县家具行业商会成立大会隆重举行。会议选举产生了以山东华日家具有限公司总经理王金闯为会长的第一届领导班子。与会领导和嘉宾为商会会长、副会长单位授牌。会上,宁津县家具产业办、宁津县家具行业商会与山东省家具协会、廊坊香河家具市场、霸州胜芳家具市场、淄博周村区家具产业联合会、兰华家具市场签署战略合作框架协议。

中国欧式古典家具生产基地——玉环

一、基本情况

1. 地区基本情况

2020年是极其特殊、极具考验、极不平凡的一年。一年来，玉环市委、市政府团结带领全市人民同疫情较量、同时间赛跑、同困难斗争；克服压力、迎难而上，经济实现逆势增长；保持定力、多元赋能，转型升级步伐加快；开足马力、克难攻坚，项目成果丰硕，成功实现了"两战两赢"。全市工业总产值1463.3亿元，其中自营出口值225.0亿元；规模以上工业产值843.4亿元；全市生产总值达632.6亿元，增长3.1%；财政总收入80.3亿元；城镇、农村居民人均可支配收入分别达74492元、37645元，分别增长4.4%和6.5%。

2. 行业发展情况

2020年，行业以市场为导向，调整产品结构，开发时尚产品。以客户为中心，运用微信公众号平台、朋友圈、小程序、直播平台、抖音等渠道，直观、动态地向客户展示产品，拉近与客户的距离。以"互联网+"为平台，构建线上线下融合齐奏的商业思维与营销新模式。以创新为驱动，运用新技术、新元素、新工艺、新模式，不断提升企业综合实力和核心竞争力。以活动为途径，精心策划，周密部署，举办时尚家居旅购节。指导企业，积极应对，新冠肺炎疫情有效防控。但受疫情冲击，经济低迷等多重因数的影响，产值下降幅度较大，十几家企业经不住抗衡而被洗牌出局。

3. 公共平台建设情况

时尚家居小镇投用。时尚家居小镇作为玉环精品家具的重要窗口、贸易展区，行业以时尚家居小镇投用为契机，打造时尚家居新地标，推动家具行业重新焕发生机；指导企业紧跟市场变化，紧贴消费者需求，开发差异化、定制化、高端化新品，为用户打造更美、更舒适、更高品质的时尚家具。

构建家具产业创新综合服务体。政府在时尚家居小镇构建家具产业创新综合服务体，以精品家具城、时尚家居小镇投用为契机，引领企业以客户为中心、以市场为导向，开发时尚新品，创新营销模式，加强品牌建设和内部管理，不断提升产品品质和核心竞争力，打开家具产业发展新局面，构筑发展新动能。

多方共建欧式家具研究院。借助该研究院的平台，邀请南京林业大学教授、行业专家、政府部门领导、协会企业负责人召开家具产业发展研讨会，分析玉环家具的现状和劣势，预判行业发展趋势，研究产业优化升级之路、创新发展之道，重点研讨结构调整、品牌建设、技艺改造、营销模式、转型升级、市场开拓等课题，努力把欧式家具研究院打造成成果转化的示范区、技术创新的试验田、"产学研用"的孵化器。

二、经济运营情况

2020年受内外多重因数影响，企业数量和规模以上企业数减少，工业总产值和主营业务收入下滑较大，内外销形势严峻。

2018—2020年玉环市家具行业发展情况汇总表

主要指标	2020年	2019年	2018年
企业数量（个）	268	285	286
规模以上企业数量（个）	23	33	35
工业总产值（万元）	356100	446400	461200
主营业务收入（万元）	324000	415200	427400
出口值（万美元）	10250	15060	17270
内销额（万元）	287800	341000	3343800
家具产量（万件）	76	93	95

三、品牌发展及重点企业情况

新冠肺炎疫情催生行业变革，引领企业顺应趋势，实现新旧动能转换，做好五项变革（质量变革、效率变革、动力变革、产品变革、经营变革）。年轻消费主力更偏向于实用性与现代简约风，欧式家具难以吸引现代消费主群体，研发时尚新品、全屋定制，深化品牌形象，对产品的品质、工艺和设计等做出更新迭代，满足不断变化的消费升级需求。随着综合成本的不断上升，玉环家具的优势不断弱化，订单逐步向价格更低的东南亚国家转移，面对挑战，加大研发投入，推动技术攻关和行业标准制订，搭建平台，建立以市场为导向、客户为中心的互联网化营销新模式和体验式场景，拉动销售，抢占市场份额。

1. 浙江新诺贝家居有限公司

公司实施"卓越绩效模式"和"6S"现场管理模式，建立了完整、严密、行之有效的质量管理体系，并将质量的内涵从单一的家具产品质量拓展到企业整体的经营管理质量，不断提升产品附加值和市场竞争力。2020年，推进业务结构调整，加大技改投入；拓宽营销活动形式，助推品牌战略建设；创新客户关系管理，深入推进大客户战略。公司主营业务收入1.48亿元，利润总额1906万元，上缴税金1273万元。公司先后获得中国泛装饰行业最具发展潜力企业、中国家具行业优秀企业、浙江省家具行业领军企业、玉环市玉龙企业等荣誉称号。

2. 浙江欧宜风家具有限公司

公司坚持"客户中心、品牌驱动、内外并举、线上线下同销"经营理念，力求个性的设计，细腻的工艺，追求高标的品质，精心打造"欧宜风"品牌文化，生产的欧式、轻奢、极简家具系列与时尚完美结合。运用"互联网+体验"营销模式，打造多元化消费场景，给用户创造新的生活空间与环境，将高品位的家居艺术带入人们的生活中，赢得了国内外客户的好评与信赖。

3. 玉环国森家具有限公司

公司紧跟时代潮流，用一流的工艺、产品、质量、款式、服务创造国森品牌。现代美式为更多年轻人开发出高雅尊贵、时尚简约、现代气息的新品牌，轻奢系列更体现了国森的文化内涵与设计魅力。在市场营销中注入新载体，建设国森家居体验中心，推出最新系列全屋家具温馨时尚、新颖独特，人性化的家居生活体验间，为用户打造更美、更舒适、更高品质的生活方式，通过进店体验，打造多元化消费场景，构建一站式购物和艺术家居体验平台。

4. 浙江大风范家具有限公司

公司专注高端沙发32年，品牌定位升级为"出门坐奔驰，回家坐大风范"。2020年，公司及时调整运营策略，围绕品牌定位，聚焦高端沙发，持续打造大风范欧式家具首选品牌；以加强店铺运营管理为主，积极开展营销活动，加强区域交流；不断深耕挖掘成本机会，继续聚焦在低成本、短周期、高品质的目标上，提出许多务实创新办法。公司获得"国家高新技术企业"荣誉称号。

四、2020年发展大事记

1. 新冠肺炎疫情有效防控

2020年开春，行业线下门店销售一度陷入停滞状态，企业开工不断延期以及上下游产业受到冲击使行业重创。行业提出企业复工复产疫情防控建议，指导企业积极应对，一手抓疫情防控，一手抓复工复产，危机中求新谋变，困境中寻求商机。玉环家具协会向玉环市红十字会捐款5万元抗击疫情。

2. 产品结构加快调整

结合消费主群体转型和消费者需求升级，玉环欧式、新古典家具优势不断弱化。企业通过对年轻消费者喜好以及主流房型的研究，注重品牌升级和产品结构调整，在做好、做精欧式和新古典家具的同时，开发高质量的轻奢、新中式、现代美式等不同档次、不同风格的时尚新品，缩短产品更新周期。

3. 线上线下加速融合

以营销为突破口，挖掘市场潜力，利用"互联网+"重构产品销售渠道，线上线下融合，改变加盟店、代理商的单一方式，促进家具销售多元化发展。新诺贝等企业运用微信公众号平台、朋友圈、小程序、直播平台、云办公等渠道，直观、动态地向大众展示产品，使大众对产品有全方位的了解，从而促动交易。

4. 出台政策扶持产业发展

政府先后出台《玉环家具行业专项扶持政策》《关于应对疫情支持中小企业共渡难关的十条意见》《关于支持外贸稳定发展的十条意见》《玉环市促进电子商务发展的若干扶持政策》等政策，解决行业发展瓶颈，补齐产业结构短板，推动产业高质量发展。鼓励家具出口企业接单，做大外贸，出口企业的信用保险费由政府买单。

5. 制订"十四五"产业发展规划

根据玉环家具的现状，分析预判产业发展趋势，制订"十四五"家具产业发展规划。依托玉环欧式家具、新古典家具生产工艺优势，借助玉环国际精品家具城与玉环时尚家居小镇，发挥产业集聚效应，巩固扩大市场份额；以"创新驱动、技术改造、环境治理、优化升级"为方向，推动产业转型升级，促进产业精细化分工，优化产业结构；开辟国内外新市场和网络市场，巩固俄罗斯、乌克兰、中东等市场，开拓欧美高端市场。到2025年，家具制造产业实现工业总产值100亿元。

五、2020年活动汇总

1. 举办时尚家居旅购节

5月1日—6月15日，玉环市政府、行业协会、精品家具城联合举办时尚家居旅购节，50多家企业参与，100多个品牌展示，努力打造时尚家居新地标。旅购节期间，开展刷抖音抽大奖、上微信抢爆款、与设计名家云对话等线上活动，帮助企业结合互联网实现与消费者快速结合，使客户足不出户实现"时尚家居小镇"体验，了解玉环众多企业新品发布。同时，运用各种媒体向周边县市宣传时尚家居旅购节，吸引周边县市消费群体来玉环订购家具。

2. 举办新品发布会

5月11日，玉环家具新品发布会在家具产业创新综合服务体举行，100多款最新力作盛宴上演。

时尚家居旅购节

政府领导、行业组织、精英设计师、知名装饰企业代表等百余位行业精英人士齐聚玉环时尚家居小镇，参加"欧式家具新定义"暨2020玉环家具新品发布盛典，共同品鉴家具企业最新力作，共商家具企业、设计师、家装企业合作新模式。新品发布会通过全品类全场景的新品体验，与设计大咖共话当代人居新理念，居家生活新方案，并通过直播互动等方式向全球用户传递玉环时尚家居、欧式家具新定义。

3. 组织企业参展

组织17家企业分别参加广州、东莞、上海家具展览会。参展企业携最新产品亮相各大展会，再一次给经销商们展示了玉环家具的魅力和实力；行业借助展会平台，利用各类媒体宣传玉环家具品牌，进一步提升玉环家具的知名度。"宫廷壹号"在第46届中国（上海）国际家具博览会上获得"2020年CIFF TOP100品牌"称号。

4. 组织骨干企业赴上海、海安考察学习

考察团一行先后参观考察上海"剪刀·石头·布"家具商场、德国海蒂诗上海体验中心、海安家具产业园等。了解海蒂诗五金解决方案在家居生活中生动应用；获悉海安家具产业发展概况、政府支持家具产业发展举措和良好的发展态势。行业将加强交流、加强合作，突破"研、产、供、销"困境，开启玉环家具产业发展新征程。

中国板式家具产业基地——崇州

一、基本概况

1. 行业基本情况

四川家具产业以木质家具为主,占领了全国板式家具二三级市场的半壁江山,主要生产企业80%集中在成都及周边地区。家具产业是崇州市的传统优势产业,是大力发展的主导产业之一,崇州也是成都市指定的家具产业集群发展基地。

2. 公共平台建设情况

目前,崇州家具企业共有国家级企业技术中心1个,省级技术中心2个,省级工业设计中心1个,市级企业技术中心1个,市级工业设计中心6个,高新技术企业10家,专精特新企业3家。

二、经济运营情况

现阶段,崇州市已拥有各类家具企业1000家,相关从业人员7万余人,2020年总产值约300亿元,规上家具企业50家,规上总产值约91亿元,上缴税收4.4亿元。企业主要从事板式、实木、藤编、艺雕、钢木家具的研发、生产及销售,家具规模以上企业主要集中在崇州经济开发区。

崇州经济开发区全景

2018—2020年崇州市家具行业发展情况汇总表（生产型）

主要指标	2020年	2019年	2018年
企业数量（个）	242（经开区）	264	233
规模以上企业数量（个）	50（经开区）	40	34
工业总产值（万元）	908365（经开区规上）	894853（经开区规上）	843654（经开区规上）
主营业务收入（万元）	903326（经开区规上）	901481（经开区规上）	818296（经开区规上）
出口值（万美元）	473	523	667

2018—2020年崇州市家具行业发展情况汇总表（产业园）

主要指标	2020年	2019年	2018年
园区规划面积（万平方米）	2060	2060	2041
已投产面积（万平方米）	1850	1067	—
入驻企业数量（个）	719	695	671
家具生产企业数量（个）	169	264	233
配套产业企业数量（个）	73	—	—
规模以上家具企业工业总产值（万元）	908365	894853	843654
规模以上家具企业主营业务收入（万元）	903326	901481	818296
规模以上家具企业利税（万元）	321875	330797	293627
出口值（万美元）	473	523	667

三、发展优势

1. 沉淀深厚的产业基础

崇州市家具行业经历了30多年的发展，除了本土成长的家具生产龙头企业全友家私、明珠家具，还有筑巢引凤的业内领军企业索菲亚、尚品宅配、喜临门等，已形成龙头企业聚集发展的独特优势，全友家私、掌上明珠在全国建立生产基地，产品销售网络遍布全国主要城市，在全国具有较高的知名度。

2. 优势整合的产业平台

崇州市是"中国板式家具产业基地"，在功能区内设立有专业的国家级家具产品质量检测中心、索菲亚现代家具研究院、家具行业商会，包括筹建中的家具博物馆、配套产业园等协同发展平台。功能区也创建了"四川省知识产权试点园区"和"四川省家居产业知名品牌示范区"，2020年被授予"会展智能制造示范基地"称号。

3. 独立成圈的产业链条

园区现有智能家居及配套企业241家，生产企业涵盖全套民用、办公、教育、酒店等细分行业，五金件、板材压贴、封边条、浸渍纸、海绵、玻璃、家具漆、胶黏剂、绷带等生产资料基本实现采购本地化，是西南地区家具产业配套条件最完善的区域之一。1小时经济圈周边区域泛家居产业企业逾3000家，从业人口超10万人，智能家居产业目前生产所需的各个环节和工序已经形成链条，从原材料采购到生产、包装、市场、物流都已实现配套，家具产业形成了相对完整的产业链，已形成独立成圈的基本条件。

4. 数智化转型的技术驱动

近年来，崇州家居智能制造水平已达到行业领先水平，其中，全友、明珠等龙头企业选购全球最领先的智能制造设备，搭建基于工业4.0的生产、仓储流水线；索菲亚家居建成工业4.0国产化达到80%的智能制造生产线，龙头企业均已形成国内最

崇州经济开发区一隅

明珠家具股份有限公司

领先的生产制造能力。同时，联手三维家、阿里云、丽维家，共同建设西部泛家居工业互联网平台，赋能传统家居产业进行运营模式、商业模式和制造模式的数智化转型。

四、发展规划

1. 总体目标

以绿色经济样板区建设为抓手，以建设"西部定制家居之都"为目标，努力打造在国内具有竞争力的智能家居产业生态圈。通过五年努力，力争到2025年：产业规模进一步扩大，质量地位进一步提高，积极引导全友、明珠等一批优质企业积极提升国际国内知名度，打造"国家级家具产品质量提升示范区""西部定制家居之都"等一系列产业名片。

2. 重点工作

围绕价值链提高，不断提升崇州家具产业设计能力和营销能力

大力培养创意设计人才。探索与"德国 iF 奖"、米兰家居展等国际知名品牌合作，引导企业与赛事活动深度合作，推进设计成果产业化；依托家具商

企业车间一隅

会等行业组织，以市场为导向，大力招引知名设计大师工作室、设计公司（团队）等；加强校企合作，储备原生设计力量，打造一批设计类院校学生实践、实习基地。

大力提升新型营销能力。紧抓国际国内双循环发展契机，鼓励家居企业抱团走向东南亚、南亚乃至欧洲国家，推动家居企业不断拓展国内市场份额；支持企业利用电商、直播等加大销售，借助抖音、京东、天猫、拼多多等各类流量平台助力企业提升销量；鼓励企业与家装企业、租赁公司、建筑商等深度合作，支持企业挖掘乡村振兴、城乡改造、精装房等市场新机遇，提供针对性产品和方案。

围绕产业链整合，不断提升崇州家具产业本地配套和智造能力

大力提升本地配套能力。筹建智能家居配套产业园，高质高效供应板材、五金、软体等配套产品，提供金融、物流等支撑服务；引入家居智能控制相关企业，促进其与家居产业融合创新，面向未来智能家居产品需求构建配套体系。

大力推动数字赋能产业。推动数字赋能家居产业行动，通过工业互联网、大数据、人工智能等赋能家居设计、智造、营销、管理、供应链全过程，提升协同制造、共享制造、智能制造能力。

大力实施企业培育计划。全面开展规模企业、亿元企业、领军企业、上市企业培育工作，推动金融机构针对家具产业提供多样化融资产品，联合相关院校和机构培养多层次家具工匠人才，为培育企业提供全方位要素保障，淘汰落后一批低质低效及重污染企业；支持上市企业通过合资、独资、联营、参股、收购、兼并等方式投资合作。

围绕创新链重塑，不断提升崇州家具产业创新能力和竞争能力

建设高品质智能家居科创空间。引入龙头企业建设高品质智能家居科创空间，围绕家居产业创意设计、原材料、智能制造、数字赋能、工业互联网、智能产品等转型升级方向进行创新；推动全友、明珠等龙头企业技术中心发挥创新引领作用，支持家居产业研究院创意设计、人才培养，形成多方参与、创新引领发展的局面。

大力推动产业绿色发展。大力推进绿色生产，鼓励企业申报"绿色工厂"认证，努力构建高效、清洁、低碳、循环的绿色制造生态体系；鼓励大型企业喷涂环保设施改造升级，探索中小微企业共享打样、共享喷涂等绿色发展模式；推动建设绿色供应链质量管理体系。

大力实施品牌质量提升。以"崇州家居馆"公共区域品牌的整体形象参加国内重要的行业展会、展览；推动企业参与制订国家、省市级家居类相关标准；探索建立崇州家居品质溯源体系。

中国中部家具产业基地——南康

一、基本概况

1. 地区基本情况

南康地处江西省西南部，居赣江上游，是赣州市三个市辖区之一。全区国土面积为1722平方千米，人口86万，是全国文明城市、中国甜柚之乡、中国木匠之乡、全国最大的实木家具生产基地。拥有全国第8个对外开放口岸、全国第1个内陆国检监管试验区、全国第5个国家家具产品质量监督检验中心等国字号平台，是中国（赣州）家具产业博览会主办地、全国电子商务示范基地。

2. 行业发展情况

南康家具产业起步于20世纪90年代初，历经20多年发展，形成了集加工制造、销售流通、专业配套、家具基地等为一体的产业集群，是南康的首位产业、扶贫产业和富民产业。南康家具产业已成为全国最大的实木家具生产基地、国家新型工业化产业示范基地、全国第三批产业集群区域品牌示范区，多次被中国家具协会评为"全国优秀家具产业集群"，2017年被授予"中国实木家居之都"，获批成为全国16个创建国家级家具产品质量提升示范区之一。拥有中国驰名商标5个、江西省著名商标88个，江西名牌41个，家具市场面积260万平方米，营业面积和年交易额在全国位居前列。

3. 公共平台建设情况

借助苏区振兴发展的东风，搭建了全国内陆第8个永久对外开放口岸和中国内陆首个国检监管试验区——赣州港，目前已经建设成为"一带一路"重要物流节点和国家铁路物流重要节点枢纽。外贸服务中心、金融、木材烘干等全产业链的配套公共服务平台建设如火如荼，平台建设步入国际化。

二、经济运营情况

2018年南康家具产业集群实现营业收入1615亿元；2019年产业集群继续保持高速增长态势，家具产业集群总产值1807亿元；2020年，家具产业集群实现逆势上扬，产业集群总产值突破2000亿元。

2018—2020年南康区家具行业发展情况汇总表（生产型）

主要指标	2020年	2019年	2018年
企业数量（个）	6000	6000	6000
规模以上企业数量（个）	515	506	375
工业总产值（万元）	2000	1807	1615
主营业务收入（万元）	1900	1714	1566

2018—2020南康区家具行业发展情况汇总表（产业园）

主要指标	2020年	2019年	2018年
园区规划面积（万平方米）	1363	1363	1363
已投产面积（万平方米）	650	650	650
入驻企业数量（个）	467	461	345
家具生产企业数量（个）	414	402	289
配套产业企业数量（个）	11	12	12
工业总产值（万元）	2169149	1983224	1762207
主营业务收入（万元）	2120394	1908226	1908226
利税（万元）	166724	146554	129595

三、2020 年发展大事记

1. 首家本土家具企业上市

汇森家居鸣锣上市标志着南康家具产业发展从此迈入了上市发展、遨游资本市场的新阶段，标志着南康家具产业从"铺天盖地"向"顶天立地"的转变，为南康高质量跨越式发展注入强大动能。

汇森家居国际集团上市

2. 龙头企业落户南康

2020 年 8 月，美克数创智造园、月星环球港和智能制造生产基地、居然之家商住综合体三个项目集中开工，江西汇康格力电器销售有限公司揭牌，项目总投资超百亿元。

3. "六大中心"建设

2020 年，南康抢抓家具产业作为全省 14 个重点产业实施"链长制"的重大机遇，延链强链补链，全力推进进口木材交易中心、设计创新中心（国家工业家具设计中心）、智能智造中心（共享备料中心、智能共享工厂、共享喷涂中心）、家具交易集散中心、商贸物流中心、供应链金融中心的建设。

美克美家、大自然家居 2 个国家级工业（家具）设计中心落户小镇，实现了国家级工业（家具）设计中心"零"的突破。

格力电器（南康）智造基地项目开工动员大会

4. 展销平台持续提升

10 月 25 日，中国（赣州）第七届家具产业博览会在南康家居小镇盛大开幕。本届家博会开创了众多"第一"。第一次全过程展示了南康家具全产业链的新成果，第一次全视角展示南康家具嫁接 5G、大数据、区块链等新一代信息技术的新探索新成效，成功举办第一届中国家居产业链智造研讨会、第四届中国定制家居产业链峰会，第一次举办首届中国家具进口木材博览会，首个与深圳合作的项目——深赣"港产城"特别合作区正式开工建设。

企业车间一隅

5. 电商销售新模式

南康通过电商平台和电商直播构建"线下体验、线上接单、网红带货"家具电商销售新模式，实现了"不见面一样卖家具"。2020 年，南康电商交易额突破 600 亿元大关，达到 616.5 亿元，增长 21.77%；"双 11"家具电商成交额达 19.5 亿元，

中国（赣州）第七届家具产业博览会开幕

刷新线上交易记录。

6. 南康家具区域品牌建设

2020年下半年，南康家具集体参加7月广州建博会、家博会，8月东莞名家具展、深圳展、龙江展，9月上海展、苏州展，南康家具频繁出现在各大高端展会。越来越多经销商、渠道商、设计师、上下游产业主动来到南康，深入了解产业发展、产品优势。南康家具厚积薄发，迎来了重大的发展机遇，加速了南康家具区域品牌建设步伐。

7. 成功举办第八届中国家居品牌节

2020年12月，第八届CFT（中国）家居品牌节暨中国家居品牌领袖峰会在天下家居第一镇——南康家居小镇成功举行。第八届家居品牌节的召开使南康家具品牌在行业内的影响力得到了进一步提升，加快了南康家具高质量发展之路。

8. 举办2020中国家具进口木材博览会

10月，2020中国家具进口木材博览会在赣州国际木材集散中心顺利举办，此次博览会将进一步促进赣州逐步建立在全球木材交易链条中的重要地位，引领木材产业高质量发展，助推赣州国际陆港和临港经济的繁荣发展。

9. 南康家具同心抗疫

2020年，受疫情影响，南康家具销售线下渠道遭遇"梗阻"，为加快南康家具产业全面复工复产，南康家具组织线上线下订货会，本次订货周吸引客商20余万，市场成交额达90亿元，其中，线下市场成交69亿元，线上交易额21亿元，为后疫情时代，南康家具产业的快速复苏发展注入了一针"强心剂"。

10. 南康家具尝试直播带货

2020年，面对高涨的电商直播热情，南康区政府出台扶持电商产业发展十条举措，加强线上电商培训，做好线上直播和线下物流配送精准对接，仅2月份，就打通100多条物流运输线路，超5亿元的家具订单如期发货。直播带货成为了南康家具产业新的增长点。

中国弯曲胶合板（弯板）之都——容县

一、基本概况

1. 地区基本情况

容县古称容州，地处广西东南部，是广西壮族自治区玉林市辖县，全县面积2257平方千米，总人口86.02万。容县是一个典型的山多田少"八山一水一分田"的山区县，属亚热带雨林气候，十分适宜林木生长，因而森林覆盖名列广西前茅，是广西的林业大县之一。

2. 行业发展情况

20世纪80年代中期，林产加工、异型胶合板的生产加工增长速度迅猛。30多年来，产业不断地发展壮大，有力地推动容县工业和地方经济发展，成为容县经济发展中起举足轻重的六大特色支柱产业之一。

容县异型胶合板是根据制品的要求，在曲面形状的模具内将板坯直接胶合制成曲面形状的胶合板，可以有效避免木材的天然缺陷，克服木材的各向异性，提高力学强度，而且尺寸稳定、不翘曲、不变形、幅面大、便于施工，大大提高了木材利用率。因此，异型胶合板又称"弯板"。

容县胶合板企业回收在生产过程中报废的木头、木屑、木皮、树权等"废品"（平均每天达到60吨），将其制成高质量中（高）密度纤维板出售后，不但大幅降低产品成本，提高附加值，而且有利于全县林产工业的生态环保和增收。

3. 产业优势

材料优势 2009年底，全区速丰林总面积已经超过2700万亩，成为全国最大的速生丰产用材林基地。广西已成为全国林业重点省区，容县作为广西林业大县，丰富的林业资源为容县发展异型胶合板行业产业加工打下了坚实的基础。丰富的森林资源提供了足够的原料保障，速丰林是生产胶合板主要木材之一。十几年来，广西大力推广种植速丰产林，包括桉树面积2400万亩，其中，容县种植了35万亩，全县森林覆盖率达67%，活立木蓄积量达658.26万立方米，年森林采伐限额39.58万立方米。丰富广袤的林木资源为容县异型胶合板企业的发展铺设了快车道，越来越多的胶合板企业如雨后春笋般蓬勃发展。

产业集聚优势 目前，容县共有林产企业560多家，其中有80多家异型胶合板企业，生产各种高级办公椅系列椅板和家具，由于产品科技含量高、质量好，在全国形成了品牌和名牌，特别在广东市场中成为主要品牌，占领了广东异型胶合板市场的80%份额。异型胶合板产业产品的异军突起，使全年林产工业总产值达23.6亿元。

技术优势 容县林产行业获得了飞速的发展，成立了500多家林产企业。其中容县润达牌家具胶合板在2016年荣获广西林产业推进产品，设计研发的多件产品获得了国家发明专利。其生产的家具畅销全国各地，远销中东、非洲、东南亚和德国。

经过多年研发，容县林丰胶合板厂独创了一款人造异型胶合板专业环保胶水，通过使用这款环保胶水，其生产的产品甲醛释放量大大低于国家标准，产品质量得到了欧美市场认可。容县林产产品原料通过国际FSC的国际认证，出口美国和欧洲宜家家居公司，其中一部分产品间接出口港、澳、台以及世界多个国家和地区。

人才优势 容县与广西大学林学院、广西大学行健文理学院建立合作关系，将林产企业定为学院学生学习实践基地，让更多的人才了解林产行业，将林产行业技艺引入高校和职业院校，开展林产工艺的研究和学习，不断壮大林产人才队伍。

二、品牌发展及重点企业情况

1. 广西生态板材家具产业园

该产业园位于容县经济开发区高新技术产业园北部，规划面积约6500亩，项目总投资150亿元。产业园建成后引进一批科技含量高、实力强大的林产深加工龙头企业，带动容县林产行业的转型升级，促进全县林产工业进一步延伸产业链，实现由初级产品向终端产品转型。园区有木工机械产业园、嘉善木业产业园、容县弯板产业园、广西国旭集团林业产业园、板材交易市场和林业基地配套产业园六大板块。

2. 容县林丰胶合板厂

该公司成立于1999年，是专业生产高级办公转椅系列弯板产品，企业生产产品主要直接出口美国、欧洲宜家家居公司，其中一部分产品间接出口港、澳、台以及世界多个国家和地区。企业从原料进厂至产品出厂，全部使用电脑数控跟踪生产流程，具有较为先进的管理模式。

3. 润达家具有限公司

该公司成立于2012年，公司主要生产异型板成品家具。公司多项产品申请国家外观设计专利及实用新型专利并获得证书，获得广西林产业行业推荐产品（品牌）。公司联合广西大学林学院开展林木、家具专业培训。公司先后获得"爱心企业""警民共建单位""先进基层党组织"等荣誉；被评为玉林市二轻工业联社先进单位及县、市林产业行业的先进单位。

4. 广西容县飞兴达林产工业有限公司

该公司成立于2005年，是一家从事林化产品加工、销售的企业。拥有综合原料处理车间（截木、刨板）、烘烤车间、综合生产车间和标准仓库，拥有先进的生产设备和检测仪器，合理、节能的工艺布局。公司现有产品主要为成型胶合板和各种规格的异型胶合板；采用的胶水具有自主知识产权，达到E0/E1环保标准；拥有先进的数控机床快速制造定型模具。

5. 广西容县新华逸胶合板有限公司

该公司成立于2010年，注册资本359万元人民币，主要生产加工木材、竹、藤、棕、草制品。公司主要从事异型弯板（胶合板）、办公椅弯板、餐椅弯板、酒吧椅弯板、休闲椅弯板、美发美容椅弯板等产品的专业生产加工，拥有完整、科学的质量管理体系。

三、发展规划

1. 培育龙头企业，延长产品产业链

从未来发展趋势看，胶合板行业整合速度加快，企业结构将大幅调整，一些微小型企业将会被吞并，企业产业链将会明显延长，产品呈多元化发展。以现有的旋切单板加工，成型板生产企业为基础，依托容县以及邻县丰富的森林资源，进一步做大做强异型胶合板等优势产业，同时进一步开发异型胶合板行业的衍生产业，如模具铸造、旋切机、专用黏合剂等。

围绕"强龙头、补链条、聚集群"，着力打造林产产业百亿产业，推进计划投资150亿元的广西生态板材家具产业园项目（林产业），引导本地林产优质企业进园抱团发展，加快壮大林产工业，形成产业链。大力培育行业龙头企业，通过龙头企业带动容县异型胶合板产业加快发展。

2. 有序推进林产工业园建设，加快产业集群建设

全区已形成10个林产集群生产的异型胶合板基地，而容县约占全区生产总量50%左右，特别是在广东市场占比达到70%，年销售额30多亿元，成为广东异型胶合板市场的主要生产基地。容县在经济开发区成立了林产工业园，为林产企业发展创造了良好平台。一批园中园项目，如"嘉善木业产业园""木工机械产业园""异型胶合板产业园"初具雏形。

3. 夯实园区配套，提升承载能力

积极引进资金、技术、项目，依托本地的资源优势和区域优势进一步加快发展容县异型胶合板产业集群，着力解决好产业集群发展中遇到的问题，通过当地政府加强产业集群所在乡镇的基础设施建设，给予该集群产业优惠发展政策，为产业集群发展创造更良好的条件。进一步优化园区产业布局，加快建设经济开发区、广西生态板材家具产业园等一批承接产业转移主要平台。

4. 培育专业配套市场，大力发展生产性服务业

注意培育发展异型胶合板及胶合板相配套的专业市场，促进产品流通，彻底改变过去重生产轻流通的行业落后经营管理观念，在容县林产行业商会组建创办电子交易市场平台，方便客户在网上直接购买异型胶合板产品，同时鼓励企业积极申报自营出口权，多渠道促进产品流通。大力发展现代金融、现代物流、职业教育和人力资源等生产性服务业，加快容州商业城、汇丰大悦城、宽华物流园等项目建设，推进金融集聚区发展，打造一批电子商务平台、物流配送平台和金融服务平台，推动生产性服务业与制造业相互促进、融合发展。

5. 加大技术改造，淘汰落后产能

降本增效，推进传统产业提高供给质量和效益，着重推进林产工业转型升级。加快发展一批强优企业，落实企业上规、上亿、上市奖励扶持政策，落实降成本举措，推动企业做大做强。提高木材精深加工能力，发展高技术、高质量、特殊用途的加工项目，避免与微小企业进行低水平竞争。加强发展整体板式组合家具、弯曲木家具等终端产品产量的提高，争取五年内使与异型胶合板配套组合率达到50%以上。

6. 增强校企合作，打造具有地方特色的经济品牌

加强校企合作，"弯板"技艺进入到地方高校和职业院校，通过政府的扶持，逐步建立相关的专业和课程，不仅开展学历教育，同时开展社会培训、短期技术培训、农民工培训等项目，尝试建立地方劳动就业培训特色项目。逐步树立地方特色技术培训标准的权威性，构建适合于本行业人才培养和技术考核的标准和体系，全面提升从业人员的工作素质，为扩大产业规模提供人才保障。此外利用互联网、大数据，开展多样化的经营和企业管理，塑造企业形象和品牌，通过政府平台帮助中小企业开展宣传和营销活动，提升品牌影响力，行业协会帮助企业参加全国性交易会、展销会、创新设计竞赛、文化沙龙等活动，激发中小企业创造活力，推出一批知名产品、知名工匠和知名企业，提升"中国弯曲胶合板（弯板）之都"影响力。

中国香杉家居板材之乡——融水

一、基本概况

1. 地区基本情况

融水苗族自治县地处广西东北部，云贵高原东南端，广西盆地北缘，位于广西柳州北部，东邻融安县，南连柳城县，西与环江毛南族自治县、西南与罗城仫佬族自治县接壤，北与贵州省从江县、东北与广西三江侗族自治县毗邻，面积4638平方千米，是广西国土面积第二大县，全国三大苗族聚居地之一，也是广西唯一的苗族自治县。融水是一个少数民族山区县，聚居着苗、瑶、侗、壮、汉、水等13个世居民族，人口51.6万人，少数民族占75.27%。享有"百节之乡""中国芦笙斗马文化之乡""杉木王国""毛竹之乡"的美誉。

2. 行业发展情况

融水县地处云贵高原东南边缘，属典型的中亚热带季风气候，土壤、气候、雨量非常适合杉木生长。融水香杉家居板材精选融水大苗山区域优质杉木为原材料，板材通过采用先进机械设备和尖端技术进行精深加工而成，产品具有防潮耐腐，不易变形，绿色环保等独特性能，是久经考验的传统建材。融水香杉因其富含"可驱风湿、防虫蚁、芳香怡人"的油脂而得名。

2012年，依托国家科技部富民强县专项行动计划，融水县新林木业有限公司率先研发基于本地香杉板芯的三聚氰胺板材。2014年，规模以上木材加工企业转产相比传统细木工板具有更高附加值的杉木板芯家居板。至2018年，融水县香杉家居板材生产企业已有25家，均为规模以上企业。

经过多年积聚，融水木材加工业在国家产业政策、地理资源、自主知识产权、市场空间、性价比以及原材综合利用率、产品优质率和利润率等方面具备了明显的竞争优势。大宗产品杉木板材近年从细木工板逐渐向高档家居装饰家居板材转型，生产技术越来越先进，产品质量越来越好。香杉板材畅销广东、江苏、浙江、安徽、福建、湖北等地，产品订单供不应求，产业集聚效应日益突出，拉动了原木需求量，吸纳了大量杉木资源，以原木、拼板等初加工产品形式流入融水进行深加工，形成了行业内脍炙人口的"香杉"品牌。

二、经济运营情况

目前，融水县有竹木经营加工企业356家，从业人员近3万人，主要分布在县城工业园区及20个乡镇。融水县木材加工产品主要是以香杉板材为主，其中生产高级免漆家居板、细木工板、齿接板等香杉家居板材深加工企业300多家，其他竹木加工企业20多家。2018年，规模以上木材加工企业总产值45.147亿元，出口产值3600万元，其中超亿元产值加工企业17家，产值2000万元以上。

融水县有14家企业注册产品商标共20个，培育华厦阳光、永環、贝江、苗江、苗山居、枫厦、弘菲智造、佳艺佳、聪明猴、财山、苗乡、金杉等自主品牌。其中，新林木业、阳光木业、融西木业、金杉木业等规模以上企业生产的杉木家居板、杉木细木工板产品获得"广西著名商标""广西名牌产品"称号。

三、行业发展举措

融水有效聚集各发展要素，完成杉木从种植、加工、废弃物再利用，到产品质量检验检测的全产业体系建设，木材加工行业稳步增长，家居板特色产业快速崛起，实现了产业升级、产品升级，推动了木材加工行业的特色发展和绿色发展。

1. 原料基地建设初显成效

"十二五"以来，融水县加强与广西林业科学院的产学研合作，始终以杉木作为特色产业支撑融水经济发展，重视本土工业原料林建设，大力应用区内科研院所最新科研成果，开展杉木良种良法的引进和推广。2017年7月，国营贝江河林场被认定为第三批国家重点林木良种基地。在广西林业科学研究院的最新技术成果支持下，新培育的种苗有抗逆性强、生长快、成材材质好的特性，辅以杉木低改方法，县内杉木工业原料林生长周期由原来的26年缩短至现在的8~12年，种植时间效率提高1倍以上，对上游香杉家居板制造业和社会经济效益的支撑非常明显。

2. 木材加工企业发展良好

近年来，政府坚持通过政策、技术、资源等多方面推动木材加工企业的发展，使企业高效聚集资源、加快成长壮大，培育出新林木业、阳光木业、融西木业、恒森木业等17家产值过亿元企业，有效推动了产业集群建设，提高了木材加工和香杉家居板特色加工业的核心竞争力。融水县相关主管部门不断探索以政府部门、行业协会、中小企业多方联动，资源整合、创新设计、产品开发、打造融水家居板材品牌的模式，努力提升品牌知名度，不断推动产业的规模化、专业化和品牌化发展。

3. 实现生态林业加工

融水县秉承可持续发展理念，以生态经济系统原理为指导，积极探索在木材加工领域建立资源、环境、效率、效益兼顾的综合性农业+工业生产体系，实现产业与生态环境协调适应，通过加工废弃物资源化，充分发挥资源潜力，建立良性物质循环体系，促进农业持续稳定地发展，实现经济、社会、生态效益的统一。

4. 建设竹木制品公共检测技术服务平台

融水县还没有竹木产品检测技术机构，政府监管部门的监控仅限于每年对有证照的企业进行抽检。2014年，在县质监局新建了480平方米的公共检测技术服务平台及配套的相关业务室。配备了气相色谱仪、液相色谱仪、原子吸收光度仪、原子分光光度仪等设备，为县域竹木主要制品提供"一站式"检验检测，出具的检测报告具备国家认可的资质。融水县建立"融水苗族自治县产品质量监督检验和计量检定测试所"及"融水苗族自治县重点优势产业公共检测服务中心"，为全县竹木制品和诸多商品、产品提供公共检测服务。

5. 科技支撑作用得到凸显

融水县政府、融水县国营贝江河林场和广西林业科学院共同建立的政产学研合作运行成效显著，能积极转化广西林科院苗木繁育、大径材培育等系列科技成果，建设国营贝江河林场高世代种子园、良种杉木繁育中心。2017年7月，被评为"第三批国家重点林木良种基地"。年产1000万优质杉木苗木，配合良种良法栽培，融水本地优质杉木生长期缩短了1倍以上，有力支撑了融水县域香杉生态板材加工原料供给。

融水县科技、林业部门组织各级科技特派员围绕杉木主导产业，深入村屯一线积极培育典型示范样板，在全县17个山区乡镇建设了数十个总面积近万亩的杉木高效栽培示范基地；帮助林农建立农业服务组织，推广农业良种良法，举办实用技术培训，开展系列科普活动，加快了杉木种植良种良法的普及，为种植户和企业树立了科技兴林、科技兴企的意识。

四、品牌发展及重点企业情况

融水木材加工技术创新方面，安全生产三级标准企业62家，"柳州市农业产业化龙头企业"7家、"广西现代林业龙头企业"4家，涌现了广西融水阳光木业有限公司、广西融水华林木业有限公司、融水瑞森木业有限公司、广西融水新林木业有限公司等一批规模以上木材加工明星企业。

1. 广西融水阳光木业有限公司

公司成立于2011年6月，主要生产高档环保家居装饰生态板材，产品主要销往浙江、江苏、福建、湖南、江西、重庆、成都等地。企业于2011年通过ISO9001质量管理体系认证、环保产品认证、产品质量认证，2013年12月，"华夏阳光"商标通过国家注册；2015年，评为广西著名商标。2014年，公司评为柳州市农业产业化龙头企业。

2. 广西融水华林木业有限公司

公司成立于2011年12月，生产基地坐落于融水县竹木加工园区，占地面积167.6亩，项目总投资34000万元。第一期工程已投资约1.2亿元，第二期工程总投资2亿元。现已建有一条年产10万立方米刨花板生产线及与之配套的辅助生产设施和公用工程。项目采用国内一流人造板设备，生产绿色环保刨花板及衍生产品，产品可替代木材或胶合板，从而有效减少森林采伐。该产品具有理化性能指标强、绿色环保、密度均匀、表面光洁度高等特点。

3. 融水瑞森木业有限公司

公司成立于2014年，始终坚持科技兴企和制度制企道路。主要产品为基于香杉集成材板芯的免漆板（生态板），近年产能扩张较快，生产经营状况良好。公司通过技术改造，提高公司产品的附加值，引进国内先进机器设备，并进行半自动化改造，减少员工的工作负担，在减少工作量的同时，稳步提升员工收益。

五、面临问题

工业用地存在一定困难，制约了木材加工行业新增企业；相比周边县市，融水木材加工行业税费征收较高，需进一步降低企业负担；多数企业自主品牌处于后发弱势地位，培育难度大；金融部门对企业信贷门槛过高，提高了融资难度。

六、发展规划

通过香杉家居板材生产技术更新和扩产改造，做大做强存量企业；在依托广东廉江对口扶持融水脱贫攻坚的契机，建设广东廉江·广西融水扶贫协作产业园，让部分技术先进、产品质量好、市场销路广阔、投资能力强、扩产需求强烈的香杉家居板材和定制家居生产企业入园。同时引进山东、江苏、浙江、柳州北部生态新区需要产业转移的木材加工企业到康田园区，做大做强园区木材加工产业。切实协调解决香杉板材企业在用地、供电、融资等方面存在的困难和问题。实施激励企业发展的机制，执行融水苗族自治县政府出台的《融水苗族自治县激励工业、商贸、建筑企业发展的奖励方案》，激励企业投资项目建设。

中国家具产业集群
——办公家具产区

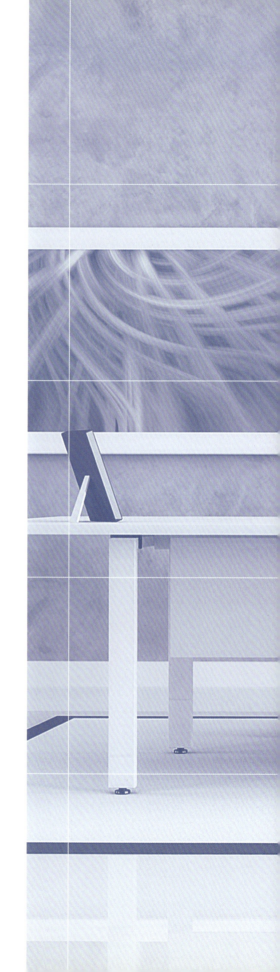

我国是全球最大的办公家具生产国、出口国。疫情影响下，2020年，全球居家办公成为常态，办公家具开始更多地从办公空间走向居家空间，以智能升降和人体工学椅为主的办公家具销量高涨。办公家具需求得以相应提升，尤其带来我国办公家具出口市场的爆发。根据米兰工业研究中心（CSIL）数据统计，2020年，我国办公家具生产额达155.08亿美元，相比2019年有微小减少；出口额达45.89亿美元，相比2019年增加21.6%。据海关总署统计，2020年4月以来办公椅出口数据同比快速增长，其中5月、6月出口额突破20亿元，成为近三年月出口额最高月份。相关公司办公椅生产订单饱满，产能已满负荷运行。

未来，不论从短期还是从中长期来看，办公家具前景可嘉。健康办公、智慧办公将成为办公行业的发展方向，重塑办公环境成为了一种风潮，拥有新设计、新工艺和更高舒适度的办公家具将迎来一波发展高峰。

浙江杭州和广东东升是中国办公家具产业集群，具有雄厚的产业基础和庞大的规模产量；此外，浙江安吉以生产办公椅为特色，其中，永艺、恒林等企业规模行业领先。办公家具产业集群聚集着一批具有先进设计、生产和研发能力的大型企业，代表着我国办公家具产业的中坚力量，在我国办公家具产业中具有重要地位。

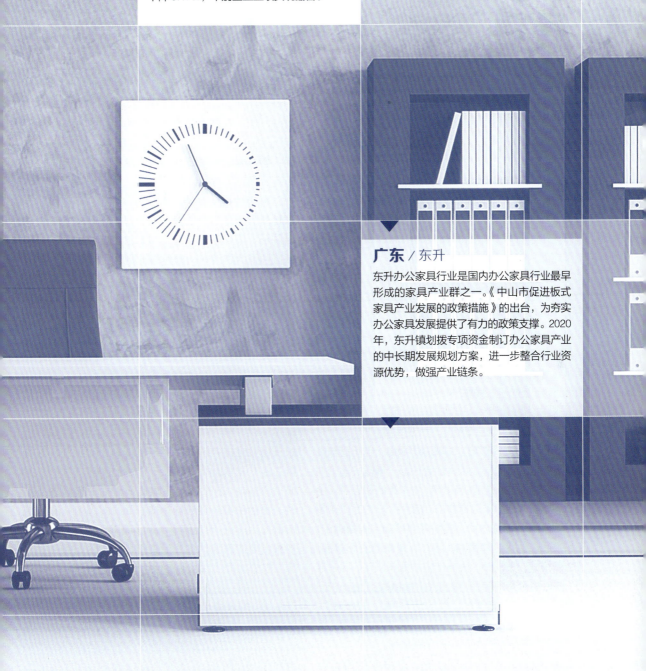

浙江 / 杭州

2020年,杭州市家具行业发展总体平稳,在疫情稍好转后,企业立即组织复工复产,在第三季度订单出现了井喷。2020年全年,规模以上家具企业共计96家,全年实现工业总产值128.33亿元,同比下降2.86%;实现国内销售产值75.62亿元,同比下降1.38%;实现出口交货值50.16亿元,同比下降9.17%,个别企业业绩实现翻番。

广东 / 东升

东升办公家具行业是国内办公家具行业最早形成的家具产业群之一。《中山市促进板式家具产业发展的政策措施》的出台,为夯实办公家具发展提供了有力的政策支撑。2020年,东升镇划拨专项资金制订办公家具产业的中长期发展规划方案,进一步整合行业资源优势,做强产业链条。

中国办公家具产业基地——杭州

一、基本概况

1. 行业发展情况

杭州市家具产业从 20 世纪 80 年代开始起步，经过了前期快速、稳定的发展，已具备一定的产业规模。杭州市家具产品品种齐全，覆盖面广，在生产工艺、设计创新、品牌建设、标准水平、营销能力等方面，都处于全国领先水平。

2012 年，杭州被正式授予"中国办公家具产业基地"，杭州办公家具经过多年打造，已快速洗牌，形成了一批高质量、高标准、高知名度的龙头企业，如圣奥、恒丰、昊天伟业、科尔卡诺、冠臣等。"杭派家具"产业链完善，产品风格明显，优势突出，拥有行业内领头企业和广大的加盟店，服务覆盖全国 95% 以上的一二线城市。

2. 行业运行特点

新冠肺炎疫情影响，发展总体平稳。自新冠肺炎疫情发生以来，大部分家具企业在第一季度出现了被迫停工现象，在地方政府和商（协）会的引领下，企业迅速做出响应，采取措施应对疫情。一方面，许多企业抓住机会修炼内功，加强内部培训，重整组织，整合产品，调整经营策略，努力寻找新的发展渠道，催生新模式，短视频、直播带货被赋予众望。另一方面，在疫情稍有好转后，企业立即组织复工复产，工人陆续返厂，在第三季度订单出现了井喷。总体来说，绝大部分企业已平稳渡过疫情关，想方设法破圈，也有优秀企业在艰难情况下实现业绩翻番。

设计赋能，创新引领破圈。产品设计创新在传统家具企业中越发显得重要，也是企业的第二道生命线，杭派家具企业在设计上缕缕斩获大奖。骏跃科技连续三年获得"红棉中国设计奖"；冠臣家具 U·趣、森朗系列产品分获两项"红棉中国设计奖"；为来科技（杭州）有限公司荣获 2020"金汐奖"最佳坐具金奖、最佳服务案例金奖、金年度设计团队和三项美国缪斯设计奖。

科技赋能，开展培训，深化校企合作。杭州市家具商会与浙江理工大学联合举办第一期管理经营培训班，内容覆盖"管理认知的路径、安全是一种责任、设计思维——培养透过现象洞悉本质的能力、未来办公形态及设计方法论、设计驱动办公营销新模式"五个领域的系统知识，为企业人员提升新格局、开拓新思维、培育新理念，取得了良好的培训效果。

标准赋能，多家企业和产品获得"浙江制造品字标"认证。浙江制造标准是"国内一流、国际先进"定位，从标准研制全流程、产品全生命周期以及影响产品质量的全要素出发，体现"精心设计、精良选材、精工制造、精诚服务"的先进性要求。家具企业完成并发布了多项浙江制造的标准，如圣奥为主《油漆桌类家具产品》荣华为主《学生公寓床》恒丰为主《连体餐桌椅》等几十项标准。同时，企业积极开展对标达标行动，向国内一流的制造看齐。2020 年，恒丰、天和典尚、品冠、华育等多家企业的产品达到"品字标"要求，获得"品字标"权威认证。

二、经济运营情况

据杭州市统计局数据显示，2020 年度杭州市家具行业，规模以上家具企业共计 96 家，全年实现工业总产值 128.33 亿元，同比下降 2.86%；实现工业销售产值 125.78 亿元，同比下降 4.64%；实现国内销售产值 75.62 亿元，同比下降 1.38%；实现出口交货值 50.16 亿元，同比下降 9.17%；完成新产品产值为 53.67 亿元，产销率 98.01%，下降 1.83%。

2019—2020 年杭州市家具行业发展情况汇总表

主要指标	2020 年	2019 年
规模以上企业数量（个）	96	94
工业总产值（亿元）	128.33	132.11
工业销售产值（亿元）	125.78	131.90
国内销售产值（亿元）	75.62	76.68
出口交货值（亿元）	50.16	55.22
新产品产值（亿元）	53.67	69.27
产销率（%）	98.01	99.84

注：数据来自杭州市统计局。

三、品牌发展与重点企业情况

"中国办公家具产业基地"杭州发展平稳。受疫情影响，大部分企业一季度的业务量均有所减少，但是有很多优秀企业在年底都交出了一份满意的答卷。圣奥、恒丰、科尔卡诺、金鹭、天和典尚等众多杭州办公企业凭借优质产品、贴心服务，在政府、高校、军队、银行以及国企领域斩获众多家具采购项目。

1. 圣奥集团有限公司

公司是一家集办公家具、置业、投资于一体的企业集团。产品远销全球 110 多个国家和地区，服务了 160 余家世界 500 强企业和 290 余家中国 500 强企业。圣奥依托钱塘新区数字化智能制造基地，投入巨资建立研究院，导入"1+N"全球研发模式，在德国柏林设立了圣奥欧洲研发中心、与浙江大学成立智慧家具联合研究中心、与兰博基尼公司联合跨界设计等，确保了圣奥的创新动能。截至 2021 年 2 月，累计获得专利 1200 余项，产品荣获 30 余项欧美设计大奖，其中领驭、趣味沙发 SAMU、休闲沙发 UD 荣获 IF 设计奖，座椅嗨呗 HIP 系列荣获 A'Design Award 金奖，千岛系列 D1 荣获 IDEA 设计优秀奖。

2. 杭州恒丰家具有限公司

公司拥有现代化的生产厂房两万余平方米。在套房家具、学校家具、会议办公家具及连体快餐家具等产品方面凭借时尚设计、精湛工艺，成为家具界公认的优质品牌。2020 年，杭州恒丰家具大力投入研发，加速产品迭代，自主研发的产品"FATA"系列继"FLY"系列后再次获得德国红点奖，营业收入在后疫情时代逆市增长 80%，与浙江大学、浙江理工大学等签订校企合作战略协议。

3. 浙江金鹭家具有限公司

公司占地面积 33736 平方米，主要产品共计 25 个系列 256 余款。产品质量达国内领先、国际先进水平，被评为"中国绿色环保节能产品"。金鹭集团引进日本先进技术、德国一流生产设备、智能机器人设备，深化院校合作，积极研发新产品，提升产品质量及客户满意度。同时履行社会责任，疫情期间捐赠捐物。

4. 浙江昊天伟业智能家居股份有限公司

公司主营生产图书馆家具，先后获得"中国办公家具产业基地重点骨干企业、中国绿色环保产品、浙江市场消费者最满意品牌"等诸多称号和荣誉。公司引进意大利萨瓦尼尼柔性折弯中心，配德国库卡机器人，智能钢制产品做到了细致考究、别具匠心，年度订单量上涨 80%。

5. 科尔卡诺集团有限公司

公司是一家具备国际化视野的新锐品牌公司，目前已拥有 6 家子公司，专利技术 300 多项。2020 年，荣获"浙江省服务型制造示范企业、2020 匠心品牌、中国办公家具产业基地重点骨干企业、2020 年度家具行业杰出企业"等称号。

6. 浙江冠臣家具制造有限公司

公司已成为杭派办公家具的主要代表企业，是首批被评为时尚产业的办公家具企业之一。冠臣家具作为办公空间解决方案的专家，面向国内外客户，针对办公环境、商业空间等提供整体解决方案及核心产品定制。投入全新现代化生产基地，引进德国、意大利等先进的自动化生产线、智能化生产模式，全面提升现场管理水平。冠臣家具 U·趣、森朗系列产品分获两项"红棉中国设计奖"。

中国办公家具重镇——东升

一、基本概况

中山东升是国内办公家具行业最早形成的产业区之一。第一家办公家具企业于20世纪80年代在东升建立以来,行业历经多品牌、差异化的发展之路,产业不断集聚,并实现了高速的发展和升级。近年来中山办公家具产业迅猛发展,逐渐成为全国最集聚的办公家具生产基地,形成了完整的生产体系,产业链与集群优势在全国占据优势地位,目前中山全市已有各类家具企业超千家,办公家具企业300多家。2017年10月中山市东升镇正式获得了"中国办公家具重镇"称号,产业影响力明显提升,取得了"中国家具看广东,广东办公家具看中山东升"的良好口碑,涌现出华盛、中泰、迪欧、富邦、思进、海邦、东业等一批优秀企业。据统计,2021年第一季度东升镇规模以上办公家具企业产值同比增长88.3%。

二、2020年发展大事记

1. 加强战略建设,夯实发展基础

自2017年推动"中国办公家具重镇"落地东升以来,中山市办公家具行业协会始终围绕"团结全市办公家具行业力量,借力全国乃至全球资源,助力中山市东升镇'中国办公家具重镇'建设,扩大区域知名度和行业影响力,让企业更好更快发展"的战略开展工作。随着中山市办公家具行业协会和中山办公家具产业影响力的提升,2020年11月27日,中山市办公家具行业协会第五届就职典礼暨2020年年会进行了新战略发布,提出新战略目标中加上"助推中国办公家具产业高质量发展"这一重要使命。

2. 行业品牌活动促发展

积极推动办公家具文化节、引领文化潮流。为更好协助东升镇共建"中国办公家具重镇",分别在2018年承办首届广东·中山(东升)办公家具文化节、2019年第二届广东·中山(东升)办公家具文化节,2021年广东中山第三届办公家具文化节暨企业品牌总部展,引导办公家具文化潮流、展示了中山办公家具精神风貌。

积极响应三品战略,打造重点品牌推荐活动。积极响应国家提出的"三品战略"(增品种、提品质、创品牌),致力打造中山办公家具品牌与名牌。在助力品牌建设方面,积极组织企业以更好的形象参加广州国际办公环境展,上海(浦东、虹桥)家具展等主要家具展览会上,多家中山办公家具企业大获好评,多家企业荣获"红棉中国设计奖·产品设计奖",同期有效推动中山办公家具的区域品牌。

与此同时吸引全国客商聚焦中山,形成广州(上海)看展,中山看厂的模式。从2017年起,中山市办公家具行业协会连续4年特别设置"重点品牌推荐"系列活动,有效助力"中国办公家具重镇"品牌建设,行业指导意义重大,影响深远。

3. 政策支撑

《中山市促进板式家具产业发展的政策措施》的出台,为夯实办公家具发展提供了有力的政策支撑。2020年,东升镇划拨专项资金制订办公家具产业的中长期发展规划方案,明确坚持以"政府为主导,市场为导向,企业为主体"的全方位协同发展战略,进一步整合行业资源优势,做强产业链条。

助力中山市办公家具行业发展"十四五"规划出台，为进一步加强产业规划、协同发展，为商贸、展示一体化商用家具之都奠定发展方向。

三、品牌发展及重点企业情况

2020年，华盛、中泰、迪欧、聚美、思进、富邦等主要办公家具企业发展逆势增长，行业产出及税收贡献持续提升。办公家具产业规模效应不断巩固，产业影响力持续提升。目前有7家企业荣获广东省名牌企业，9家企业获得广东高新企业称号。

1. 中山市华盛家具制造有限公司

公司是一家专业、高档办公家具企业，以及酒店家具、医养家具企业，拥有八大生产基地，配备专业化的产品研发中心、国际化的产品检测中心，是高新技术企业、广东省制造业企业500强、政府采购办公家具重点品牌。

2. 中山市中泰龙办公用品有限公司

公司成立于1983年，是一家专业办公家具制造商。公司注册资金2.58亿元，拥有超过60万平方米的现代化办公、厂房、物流基地，以及训练有素的4000多名精英团队。配备专业的产品检测中心和家具研究院，产品除覆盖国内三线（含）以上城市外，还远销欧美及东南亚40多个国家和地区。

3. 迪欧家具集团有限公司

公司成立于2005年，产品布局以办公家具为核心，覆盖酒店家具、医养家具、教育家具、展示家具5大板块，共设立4大基地、32个制造工厂，拥有11万平方米办公和家具体验馆，厂房总面积100万平方米，规划建成超1000亩的现代化生产基地，年产值高达30亿元。集团现有高级设计师200多名，拥有近500项专利，研发能力和水平稳居行业前列。

4. 中山市东港家具制造有限公司

公司是一家30多年专注于办公家具研发和制造的生产型企业，在行业内率先引入ISO9001质量管理体系、ERP系统和德国豪迈先进生产设备。公司已成功为1000多家企事业单位提供完整的商业空间解决方案，并获得客户的高度评价。公司近些年来继续在高端人才引进、产品设计、生产场地优化扩大、展厅设计升级方面加大投入，以为客户提供更优质的服务。

5. 中山市聚美家具有限公司

公司成立于2010年，致力于为高端客户提供专业、个性化的办公空间整体解决方案；致力于中国智造，自主研发模具，工艺水平精湛；拥有国内领先的德国瑞好ABS激光封边工艺；拥有逾8万平方米的生产场地，引用模块化方式提高生产效率。

6. 广东富美达办公家具集团有限公司

公司成立于2004年，是一家集办公家具产品研发、生产、销售、服务及功能配套于一体的集团型企业，专注于为政府企事业单位与商务写字楼提供高品质的办公、商用家具配套设施。现有"富美达""达之杰""华桦龙"三大品牌，产品覆盖板式油漆类、胶板屏风类、转椅沙发类等家具类产品。

7. 中山市富邦家具有限公司

富邦家具是一家专业的高档办公家具、酒店家具、别墅家具生产制造企业。目前拥有总面积达100000多平方米的现代化厂房，15000平方米的产品陈列中心；企业发展至今成为拥有数千名员工，精湛的生产工艺，一流的技术人才，现代化的企业管理，精细的选材，独特的设计，优质的服务，可靠信誉的优良企业。拥有从意大利、德国、日本、中国台湾等地进口的先进家具制造设备90余台（套）、国产设备180余台（套），自动化程度非常高。

中国家具产业集群
——商贸基地

中国家具商贸基地共有五个，分别是广东乐从、江苏蠡口、四川武侯、河北香河和广东厚街。他们起步于20世纪80—90年代，最初是从家具生产、营销开始，经过30多年的发展，逐渐完善了原辅材料、设计生产、展览展示、批发零售等各个环节，形成了完整的产业链。尤其在展览展示方面吸引全国大量客商前来采购，名声渐响，甚至还吸引了红星美凯龙、居然之家等全国连锁龙头家具卖场入驻，建立了深厚的产业基础和广泛的品牌影响力。

在疫情影响下，商贸基地积极抱团，快速转变经营方式，寻求数字化转型升级之路。主要有以下几种方式：一是完善产业链，增加新兴业态，实现产业合理布局；二是发挥展会和文化活动对经济的拉动作用及资源聚集效应，搭建展示平台，以创新为核心、以产业为基石，建立创新发展模式；三是依托新零售和数字化营销，通过直播等网上销售渠道，提升集群知名度；四是加大招商引资力度，建立市场准入制度，优化商业环境，迎合升级的消费需求，推动传统商贸业提档升级。

广东 / 乐从

乐从镇是广东省佛山市顺德区的商贸重镇，现拥有180多座现代化的家具商城，总经营面积达400多万平方米，拥从业人员万多人。2020年，虽受疫情影响，但乐从镇积极应对，2月25日，乐从家具专业市场全面复工启市，全部商城开门营业，商城整体开业率达100%；成功举办"2020中国室内设计周暨第二届大湾区生活设计节"系列活动。

河北 / 香河

香河家具城是中国北方最大的家具销售集散地。2020年9—10月，举办第二届香河家具城"金秋采购季"活动，双节期间来香河家具城参观购物的顾客达111269人次；成立香河家具协会，为企业服务；加快推进家具城"二次创业"各项工作进程，高质量完成家具城管理体制改革，补充丰富市场业态，提升市场活力。

广东 / 厚街

厚街的家具产业，已形成特色明显、配套齐全的产业集群体系和产业综合体，尤其在家具展览、国际采购、终端销售、设计研发、配套市场等方面更是全球瞩目。厚街现有家具企业近200家，规模以上家具企业54家，上下游关联企业800多家，行业从业人员约10万人，实现规模以上企业生产总值达60亿元。目前，厚街已建成10个总经营面积达80多万平方米的家具原材料交易市场，年营业额达480多亿元；培育了名家居世博园等8个大型家具产品营销中心，全长5千米的家具大道已成为"家具黄金大道"。

中国家居商贸与创新之都——乐从

一、基本概况

1. 地区基本情况

乐从镇，地处珠三角腹地和广佛都市圈核心区域，是两大对外合作平台中德工业服务区、中欧城镇化合作示范区的核心区所在地。乐从位于广东省南部，处于佛山市中心城区，地理位置优越、水陆交通便利。

乐从镇是全国有名的商贸强镇，连续多年入选"全国百强镇"，有着悠久的商贸历。改革开放四十余载，在乐从人民的努力经营以及政府的扶持引导下，打造出著名的家具、钢铁、塑料三大专业市场，被誉为"中国家居商贸与创新之都""中国钢铁专业市场示范区""中国塑料商贸之都"。乐从商贸经济发达，多家制造业、服务业企业早已成为国内专业领域翘楚。

2. 行业发展情况

乐从家具城是国内最早的家具专业市场，现今拥有180多座现代化的家具商城，总经营面积达400多万平方米，市场拥有家具生产、销售、安装、运输等从业人员5万多人，容纳海内外5000多家家具经销商和1300多家家具生产企业，汇聚了国内外高、中档的家具品种4万多种，每天前来参观购物的顾客达2万人次以上，常驻乐从镇进行家具采购贸易的外国客商接近1000人，每年到乐从采购的外国客商接近5万余人次。每天进出乐从运送家具的车辆超过3万台次，产品畅销世界100多个国家和地区，家具销售量居全国家具市场之冠，是全国乃至全世界最大的家具集散采购中心。

二、经济运营情况

2020年，乐从镇实现地区生产总值234.71亿元，增长3.9%；税收47.38亿元，下降3.02%；贸易业销售收入1010.29亿元，下降0.69%；规模以上工业产值88.75亿元，增长5.6%；全社会固定资产投资154.57亿元，增长17.13%；居民存款余额401.87亿元，增长6.12%；全镇市场主体达4.9万户，增长10.84%。

三、品牌发展及重点企业情况

乐华家居集团总部生产基地于2020年5月动工建设，预计于2022年竣工，目前已完成地下室开挖超过50%；箭牌卫浴总部大厦正开展地下室结构施工，完成工程总形象进度约30%；红星美凯龙家居博览中心在开展结构施工，项目结构预计2021年封顶。

四、2020年发展大事记

1. 乐从家具专业市场全面复工启市，吹响企业复工复产"冲锋号"

2020年初，在抗击新冠肺炎疫情的严峻形势下，乐从镇一手战疫情，一手抓发展，推动高效安全复工。乐从家具行业积极响应，彰显担当，纷纷推出租金减免措施，在关键时刻抱团取暖，迅速稳定市场。2020年2月25日，乐从家具专业市场全面复工启市，全部商城开门营业，商城整体开业率达100%。

2020中国室内设计周暨第二届大湾区生活设计节开幕仪式

2020乐从家具城全面复工启市盛典

2."2020中国室内设计周暨第二届大湾区生活设计节"成功举办

乐从成功举办"2020中国室内设计周暨第二届大湾区生活设计节"系列活动。本届活动以"重启·未来"为主题,众多优秀设计机构和知名设计师相聚,探讨艺术与设计、科技与设计、互联网与设计、生物与设计、自然与设计家居生活的进一步创新融合。

作为"2020顺德设计周活动"的重要组成部分,活动打造为粤港澳大湾区高美誉度的生活设计品牌活动,让全球家居设计目光聚焦乐从,助力佛

2020 全国室内装饰行业工作座谈会

2020 中国室内设计颁奖盛典

山家居产业新零售模式下的多产业融合联动发，以创新设计力量赋能佛山家居产业高质量发展，充分发挥文化创意和设计服务对产业升级的引领作用，并借力多场文化内涵丰富的在地活动、直播带货、线上线下联动等路径，让"互联网+大数据"服务好产业需求，擦亮中国家居商贸与创新之都招牌，为大湾区注入更多元的创新设计新动能，让中国家居品牌影响全球。

自 2018 年"设计顺德"三年行动计划启动，顺德工业设计行业持续发展，集聚的工业设计企业从 200 多家到突破 520 家，顺德作为设计之城和设计产业高地的城市气质正在逐步显现。

3. 推动传统产业优化升级

借力市场采购贸易方式，推动乐从镇家具外贸转型提升，推荐罗浮宫国际家具博览中心、红星美凯龙佛山乐从商场、顺联家居汇·北区等 9 家家具商城纳入佛山亚洲国际家具材料交易中心市场采购贸易方式试点市场集聚区范围。引导企业乘着佛山建设跨境电子商务综合试验区的东风，通过拥抱跨境电商实现快速发展，提升产品、品牌在全球的竞争力。

中国北方家具商贸之都——香河

一、基本概况

香河县,隶属河北省廊坊市,地处华北平原北部,四面与京津接壤,素有"京畿明珠"之美誉。总面积458平方千米,总人口35万,综合经济实力位居廊坊市前三甲、河北省十二强,是首都经济圈乃至环渤海经济圈中最具活力和发展潜力的黄金板块。历史上,香河就是家具之乡,拥有浓厚的家具文化底蕴,集天时、地利、人和于一身。历经22年的发展,香河国际家具城已成为北方最大的最成熟的家居市场。

香河家具城由33座单体展厅组成,总面积突破300万平方米,城内参展企业7500多家,知名品牌1500余个,年客流量650万人次。

二、2020年发展大事记

2020年,香河家具城党委在香河县委县政府的正确领导下,加快推进家具城"二次创业"各项工作进程,高质量完成家具城管理体制改革,大力开展诚信市场体系建设,补充丰富市场业态,创新宣传推广模式,积极做好疫情防控等项工作,激发市场潜能,提升市场活力,加快促进家具产业转型升级,推动家具市场健康有序发展,为香河家具产业健康良性发展起到了积极促进作用。2020年10月,家具城发展中心当选为中国家具协会第七届理事会副理事长单位;12月,香河家具城通过国家知识产权局续延审查的国家级知识产权保护规范化市场。

1."二次创业"具体路径

2020年,为全面推进"二次创业"进程,香河家具城发展中心提交《家具城"二次创业"具体路径》。

创新香河家具城三位一体管理模式 设立香河家具城发展中心、香河众兴家具城发展中心、香河家具协会三位一体的管理模式,实现政府职能、社会职能、市场管理服务职能和谐统一。

推进香河智慧家居小镇规划建设 以发展眼光、合理业态、世界格局定位香河家具城智慧家居小镇的规划。对沿家居大道两侧4千米共计32个家居展厅和未开发用地进行科学规划,形成方案上报政府和河北省城乡规划设计院,实现对未来香河家具城的顶层规划设计。

增加业态促进产业合理布局 在未来的香河家具城中,首先要增加与家具有关的上下游产品链条,从房屋设计、建造、软装、家具配置、饰品陈列到建材卫浴、窗帘布艺、灯饰、酒店用品一应俱全,与之相配套的设计中心、金融中心、美食街、电子商务中心合理布局,使香河家具城成为家居文化旅游的现代之城。

以新零售理念打造香河家具城 线下根据各展厅的自身条件和产品特色打造各类家居产品和各产业集群特色产品的特色体验店,增加消费者来香河购物的吸引力和满意度。应用互联网和5G手段线上采取多渠道对香河家具城进行高质量宣传。家具城发展中心将对香河家具城官网进行内容提升,设立香河家具城网红商学院,培训网络销售和宣传的人才。鼓励家具城商户和本地工厂店开展线上服务,集中时间、集中内容进行爆破式宣传,提升香河家具城的知名度。

加大招商引资力度 一是引进众家联、保障网、艾佳生活北方总部,采取统一招商、统一装修、统一销售、统一结算的模式，精选 3 大平台 400 家左右二级合作单位入驻，初步计划是 5 万平方米。二是家具城发展中心与大商帮商业管理有限公司合作，在嘉亿龙一层东侧和北侧运营 3 万平方米，作为家具城服务的新商业业态，招商引入超市、小吃街、购物中心、斑马仓网红直播基地。三是中科未来的众多新材料专利和新营销模式在香河迅速转化为新建筑模式示范区，结合香河全域旅游发展方向和美丽乡村建设规划，授权未来公司参与香河相关项目建设，推广智能宅配在香河的广泛应用，并向全国推广。

推进家具城改造升级 以香河智慧家居小镇规划为引领，利用现有资源对现有家具城进行全方位的改造升级。一是月星家具拟加盟全国顶级的商业综合体——吾悦广场，在香河家具大道西入口打造地标性建筑，同时服务香河家具城及周边地区消费者的吃喝玩乐购需求。二是建设中的高氏商业综合体项目总建筑面积 10.6 万平方米，具有商城、写字楼、酒店三种功能，建成后将成为家居大道中部的地标性建筑，全面提升香河家具城对外服务水平。三是北广、春城、新时代、随缘、京达、华汇、京华等家居展厅建设时间较长、建筑标准不高，已影响到家具城的整体形象和安全。香河家具城发展中心将系统规划，高标准设计该区域项目，把这个家具城的起步区打造成为"二次创业"的示范区。

2. "金秋采购季"圆满完成

2020 年 9 月 18 日至 10 月 18 日，举办第二届香河家具城"金秋采购季"活动。活动以弘扬香河家居文化、推动香河家具产业发展为宗旨，有效促进了家具市场建设发展，对提振市场信心、恢复市场活力、吸引人员消费起到了积极促进作用。

线上宣传，促进引流 组建了直播平台，购置了专业直播设备，向香河县融媒体中心专业人员学习直播技巧，分别对兴华家具城、居然之家红木专区、中意展厅办公酒店专区、顺隆家具城全体系列以及金钥匙、居然之家、月星、经纬家具城 4 个展厅进行现场直播，第一时间把活动信息及时、准确、有效地传播给客户和观众。活动期间，各展厅商户利用自身资源，运用线上直播销售等方式为品牌代言，直播达到 420 家，点击量达到 5000 万次。

营造氛围，促进消费 借助中秋节、国庆节双节之际，对此次"采购季"进行大力宣传造势。在家具大道路段路灯杆间悬挂串旗 2616 米，在京哈高速香河出口、家具大道东西两侧摆放广告牌，在家具大道两侧灯杆悬挂国旗 156 对。

多元促销，让利顾客 各展厅分别策划了本展厅各具特色的促销活动，真正做到了城城有特色、户户有优惠，让消费者不仅购买到实惠产品，更是享受了一场家具文化大餐。通过对香河家具城金秋采购季活动的前期宣传，双节期间来香河家具城参观购物的顾客约 111269 人次。

3. 建立香河家具协会

积极与香河县民政局、审批局对接，拟定香河家具协会章程，完善相关手续。目前共发展副会长单位 13 个、会员单位 52 个，组织召开了香河家具协会扩大会议暨授牌仪式。疫情缓解后，为解决部分企业资金不足、融资困难等问题，联系中国建设银行、香河（当地）农商银行、中国银行与企业召开银企对接会，为企业解决实际困难，充分发挥协会作用。

中国家具展览贸易之都——厚街

一、基本概况

1. 地区基本情况

厚街位于广东、香港、澳门1小时经济圈的核心腹地，地处广州—东莞—深圳—香港等城市发展轴带的中央、外向型经济发展活跃的珠三角经济圈和粤港澳大湾区几何中心位置，北通广州机场、南连宝安机场、西倚虎门港码头。全镇总面积126.15平方千米，常住人口约73万人，先后获得了"中国会展名镇""广东省家具专业镇""广东家具国际采购中心""中国家具展览贸易之都"等区域荣耀。

改革开放以来，厚街经济社会各项事业得到了快速发展。特别是厚街的家具产业，已形成特色明显、配套齐全的产业集群体系和产业综合体，尤其在家具展览、国际采购、终端销售、设计研发、配套市场等方面更是全球瞩目，被全球家具业界公认为"东方家具之都"。成功走出了一条以生产制造为基础、创新研发为方向，以展促贸、以贸带产的新路子，实现了由"产地办展"向"展贸一体"的转型升级。

2. 行业发展情况

厚街现有家具企业近200家，规模以上家具企业54家，上下游关联企业800多家，行业从业人员约10万人，设计从业人员5000多人，实现规模以上企业生产总值达60亿元。先后组建了东莞名家具俱乐部、国际名家具设计研发院、全国家具快速维权中心、名家具俱乐部青年企业家委员会、名家具俱乐部设计师委员会、名家具定制工程委员会、名家具品牌促进等行业组织机构，与清华大学等9所国内著名院校开展产学研合作，与30多个国家和地区的家具行业组织结盟发展；成功培育国家、省高新企业7家，建设省、市级工程及技术中心2个；家具企业注册品牌累计2000多个，获得了中国驰名商标3件、广东省名牌产品11个、广东省著名商标8件。

目前，厚街已建成10个总经营面积达80多万平方米的家具原材料交易市场，年营业额达480多亿元；培育了名家居世博园、兴业家居等8个大型家具产品营销中心，其中名家居世博园以单体面积40万平方米，进驻500多个世界级品牌家具的规模创造了家具行业的多项第一，经营面积达15万平方米的兴业家居也成为国内品牌家具企业展示产品的"热土"；全长5千米的家具大道已成为"家具黄金大道"，吸引了192家国内外品牌企业设立体验馆和专卖店，年销售额超240亿元；已连续举办45届国际名家具（东莞）展览会。

二、发展措施

1. 做强家具制造业，夯实创建基础

厚街家具业起步于20世纪80年代末90年代初，历经30年的发展，家具生产的技术、设计和工艺等方面均处于我国领先行列。厚街家具产业已经形成包括家具原材料供应、研发设计、生产制造、展览展销、品牌发展、批发零售、电子商务等完备产业链，国内外知名度逐年攀升，成为了厚街的三大支柱产业之一。

2. 发展家具流通业，丰富集群要素

已建成经营面积达40万平方米的名家居世博园、营业规模达25万平方米的兴业家居等10个委

员会等行业编织机构，总面积超 100 万平方米的家具专业市场；开工建设名家居世博园二期项目，二期规划建筑面积 38 万平方米，与一期连接互通，扩建总体规模将达到 78 万平方米，巨无霸体量继续领先全球，助力实现大家居业总部商圈腾飞，引领发展中国大家居业的总部经济；将全长 5 千米的家具大道打造成为珠三角地区的家具大型集散地，集聚了 192 家国内外家具品牌专卖店、体验馆，年营业额超 240 亿元；建有中国名家具网、开店客等多个网站和开发出工程家具远程电子商务系统等电子商务平台，可提供 B2B、B2C、C2C、O2O 等电子商务服务；培育了天一美家、欧工等软体家具企业，开启了厚街家具定制服务的新内容、新载体；利用展贸平台优势，整合了生产、设计等产业供应链资源，引导迪信、宝居乐等成品家具企业转型发展全屋整装、拎包入住，推出了个性化人居系统解决方案。

3. 做响名家具展会，推动展贸结合

已建有同时可展览面积共计 23 万平方米的展馆 7 个，每年举办国际性的大型展会 30 多场、节事活动近 80 场。其中，"国际名家具（东莞）展览会"自 1999 年 3 月成功创立以来，已连续举办 45 届，成功实现了由产地办展向展贸一体的转型升级，并先后孵化出"中国全屋整装定制展暨东莞国际设计周""国际名家具机械材料展"等产业链上下游展览会，展览规模由原来的 4 万平方米发展到展贸一体后的 81 万平方米，成为国内外最具品牌和影响力的家具展览会。20 年来，名家具展累计招揽参展企业 4.4 万家次、专业采购商超 480 万人次到厚街参展采购，影响覆盖全球 150 多个国家和地区。据不完全统计，2019 年通过"厚街家具展贸平台"实现交易额超 400 亿元，广东省有近 70%、全国有近 50% 的家具生产企业通过"厚街家具展贸平台"获得海内外订单；全球约 35% 的区域性采购商通过"厚街家具展贸平台"获得交易采购，累计带动国内外企业发展专卖店达 30000 多间。

鉴于厚街家具展贸平台的良好效果，作为全球最有影响力的三大国际家具博览会之一的高点国际家具展所在地美国高点，于 2015 年 11 月 7 日与厚街签订了《经贸战略合作发展框架协议》，与名家具展组委会签订《家具展贸合作伙伴协议》，正式开启了两地家具展览贸易的合作。

4. 加快平台建设，提升区域影响

先后建立了东莞名家具俱乐部、东莞国际名家具设计研发院、东莞市厚街镇知识产权服务中心家具类工作站、厚街镇知识产权服务中心综合类工作站和东莞市企业发展研究院等服务机构，并被国家知识产权局授牌成立"中国（东莞）家具知识产权快速维权援助中心"，进一步巩固了厚街家具产业在全国风向标的地位。同时，建有高端信息发布平台，每年举办中外家具行业领袖峰会、中国家具制造大会、中国家居流行趋势发布会等高规格论坛或活动 30 多场，引领家具行业的发展，与《亚太家具报》等 50 多家国内主流媒体和 14 家国际家具媒体联盟成员建立了长期宣传协作关系，及时进行家具信息发布。另外，建设厚街家具专业镇公共创新服务平台，联合"政府、院校、协会、企业"多方合作，投资 1.5 亿元共建家具协同创新中心，促进创新型企业发展，为家具企业的创新发展提供产业发展研究、金融服务、知识产权相关服务、情报及大数据研究、共性问题解决、创新人才培养等服务。

5. 明确定位，保障可持续高质量发展

为扶持家具产业发展和推动"中国家具展览贸易之都"建设，当地政府在经济发展新时期下，通过确立"1+9"发展战略，着力推进"一个名城三大支撑五大片区"建设，突出建设成为湾区会展商贸名城，努力建设成为先进制造业集聚区。

三、发展规划

着力推动厚街镇会展商贸向一体化、全球化和价值链高端延伸，力争把厚街建设成为开放、现代、生态的湾区会展商贸名城；统筹城轨 TOD 和虎门高铁站白濠地块，以现代会展业为引领，打造南部会展现代服务产业区；加快家具总部大厦建设，着力打造湾区企业总部基地，促进传统产业集聚发展；加快名家居世博园二期建设，丰富大家居商圈业态，充分发挥展贸一体化效应；进一步加快实施会展片区控规，把会展片区打造成为现代家具产业园，提升家具产业发展的硬环境；继续办好"国际名家具（东莞）展览会"，加快展贸融合，推进家具产业发展国际化。

商贸基地

国际名家具（东莞）展览会现场

国际名家具（东莞）展览会展馆

中国家具产业集群
——出口基地

我国是世界上最大家具出口贸易国，在全球市场占据主导地位，生产的家具产品远销全球200多个国家和地区。目前，约18%的全球家具市场（不包括中国）由我国产品满足。2020年，受疫情激发的居家需求增长，加之海外产能影响，家具行业出口实现两位数高增长。据海关数据显示，全年我国家具及其零件累计出口4039亿元人民币，同比增长12.2%。

近年来，家具行业出口连续增长，但增速存在波动。2018年，受中美贸易摩擦影响，家具出口企业纷纷"抢出运"，出口额实现短期增长。2019年，受贸易摩擦加码、前期"抢出运"及国内生产成本上升等不利因素影响，全球产能向越南等国家转移，出口增速明显放缓。2020年，疫情之下居家需求上升，主要发达国家特别是美国积极刺激经济，推出多轮救济法案，消费需求旺盛，而海外复工缓慢，导致产能向国内回流，家具行业出口额大幅增长，创下近年来最高增幅。

美国是我国最大的家具出口贸易国。据海关数据显示，2020年我国家具出口美国累计170.73亿美元，占我国家具商品出口总额的27.44%。近年来，受到中美贸易摩擦等因素影响，我国对美国的家具出口受到影响，与此同时，越南、马来西亚、印度尼西亚等亚洲其他国家在美国市场的渗透，加大了竞争难度。

出口贸易的优异表现，得益于我国超大规模市场优势和不断提升的企业竞争力，得益于外贸主体活力的持续增强，也得益于外贸新业态的蓬勃发展。2021年，随着以国内大循环为主体、国内国际双循环相互促进的新发展格局加快构建，高水平对外开放不断推进，新的国际合作和竞争优势不断形成，我国外贸出口规模有望继续保持增长。

浙江 / 海宁

2020 年，海宁家具行业共有生产企业 100 余家，从业人员约 3 万人。根据海宁市统计局对 45 家行业规模以上企业的统计资料显示，2020 年，海宁市家具行业累计实现规上工业总产值 56.99 亿元，同比下降 28.2%；全行业利润 2.47 亿元，同比下降 37.2%；家具及其制品累计出口 49.5 亿人民币，同比下降 10.16%。

浙江 / 安吉

安吉是闻名中外的"中国椅业之乡"，是全国最大的办公椅生产基地。椅业已成为安吉县第一大支柱产业。2020 年，安吉椅业企业总数达 700 余家，实现销售收入达 420 亿元；规模以上企业 223 家，亿元以上企业达 79 家，规模以上企业实现销售收入 297.6 亿元，增长 17.5%，占全县规模以上企业销售收入总额的 40.6%；全县家具出口 226.2 亿元，增长 18.9%，占全县出口总额的 66.9%。

广东 / 大岭山

大岭山镇拥有家具及配套企业 1121 家。其中，规模以上企业 97 家，投资超亿元的企业 30 多家，家具从业人员超过十万人。2020 年，大岭山镇规模以上家具企业完成总产值 48.09 亿，完成利润总额 1.95 亿元。随着与之配套的化工、五金配件、木材加工等一批企业的兴起，一条紧密相连的产业链成了大岭山镇的优势。

中国椅业之乡——安吉

一、基本概况

1. 地区基本情况

安吉县隶属浙江省湖州市，素有"中国第一竹乡、中国白茶之乡、中国椅业之乡"之称，县域面积 1886 平方千米，户籍人口 47 万，下辖 1 个国家级旅游度假区、1 个省级经济开发区、1 个省际承接产业转移示范区，是习近平总书记"绿水青山就是金山银山"理念诞生地、中国美丽乡村发源地和绿色发展先行地。

2. 行业发展情况

安吉县是闻名中外的"中国椅业之乡"，是全国最大的办公椅生产基地。安吉椅业起步于 20 世纪 80 年代初，经过 40 年的发展，产品从无到有，从小到大，从弱到强，由原来的单一型发展到系列化生产，成为产业链配套完善、分工明确的现代产业集群。椅业已成为安吉县第一大支柱产业，安吉无论从椅业生产规模、市场占有率还是品牌影响力，在全省、全国乃至全球，都具有领先地位。

二、经济运营情况

2018 年，安吉椅业企业总数达 700 家，实现销售收入达 394 亿元；规模以上企业 176 家，亿元以上企业达 54 家，规模以上企业实现销售收入 220.3 亿元，同比增长 12.8%，占全县规模以上企业销售收入总额的 39.0%，利税贡献值在全县主要行业中排名第一。全县家具累计出口 177.52 亿元，同比增长 16.6%，占全县出口总额 71.7%。

2019 年，安吉椅业企业总数达 700 余家，实现销售收入达 405 亿元；规模以上企业 192 家，亿元以上企业达 59 家（依据企业工业总产值）、亿元以上企业达 52 家（依据企业主营业务收入），规模以上企业实现销售收入 230.5 亿元，同比增长 2.2%，占全县规模以上企业销售收入总额的 38.7%，利税贡献值在全县主要行业中排名第一。全县家具累计出口 190.36 亿元，同比增长 7.2%，占全县出口总额 70.9%。

2020 年，安吉椅业企业总数达 700 余家，实现销售收入达 420 亿元；规模以上企业 223 家，亿元以上企业达 79 家（依据企业工业总产值），规模以上企业实现销售收入 297.6 亿元，增长 17.5%，占全县规模以上企业销售收入总额的 40.6%，利税贡献值在全县主要行业中排名第一。全县家具出口 226.2 亿元，增长 18.9%，占全县出口总额的 66.9%。

2018—2020 年安吉县家具行业发展情况汇总表

主要指标	2020 年	2019 年	2018 年
企业数量（个）	700	700	700
规模以上企业数量（个）	223	192	176
规模以上椅业工业总产值（亿元）	297.1	238.1	225.8
规模以上椅业主营业务收入（亿元）	297.6	230.5	220.3
出口值（亿元）	226.22	190.36	177.39
家具产量（万件）	6920	6370	6037

三、2020年发展大事记

1. 总量规模不断扩大

2020年，椅业企业总数达到1000余家，其中规模以上企业223家，亿元以上产值企业达到74家。与此同时，产业改造提升不断加快，2020年，安吉县家居及竹木制品行业在全省传统制造业改造提升综合评估中，在全省三批次48个分行业省级试点地区位列全省第1名。

2. 创新能力不断增强

近年来，安吉汇聚智慧着力打造产业设计高地，充分利用设计大赛等平台优势，把工业设计作为产品创新、产业升级的重要抓手，从而进一步发挥产业集聚的功能和效应，有效提升安吉制造业的工业设计水平，践行"中国制造2025"的国家战略，借助G20、金砖五国峰会、上合组织青岛峰会把"安吉制造"推向国际舞台。现有国家级工业设计中心1家、省级企业工业设计中心9家、市级企业工业设计中心11家。2020年，博泰、盛信、富和、嘉瑞福等4家企业的省级企业研究院荣获企业创新研发先进单位。椅业产品设计风格、外观造型不断创新，技术成本投入不断加大，产品由原来单一的转椅生产向椅业系列化方向发展，现已形成办公椅、沙发、功能椅、休闲椅、餐椅、系统家具和各类配件七大系列数千个品种。

连续多年举办行业设计大赛。2019年第三届"安吉椅业杯"国际座椅设计大奖赛前后共收到来自哈佛、台湾实践、清华等三百多所海内外知名院校及百余家企业、设计公司及独立设计师的作品2400多件。2020年11月启动第四届"安吉椅业杯"中国座椅设计大奖赛，计划将于2021年10月举办大奖赛终评。椅业企业研发总投入以每年30%的速度递增，椅业新产品设计创新能力显著提升。2020年，大康荣获国家级知识产权示范企业，中源、盛信荣获国家级知识产权优势企业，永艺荣获中国专利优秀奖，大康的IT办公椅（双背）专利和永艺的椅座（自适应功能）专利荣获2019年浙江省专利优秀奖。永艺研发生产的"马司特"办公椅荣获日本发明专利，座椅（自适应功能）专利荣获第二十一届中国外观设计优秀奖。恒林海外家居品牌"NOUHAUS"荣获德国红点奖，体感电竞椅荣获2020第五届中国设计智造大赛概念组佳作奖。"永艺"商标被国家知识产权局认定为中国驰名商标，并予以扩大保护。乾门荣获省级商标品牌示范企业。

3. 智能化水平不断提升

目前全县椅业现有省级企业技术中心7家，市级企业技术中心24家。2020年全县已建设智能仓储的椅业企业3家，恒林、护童、中源三家企业的智能仓储空间达47万立方米。永艺年产1800万套智能家具及配件生产线项目和护童年产20万套绿色智能家居生产线项目入选2020年浙江省"四个百项"重点技术改造示范项目计划。百之佳、护童入选2020年度湖州市两化融合示范企业名单。护童荣获"2020年浙江省第四批上云标杆企业"称号，绿色健康桌椅智能工厂荣获"2020年浙江省智能工厂"称号。

4. 绿色制造水平显著提升

加快推进绿色制造水平提升，全面实施绿色工厂、绿色园区、绿色供应链、绿色设计示范建设。博泰入选2020年国家级绿色工厂，现有五星级绿色工厂累计数达4家（大康、永艺、中源、博泰）。居然雅竹、万航、大名、聚源、轩龙入选2020年度湖州市第二批四星级绿色工厂名单。绿色家居产业园被评为国家级绿色园区。永艺成功入选第二批工业产品绿色设计示范企业。

5. 全球市场不断开拓

安吉椅业已经成为我国最大的坐具生产基地，全面进军并抢占国内外市场。国内市场三分天下有其一。自2019年7月依托政彩云平台建立全省首个县级精品馆——"安吉精品馆"以来，已有多家椅业企业入驻平台，截至2020年底，政府采购金额超过3800余万元。产品出口呈现快速发展势头，2020年，全县家具企业累计出口226.2亿元，同比增长18.9%，占全县出口总额66.9%；全县共有家具类出口实绩企业615家。自营出口额同比增长20%以上的规模以上企业61家，恒林股份2020年自营出口额26.4亿元，同比增长28.3%。

6. 国际盛会不断亮相

G20：安吉县抢抓G20峰会重大机遇、密切对接，经过一年多持续跟踪、协调组织，突出企业主体、政府主导，终于使安吉椅、竹精品在G20杭州峰会的主要活动场所实现全覆盖，包括会议用椅、餐椅、沙发、午宴椅、会议桌椅等，近50款共8000多件（套）。

金砖五国会务：2017年9月，大康控股集团有限公司生产的金砖会晤领袖椅、双边会谈椅以及媒体区桌椅、设备等登上了金砖国家领导人厦门会晤舞台。本次峰会中大康提供了800套左右的桌椅、设备，作为重中之重的金砖会晤领袖椅分别用于开幕式、圆桌会及双边会谈现场。

上合组织青岛峰会：2018年6月，上合组织青岛峰会在青岛召开，在全国众多方案中，大康拔得头筹，被确认为峰会主场馆家具的唯一供应商，其中峰会元首椅、贵宾室沙发、宴会厅、新闻中心工作区和茶歇区的桌椅、青岛美术馆贵宾接待沙发全部由大康提供。

7. 资本市场不断拓展

"安吉椅业板块"在资本市场加速崛起，资本市场不断拓展。目前已有3家企业进入资本市场：2015年1月，永艺率先登录上交所，成为中国椅业第一股；2017年，规模最大的椅业企业恒林成功挂牌上市；2018年2月，中源家居成功挂牌上市，正式成为第三家主板上市椅业企业。2019年6月恒林以现金6338万瑞士法郎（折合人民币约4.38亿元）收购FFL Holding AG100%股权，旗下拥有"Lista Office"等知名品牌，进军高端制造业。

8. 区域品牌不断提升

近年来，安吉椅业硕果累累。2010年，安吉荣获"浙江省块状经济向现代产业集群转型升级示范区"称号；2011—2016年连年被中国家具协会授予"中国家具优秀产业集群奖""中国家具先进产业集群奖"荣誉；2014年，被中国家具协会授予"中国家具重点产区转型升级试点县"（全国首个）；2016年，被工信部授予"全国产业集群区域品牌建设椅业产业试点地区"；2017年，被科技部火炬中心授予"高端功能座具特色产业基地"；2018年，安吉椅艺产业创新服务综合体被列入浙江省第一批产业创新服务综合体创建名单；2019年，中国椅业之乡荣获"中国家具行业突出贡献单位"，行业首家"椅业消费教育基地"在永艺正式揭牌，全国首个椅业工业博物馆"中国安吉椅业博物馆（工业博物馆）"在大康控股正式揭牌；2020年，安吉家具及竹木制品产业基地被评为国家级新型工业化产业示范基地，开发区绿色家居产业园被评为国家级绿色园区。自2020年1月1日起，"安吉椅业"品牌已在浙江交通之声FM93单点的半点对时正式投放，引起广泛的社会关注。

9. 社会影响力显著增强

安吉椅业在做大做强的同时，积极承担社会责任、回馈社会。2020年1月，恒林将1100把办公椅、200把午休椅、40套沙发定向捐赠给火神山、雷神山医院。2月，永艺通过安吉县慈善总会向武汉人民捐款捐赠109.28万元。2019年度（第17届）风云浙商颁奖典礼上，恒林董事长王江林荣膺"2019年度十大风云浙商"称号。10月，恒林股份入围2020年浙江本土民营企业跨国经验50强名单和2020胡润百富榜名单。12月，浙江省家具行业协会2020年会暨六届五次会员大会在杭州召开，永艺、恒林、大康荣获"浙江省家具行业抗疫爱心企业"称号；永艺、恒林、中源荣获"浙江省家具行业领军企业"称号；护童、大康、盛信荣获"浙江省家具行业杰出企业"称号；富和、博泰、卡贝隆、和也、润大科泓、万宝、奥尚、粤强、轩龙、琦天、永丰、联胜荣获"浙江省家具行业精英企业"称号。

中国家具出口第一镇——大岭山

一、基本情况

1. 地区基本情况

2020年以来，大岭山镇按照广东省"1+1+9"工作部署和东莞市"1+1+6"工作思路，把握"三区"叠加重大历史机遇，加快建设"湾区制造业强镇、宜居魅力大岭山"。加快推进新业态、新模式、新产业发展，进一步提升城市品质、优化拓展空间、升级产业体系、深化改革开放、创新基层治理、保障改善民生。

2. 行业基本情况

家具产业集群作为大岭山镇特色产业集群，始终坚持稳步发展，先后获得"亚太地区最大家居生产基地""中国家具出口第一镇""广东家具产业集群升级示范区"等称号，形成了明显的品牌效应，是东莞市首批重点扶持发展的产业集群之一。

目前大岭山镇家具企业有1121家，规模以上企业97家，投资超亿元的企业30多家，家具从业人员超过10万人。2020年大岭山家具企业完成规模以上总产值48亿元。

3. 行业链条配套

经过数十年家具企业的迅猛发展，使得大岭山形成了聚集效应，吸引了与之配套的上下游企业接踵而来。随着与之配套的化工、五金配件、木材加工等一批企业的兴起，一条紧密相连的产业链成了大岭山镇的优势。亚太家具协会、台湾家具协会、香港家具协会在大陆的办事处均设在大岭山，华南地区家具协会会长绝大部分来自大岭山的企业。

大岭山有全球最好的贴面料加工厂家、中纤

2018—2020年大岭山镇规模以上家具制造企业情况表

主要指标	2020年	2019年	2018年
规模以上企业数量（家）	97	94	89
规模以上工业总产值（亿元）	48.09	61.69	51.91
规模以上工业增加值	12.36	15.98	13.63
营业收入（亿元）	47	40.77	52.08
营业收入（亿元）	1.945	-0.2	-1.7

板生产厂乡源木器木业厂；有全球销量最大，年出口4亿元，利润1.2亿元的世界500强企业阿克苏诺贝尔涂料生产商；有全球拥有80多个经营点的著名家具涂料供应厂商美国丽利涂料生产厂以及日本销量第一的大宝涂料生产厂。还有华南地区最大的木材供应市场——吉龙木材市场，该市场投资7000多万元、占地面积16万平方米，商铺总建筑面积90000平方米，设有标准商铺1200余间以及50000平方米仓库，专门采集全国乃至世界名优木材。有最具规模的家具五金市场——大诚家具五金批发市场。一件家具产品从原料、加工、生产到包装、出口，均可以在镇内完成。

二、发展优势

1. 市场主体不断强壮

大岭山镇拥有家具及配套企业1121家，其中上规模、上档次的家具企业有97家，投资超亿元企业30多家，家具从业人员10万多人，大大促进了本地就业，推动了区域经济快速发展。

2. 品牌影响日益增强

大岭山镇一直大力引导家具企业走品牌途径，自主品牌发展形势良好，区域品牌影响力不断增强。自主自创家具品牌大幅增加，目前拥有76个家具品牌，大岭山镇家具行业拥有国家高新技术企业6家、中国驰名商标2件、广东省名牌产品7件、广东省著名商标4件、广东省技术工程中心2个。2016年，家具企业授权发明专利9件，实用新型专利200件，授权外观设计专利550件。

2016年，大岭山镇被中国家具协会评为"中国家具行业优秀产业集群"。富宝、元宗被评为"2016中国家具行业产品创新单位"。运时通家具集团获得"绿色供应链东莞指数五星企业"称号，元宗家具、富宝家居获得"绿色供应链东莞指数四星企业"称号。其中富宝沙发的富兰帝斯系列品牌，台升家具在美国销量第二的"环美"品牌。此外还有达艺家私、运时通家具系列产品，在国内外有极大的销售市场，在家具业界十分具有影响力。区域知名品牌的涌现，推动了大岭山镇家具行业的发展。通过实施名牌带动战略，不断提升大岭山家具区域品牌和综合竞争力，促使大岭山从"中国家具出口第一镇"向"中国家具第一镇"转变，以此带动全镇经济更好更快发展。

3. 自动化程度不断提升

大岭山镇持续贯彻落实"机器换人"政策，家具智能自动化设备使用量由2008年底的258台上升到目前的1200台。采用现代化生产技术，引进自动封边机、数码镂花机、激光切割机等一系列世界先进的家具生产机械，一件产品的整个生产过程可以在一条流水线上完成。部分企业装备欧洲全面引进计算机开料系统、紫外光固化生产流水线、UV油漆、水性涂料流水生产线等先进设备。

4. 家具电子商务发展迅速

家具行业电子商务逐渐兴起，一些大型企业开始采用电商销售模式。部分企业开始了线上与线下相结合的网络销售模式的探索。家具电商销售额快速增长，实现了由消费者在网上下单采购家具快速增长的目标。A家、雅居格、地中海等品牌在京东、天猫销售名列前茅。

5. 产业创新能力不断增强

定制家具逐渐成为新兴发展渠道。2016年以来，大岭山家具行业新业态方兴未艾，部分家具企业开始向整装家居、全屋定制家具全面转型，加快市场占有率，抢先在定制家具市场打下基础。

6. 科技创新与转化能力不断加强

为推动大岭山家具产业转型升级，在东莞市大岭山镇政府的大力支持下，由上海高校产学研合作中心牵头，复旦电光源所科研小组及迈芯光电科技有限公司（以下简称"迈芯光电"）承担了大岭山家具产业升级的关键技术之一的生态家具表面处理技术的研制、示范和产业化工作。通过家具产业升级项目建设，将为国内家具制造业提供一套国际领先的、环保、节能、高度自动化的新型绿色制造工艺，并配套符合环保要求的绿色表面处理材料，在生产成本不提高的前提下，大幅提高家具产品品质，实现家具产业从当前的污染比较严重、劳动密集、粗放式发展向高度自动化、节能、环保、高品质、创意化的现代家具产业转变。使大岭山镇家具产业升级为绿色制造、智能制造的现代制造产业，努力打造成为国家绿色家具制造的示范基地。

三、面临问题

大岭山镇家具产业有很好的产业基础，但作为传统劳动密集型行业，随着全球经济一体化进程的加速，行业长期发展过程中累积的一些素质性和结构性矛盾，尤其是品牌能力较弱、产品附加值不高、生产成本提高、环保压力增加、贸易壁垒、平台支撑能力不足、融资困难等各类问题也逐渐显现，开始制约大岭山镇家具产业的品牌发展之路。

1. 产值和税收持续下降

大岭山镇家具出口额曾经连续14年雄踞全国乡镇家具出口第1位，被喻为亚太地区最大家具生产基地，是"中国家具出口第一镇"。2016年全镇家具生产总值135.23亿元，其中家具出口总额14.23亿美元；全镇全年家具内销总额达47.97亿元。但近几年随着产能转移，本地产能开始下降，税收相应减少，根据税务部门的统计，2018年税收

27.74亿元，2019年税收达到13.49亿元，2020年税收11.51亿元，呈现逐年下降趋势。

2. 要素成本上升趋势明显

招工难、留人难问题是困扰家具企业的重要问题。劳动力成本逐年上升，与东南亚劳动力成本相比，已失去竞争优势。同时资源环境承载能力和要素供给能力接近极限。目前大岭山镇家具行业总体呈现数量多、规模小、实力弱、缺少龙头企业的特点，使得其污染防治工作尤为严峻。对于企业来说，技术的升级换代意味着资金上的投入，对于大量中小型家具企业而言，环保资金投入过大带给经营较大的压力，企业对于持续扩大发展信心不足。

3. 品牌建设不足，知名品牌较少

大岭山家具产业多以代工为主，品牌建设依然不足，在国内尚未形成一批被消费者广泛认可的家具品牌。在国际上大岭山镇家具依然依赖价格优势，存在档次不高、附加值较低的问题，依然欠缺高品质的国内外形象。

4. 外贸成本优势减弱，产能转移趋势不改

国内家具行业原材料价格的不断上涨，主要原材料木材对外依赖程度高，成本居高不下。劳动力成本的不断提高，大岭山镇原有的产业优势、成本优势逐渐弱化，同时，中美贸易战的持续负面影响，大岭山镇家具企业扩大海外（越南）和内地投资、转移产能的趋势不改且在加速，这也影响到大岭山镇本地化投资的热情，在产业链上产生了一定的负面和观望效应。

5. 疫情叠加贸易战，抑制家具产量和需求

疫情叠加贸易战，造成房地产市场需求下滑、线下门店不开放、门店人流限制、展会延期、国外疫情严峻需求放缓等多重因素的叠加，行业急需在2021年复苏。

6. 产业集中度较低，缺少龙头企业

大岭山镇家具企业数量较多，但行业集中度却较低，没有规模较大的企业，也没有上市公司。

7. 两化融合度不够，企业降本增效难

大岭山家具行业与工业化、信息化的融合程度还十分有限。家具企业对两化融合在思想认识和技术水平上都存在不足，信息技术在家具的产品研发设计、生产管理、营销售后、物流输送等环节的应用不够广泛。

8. 土地集约利用不足

整个家具产业都呈现出单位面积产值过低的情况，尤其是部分低质量项目、成长性弱的家具企业无力抵抗市场压力，严重拖低了土地利用率，导致闲置用地、厂房增多、产值过低；面对无效、低质项目处理手段较少，盘活资产效率低。与大岭山镇土地供给不足形成较大矛盾，土地利用率未实现最大化。

9. 配套服务体系有待完善

现有产业集群内缺乏统一的产业公共服务平台，企业对电商发展、品牌培育缺乏思路，推进成效不明显，发展电子商务、私人定制以及品牌培育方面，缺乏人才、技术、工艺、资源、产业平台的有力支撑，制约着产业的高质量发展。

四、发展定位

通过"互联网＋集群"创变思维，以龙头企业为核心整合现有产业集群等资源，实现行业技术广泛应用，科技创新、金融服务、品牌服务、生产性服务业进一步增强，要素配置进一步合理，品牌效应进一步提升，以企业诊断、产业集群公共服务平台、产业经济监测平台、品牌打造、创新渠道拓展、数字化能力提升等方式，创新产业集群—产业链条—骨干企业的发展模式，形成龙头企业牵动的循环绿色发展型的家具产业集群。未来目标是将大岭山镇家具产业集群打造成为全国产业资源中心、全国进出口贸易中心、全国家具总部基地。

五、发展规划

深入推进工业供给侧结构性改革，按照市场化发展方向，形成政府主导、部门配合、协同推进的

工作机制，加强对产业集群建设的规划指导和服务，让资源在市场配置中更加有效，不断发挥集聚效应、壮大产业集群规模。围绕"龙头企业、产业链条、工业园区、服务体系"总体架构，以整合资源要素、创新发展模式、构建产业生态为主线，以项目建设为抓手，以品牌服务、科技创新、信息化建设等现代服务体系为保障，打造龙头带动明显、配套协作紧密、创新动力强劲、平台支撑有力、生态优势突出的现代产业集群。

1. 加强规划引导，促进产业集群科学发展

目前大岭山家具产业空间分布较为分散，最大规模的以位于金桔村的台升科技工业园为首，其余具有一定规模并形成家具产业链配套的有龙江村洋臣家具产业园、杨屋第一工业区元宗产业园、大片美村佳居乐家具产业园、湖畔富宝工业园、百花洞村运时通工业园、南区达艺工业园等。

"十四五"期间，大岭山镇拟在百花洞片区的旧厂房"工改工"建设大岭山家具产业集聚示范基地项目（1200亩），该项目设置功能区有集中喷涂中心、企业总部、生产车间、商住等，目前正在统筹阶段。

2. 提升龙头企业骨干企业带头作用，强化专业协作和配套能力

打造产业链升级新动能 建立优势传统产业成长服务资源池，支持企业与国内外高水平咨询服务机构合作开展产业集群及个体诊断辅导服务；鼓励优势传统产业的龙头骨干企业加大市场开拓投入，支持企业通过省级主流媒体及大流量媒体平台开展品牌营销推广；鼓励、支持企业通过电商平台开拓国内市场，鼓励企业参加国内外展会。

打造企业梯队培优新动能 大岭山企业多为中小规模企业，更要发挥和利用好现有的资源、产能、人才优势，顺应新一轮科技革命和产业变革浪潮，以个性化定制、品牌形象提升、信息化改造、网络化组织为方向，引导行业组织结构不断创新、大中小企业紧密联系，促使小微企业做精、做专、做特，龙头企业和品牌企业攀登产业链高端。大岭山镇将以培育龙头企业为工作重心，通过大力推动产业集群培育方案的落地，实时监测企业生产经营活动，政策引导驱动集群内生式增长，培育1家10亿元企业、10家亿元企业、100家千万级企业。

3. 提升创新能力，增强集群竞争优势

目前，大岭山重点项目是运时通的"工改工"、洋臣的智慧工厂，均为服务于企业自身的创新项目。大岭山镇计划新建一个产业集群创新服务平台，创新服务平台主要包括业务中心、资源中心、行业中心、金融中心、数据中心、企业应用中心等创新服务，提升产业集群整体创新能力，实现抱团发展，共建共创共赢，增加集群核心竞争力。

4. 提升公共服务能力，支持产业集群转型升级

缺乏本地平台资源 大岭山镇本地并无集群平台资源，更多的是依托区域外的平台资源，如国家级别的软体家具制造行业的标识解析二级节点，软体家具行业全产业链质量管理；众家联平台为家具企业提供统一的原材料集采服务；广东华南工业设计院、东莞职业技术学院（佳居乐）为大岭山家具产业提供产品开发设计强权等调研分析、产品创意概念、产品企划和策略以及产品设计等多方面服务。

引进平台发展计划 基于大岭山镇产业平台现状，急需一个统一的产业平台来支撑产业发展、资源共享、数据沉淀、价值挖掘。因此，秉承企业基础赋能、政府综合治理、优势产业聚焦原则，拟建设镇级家具行业创新服务平台、家具行业经济监测平台，形成"镇级主体 + 产业双翼 + 企业服务"的平台化发展格局，构建市镇协同，深入发展家具产业集群平台体系。推动家具产业数字化生产制造和工业服务能力体系建设，加速大岭山镇家具行业新型工业化进程，助力镇政府实时掌握区域内工业经济运行情况及发展趋势，增强全镇经济的整体竞争力。

扶持一家促进机构 重点培育1家本地促进机构谋划产业集群的顶层设计。依托促进机构为集群企业做好发展规划、市场开拓、金融服务、合作交流、共性技术攻关等服务。促进机构通过管理运营产业集群创新服务平台，有效地拓展会员关系网络，扩大集群的信任基础，增进集群内部的交易机会，促进企业的业务发展和集群的高质量发展。协助政府打造区域品牌、创建集群创新中心和创新平台，引导集群企业开展联合创新，共享客户资源，从而

降低单个企业的成本和风险，有效避免重复建设、资源浪费、内部恶性竞争。

5. 加强指导和政策支持，优势产业集群发展环境

制度保障 按照科研、产业化、融资、人才等维度，全面梳理市镇两级有关政策，积极谋划创新扶持措施。

政策资源倾斜 加大财务支持力度。镇建立1∶1的配套专项资金，重点向产业集群龙头企业倾斜。重点支持龙头企业、产业创新服务平台和产业链延伸。认真落实东莞市相关规定，加大对产业集群龙头企业发展的奖励、补贴。加大项目支持力度。积极向上申报项目，争取省、市相关部门加大对大岭山镇家具行业发展的扶持力度。对所有申报项目实行全流程追踪制，重点支持对产业集群发展有一定带动作用的龙头骨干企业，促进其做大做强，快速发展。

中国出口沙发产业基地——海宁

一、基本概况

1. 地区基本情况

海宁市位于长江三角洲南翼、浙江省东北部，东距上海 100 千米，西接杭州，南濒钱塘江，与绍兴上虞区、杭州萧山区隔江相望。海运方面，上海港、宁波港环保周围，航空方面，距上海浦东机场车程 1.5 小时，杭州萧山机场车程 40 分钟，杭州至海宁的城际铁路也已启动建设，计划于 2021 年 6 月建成通车，地理位置十分优越，交通便捷。

海宁物产丰富，市场繁荣，经济发达，乡镇区域民营经济特色鲜明，是我国首批沿海对外开放县市之一，并跻身"全国综合实力百强县市"前列。先后荣获"全国文明城市、全国金融生态县（市）、全国科技进步先进市"等称号。

2. 行业发展情况

2020 年，受中美贸易战和新冠肺炎疫情的影响，以出口为主的海宁市家具行业进入一个非常之年。年初企业从"愁复工"转变为"愁订单"。正当企业减人降成本时，6 月份，家具贸易出现了大反转，各家具工厂订单激增爆满，但一线工人却严重短缺，各种原材料也是纷纷涨价，加之汇率下降了近 8 个点。在汇率、人工、原材料的影响下，家具行业表面红火的景象无法持续。

企业方面，由于汇率的问题，再加上原材料的疯狂涨价，海宁市的沙发企业出口信心指数仍处于相对不乐观状态，出口信心指数水平始终低于去年同期水平。据调研了解，17.3% 的企业持乐观态度；60.1% 的企业持一般态度；22.6% 的企业持不乐观态度。

出口订单情况方面，根据 2020 年 12 月份的数据显示，海宁市的沙发企业 3 个月以内短期订单占比超 50% 以上的企业总体维持 80% 左右。据了解，3 个月以内短期订单超 75% 的企业为 63.5%；短期订单占比 50%~75% 的企业达 15.5%，短期订单占比 25%~50% 的企业达 8%，短期订单 25% 以下的企业达 13%。企业订单构成中，半数企业短期订单可占到企业所有订单的四分之三左右。由于中美贸易摩擦持续升级，汇率的不稳定以及国际市场的各种不确定性促使企业主动签订短期订单，规避风险。

用工方面，由于订单激增，再加上之前国内新冠肺炎疫情的影响，今年的一线工人更加难招，导致很多企业都出现了不同程度的用工荒问题。

价格方面，根据 2020 年 12 月份的数据显示，企业主要出口商品价格同比上升的为 19%，持平的为 63.5%，下降的为 17.5%，环比上月增长 0.14%，上升和持平的企业共占 82.5%，出口商品总体价格水平保持稳定。从企业购进主料的价格来看，原材料价格同比上升的占 40.5%，持平的 47.5%，下降的为 12%，环比上升 2.5%，价格同比上升和持平的占 87.5%。原材料价格同比上升的企业占比，高出主要出口商品价格同比上升的企业占比 21.5 个百分点，企业在商品价格的话语权仍然偏弱。其原因主要还是受原材料和用工成本不断上涨的影响，导致企业的生产成本大幅度地增加。

展会方面，每年 9 月份的上海浦东国际家具展是国内最具影响力的家具展，也是展示海宁家具制造实力和技艺的一个重要平台。2020 年，海宁市共有 17 家企业参加了展会，展览面积达 1985.6 平方米。但由于受到新冠肺炎疫情的影响，相对往年而言，2020 年来观展的外国客商屈指可数，成效并不很理想。

二、经济运营情况

2020年，海宁家具行业共有生产企业100余家，从业人员约3万人。根据海宁市统计局对45家行业内规模以上企业的统计资料汇总，2020年，海宁市家具行业累计实现规上工业总产值56.99亿元，同比下降28.2%，利税4.24亿元，同比下降46.8%，全行业利润2.47亿元，同比下降37.2%。

根据海关统计数据显示，2020年，海宁市家具及制品累计出口49.5亿元，同比下降10.16%。布沙发出口24.22亿元，同比下降10.3%；皮沙发出口13.43亿元，同比下降14.2%；布沙发套出口8.26亿元，同比增长0.6%；皮沙发套出口3.86亿元，同比下降5.9%。

具体分季度运营情况是：截至一季度末，家具成品出口累计8.43亿元，同比下降39.1%；截至二季度末，家具成品出口累计18.58亿元，同比下降34.4%；截至三季度末，家具成品出口累计33.98亿元，同比下降17.4%；截至四季度末，家具成品出口累计49.5亿元，同比下降10.2%。

2018—2020年海宁市家具行业发展情况汇总表

主要指标	2020年	2019年	2018年
规模以上企业数量（个）	45	45	43
工业总产值（亿元）	56.99	78.57	85.11
主营业务收入（亿元）	57.73	81	83.18
出口值（亿元）	49.5	49.79	63.41

三、2020年发展大事记

浙江木睿祥家居科技有限公司启动年产6000套智能家居系统及配套家居产品建设项目，项目总投资8010万元，新购土地12801平方米，建造厂房17000平方米。主要采用先进的技术或工艺，引进数字化设备，购置数控机床、数控拼板锯、数控雕刻机、水性漆自动生产线等国产设备。项目建成后形成年产6000套智能家居系统及配套家居产品的生产能力，产品具有智能化、个性化特点。

四、2020年活动汇总

当前境外新冠肺炎疫情蔓延，多个国家和地区实行封城、封国和断航等措施，给我市家具行业出口带来了极大的影响。为帮助企业积极应对此次疫情，研究今后外贸出口形势，海宁市家具行业协会于4月2日在海洲大饭店召开"家具企业在当前严峻形势下该如何自救的行业交流会"。

为进一步推进海宁市工业企业智能化技术改造和制造业数字化转型，建设省制造业高质量发展示范县市。8月4日，海宁市家具行业协会组织9家会员企业在海宁佳联沙发有限公司开展海宁市"智能家居行业"智能化技术改造沙龙活动。

8月7日，海宁市家具行业协会四届二次会员代表大会在重庆召开，参会代表参观考察了重庆安道拓工厂。

中国家具产业集群
——新兴家具产业园区

新兴家具产业园区是在国家政策的引导下发展起来的，承接家具产业转移、创新升级、规模集聚的重要功能。在科学的规划管理下，已建设成为涵盖研发平台、设计创新、生产制造、物流运输、销售市场等一体化发展的家具产业集聚区，具有很好的战略协同优势、规模成本优势、信息共享优势和抵御风险优势。

我国家具新兴产业园区有13个，受中部地区崛起的影响，园区主要在湖北、江苏、河南和安徽等地区迅速发展壮大，为承接东部地区产业转移做出了积极贡献。

从发展趋势看，近两年来，在经济高质量发展的背景之下，智能制造成为大势所趋。以云计算、大数据、物联网、5G为代表的新一代信息技术与先进制造技术正在以产业园为单位，进行融合创新与发展突破。如今，越来越多的产业园开始进行智能化园区发展规划，在基础设施、公共服务等领域，建立与家具制造产业与之匹配的共享资源，将家具智能制造产业作为园区增量的重要目标。

此外，绿色发展是新时期家具产业发展的内在要求，也是家具制造产业园规划设计的目标导向。家具产业园区必须做到以绿色发展为底线，建立环境污染控制体系，严控废气废水等有害物质排放，才能保持长远的健康发展。

湖北 / 监利

中国长江经济带（湖北）家居产业园由香港家私协会与湖北福茂香港国际家居产业园有限公司合作建设。截至目前，已有110家家居企业入驻，其中家居企业76家，配套企业34家；园区正式投产企业42家、正在建设企业68家，园区完成招商土地面积约为10000亩。目前，元宗、国寿红木、长实家具、森胜家具、顺昌门业等知名企业已在当地落户。

江苏 / 海安

2020年，海安家具产业逆势上扬。全年共计新建各类厂房100万平方米，新招租企业61家，出租厂房60万平方米；原木市场一期6万多平方米全部封顶；笨鸟物流全面启动，滨海家具科创园正式动工，已建成10万余平方米；原辅材料市场新进150多家材料供应商；家具批发市场4个，总量超50万平方米的商场全部竣工，园区内家具制造企业满负荷运转。6月，举办"2020中国海安首届云端家具展销会暨东部家具原辅材料采购节"；12月，承办"2020年江苏品牌产品线上丝路行暨第五届中国东部家具（线上）博览会"。各项工作在2020年取得了较好发展。

湖北／潜江

华中家具产业园是国家发展和改革委员会的备案项目，是湖北省"十二五"期间的重点调度项目。被国家发展和改革委员会列为承接东南沿海产业转移示范园区。项目于2010年10月奠基开工，整体规划面积30000余亩，总投资300亿元。目前，已引进全友、乐家、东盛、鹏鼎新型材料等企业近40余家。

河南／信阳

信阳国际家居产业小镇总规划面积15.16平方千米，截至2020年，小镇已累计签约项目84个，落地63个，投产企业达34家，原辅料市场、商贸片区进驻商家200多户。2020年，信阳家居产业实现主营业务收入31.6亿元，实现工业产值19.01亿元，出口4亿元，在全球疫情形势严峻的情况下逆势增长。

河南／清丰

清丰县素有"木工之乡"的美誉，家具制作是县的传统产业。截至2020年底，全县共有超亿元家具企业220余家，年销售额260亿元，从业人员3万余人，家具成为全县第一主导产业。2020年9月，第三届"中国·清丰实木家具博览会"成功举办，现场观展人数逾5万人次，共签约经销商1800余家，新增订单18亿元。

河南／兰考

通过几年的转型发展，兰考将传统木制品加工产业精准定位为品牌家居产业，并致力打造全国唯一的产业地标。目前，已有索菲亚、喜临门、江山欧派、大自然、曲美、皮阿诺6家入驻兰考，TATA木门、万华禾香、立邦油漆、鼎丰木业等一线品牌企业也相继入驻兰考。2020年6月，国检集团兰考家居建材检测中心正式入驻恒大家居产业园；8月，梦天木门最大配套企业润鹏世家签约入驻。

中国华中家具产业园——潜江

一、基本情况

1. 地区基本情况

潜江地理位置优势突出，铁路、水运、公路交通发达。30分钟可达武汉及周边城市，3小时可通达北京、广州、上海、成都等全国各大城市，形成了3小时全国城市圈。

2. 行业发展情况

华中家具产业园项目是国家发展和改革委员会的备案项目，是湖北省"十二五"期间的重点调度项目。被国家发展和改革委员会列为承接东南沿海产业转移示范园区。

该项目于2010年10月奠基开工，整体规划面积30000余亩，总投资300亿元。园区建成后，入驻企业将达500余家，可实现年销售收入1000亿元，利税200亿元，预计安置就业15万人。目前，已引进全友、乐家、东盛、鹏鼎新型材料等企业近40余家。

二、发展优势

1. 政策优势

华中家具产业园是潜江市人民政府重点招商项目，市政府为产业园提供了一系列优待政策。仅办证及建设收费一项就由原先的51项减少到20项，费用由原先的2万元减少到0.2万元；所有涉及工业项目和企业的服务性收费，一律按规定标准下限20%收取。

2. 劳动力优势

潜江总人口约100万人，人口结构稠密。同时，园区所在的总口农场5万农民因土地结构发生变化，只要稍加培训即可成为产业工人，解决企业用工问题。

中国东部家具产业基地——海安

新兴家具产业园区

一、基本概况

1. 地区基本情况

江苏省海安市是"长三角一体化"国家战略中的一个重要的节点城市。2020年,海安市紧紧围绕"枢纽海安,物流天下""产业高地,幸福之城"的战略定位,取得了不平凡的业绩。海安全市地区生产总值1218亿元,增长6.2%,实现工业应税销售2300亿元,增长15%,总量南通市第一。工业规模企业、亿元企业分别达到1102家、280家,均居江苏省第一方阵。现代服务业提效增能,实现应税销售1850亿元,增长12%。这一年,海安成功收获"全国文明城市、国家卫生城市、全国无障碍环境示范城市"等一批"国字号"荣誉。在全国县域经济综合竞争力百强榜、最具投资潜力中小城市百强榜、工业百强县市排名中分别列第24位、第7位、第17位。

2020年江苏品牌产品线上丝路行暨第五届中国东部家具(线上)博览会开幕式

新兴家具产业园区

东部家具滨海产业园

2. 行业发展情况

2020年新冠肺炎疫情给家具产业造成巨大冲击，外部环境深刻变化带来了重大考验，东部家具人众志成城、迎难而上，在危机中抓住新机，于变局中开拓新局。3月底，在政府、协会的联合发力下，大部分家具企业先后复工复产；4月25日，海安举办"博疫新生·产业赋能"行业论坛，邀请行业导师为产业发展指向把脉；6月20日，"2020中国海安首届云端家具展销会暨东部家具原辅材料采购节"顺利举办，对内提振信心，对外展示形象；12月18日，在江苏省贸促会的大力支持下，又创新承办了"2020年江苏品牌产品线上丝路行暨第五届中国东部家具（线上）博览会"，在积极融入"双循环"新发展格局中育新机、开新局。

3. 公共平台建设情况

2020年是海安家具产业逆势上扬的一年。这一年，海安家具全产业链有了新作为：全年共计新建各类厂房100万平方米，新招租企业61家，出租厂房60万平方米；原木市场一期6万多平方米全部封顶；笨鸟物流全面启动，已开通200多条专线；滨海家具科创园正式动工，招商势头强劲，已建成10万余平方米；原辅材料市场新进150多家材料供应商；家具批发市场4个，总量超50万平方米的商场全部竣工，进入内部装修阶段并开始全面招商，较好各项指标增幅较大。

2020年是海安家具产业进入高质量发展的一年。这一年，海安市委、市政府高度重视，在将产

中国（海安）家具艺术小镇号高铁冠名

中国海安 2020 首届云端家具展销会暨东部家具原辅材料采购节开幕式

业列入海安十大产业集群的基础上，制订了《海安市家具产业加快健康发展三年行动计划》，在十年创建的前提下，提出家具产业高质量发展"一年全面推进、二年全线突破、三年全部见效"的目标。随后，在总结"十三五"成绩的同时，聘请专家制订了《海安市"十四五"家具产业发展规划》，进一步理清思路、突出重点，加强产业目标管理。

2020 年也是东部家具收获满满的一年，基地当选为中国家具协会副理事长单位，东部全球家具采购中心被评为"长三角现代服务业基地""江苏省正版正货示范街区"，东部家具行业商（协）会也被评为"南通市 4A 级商会""江苏省'四好商会'"。

二、经济运营情况

截至 2020 年末，海安共有品牌家具生产型企业 700 多家，周边虹吸集聚了 2000 多家家具企业，全产业链员工已突破 5 万，家具是海安企业数量和外来人口最多的产业，产业经过前几年的环保安全清理整顿，去粗取精、去伪存真，现在的产业有规模、有形象、有品牌、有效益，企业运行质态良好。

三、2020 年发展大事记

1. 抗击新冠肺炎疫情，加快复工复市

2020 年初，新冠肺炎疫情肆虐，国内企业停工停产，美国、意大利等成为重灾区，家具外贸一度受阻。海安县东部家具行业协会率先组织抗疫物资，协调政府部门，号召复工复市。首家企业 2 月 15 日正式复工，大部分企业 3 月中旬正式复产。4 月 25 日，协会专门召开理事会，商议抗击疫情；积极组织爱心捐助，将捐赠的口罩物资寄往意大利友好家具协会。

2018—2020 年海安市家具行业发展情况一览表

主要指标	2020 年	2019 年	2018 年
园区规划面积（万平方米）	1450	1450	1400
已投产面积（万平方米）	816	765	650
入驻企业数量（个）	743	682	528
新增规模以上企业数（个）	56	52	61
新增配套产业企业数（个）	526	280	320
工业总产值（亿元）	200	128	96
主管业务收入（亿元）	20	15	10
家具产量（万件）	830	500	320

2. 家具产业加快健康发展现场办公会

2020年12月5日,海安市家具产业加快健康发展现场办公会在东部基地召开。海安市委书记顾国标,市委副书记、市长于立忠,市领导吴炜、张浩、陈鹏军、卢忠平、严长江、王荣贵、郝三旺、储开泉、夏卫军以及相关区镇、部门代表参加会议。会上,于立忠要求,成立高规格实体化运作的家具产业推进办公室,设立家具产业发展基金,加快政府公共平台建设。顾国标对东部十年来取得的发展给予高度肯定,他要求要高度重视家具产业发展,要配置资源,给足政策,同时各部门要认真细化并落实《海安市家具产业加快健康发展三年行动计划》,齐心协力营造家具产业发展的良好环境。

海安市家具产业加快健康发展现场办公会

3. 创新举办第五届中国东部家具(线上)博览会

2020年江苏品牌产品线上丝路行暨第五届中国东部家具(线上)博览会在江苏海安成功举办。江苏省贸促会会长尹建庆、副会长黄政,南通市贸促会会长左晓明,海安市委书记顾国标,海安市委副书记、市长于立忠及市四套班子领导出席开幕式。海内外家具客商、海安家具企业家代表以及新闻媒体共同见证了这一盛况。活动中,东部家具行业商(协)会与英国DMG集团、迪拜MIE集团分别举行了战略合作签约仪式,海安家具产业将真正形成国内国际双循环相互促进的新发展格局,开启海安家具"双循环时代"。

中国长江经济带（湖北）家居产业园——监利

一、基本概况

1. 地区基本情况

监利市区位优势明显，它正处于"胡焕庸线"（我国94%的人口居住在东部43%的国土上，我国96%以上的经济总量在这条线以东）东部区域的大十字交叉点上，是大宗消费品生产基地与市场空间布局最佳落位选择。

监利市处于武汉城市圈、长株潭城市群交叉辐射区域，多条高速公路贯穿南北，横亘东西。江汉平原货运铁路正在加速推进。监利市不仅紧邻荆州机场，而且处于长江经济带中心地区，拥有自己的港口，水路运输发达。

2. 行业发展情况

监利市"中国长江经济带（湖北）家居产业园"由香港家私协会与湖北福茂香港国际家居产业园有限公司合作建设。2014年开始启动，目前园区已提升为："园区平台+运营服务+产业投资"闭合循环。截至目前，已有110家家居企业入驻，其中家居企业76家，配套企业34家；园区正式投产企业42家、正在建设企业68家，园区完成招商土地面积约为10000亩。创造就业岗位1万人次，年产值3亿元。目前，元宗、国寿红木、长实家具、森胜家具、顺昌门业等知名企业已在当地落户。

二、产业优势

监利市目前拥有充足的规划用地，可以满足企业对于土地的需求。作为劳动力输出大省，监利市拥有大量的适龄劳动人口，可以满足大多数生产企业对于基础劳动力的需求。对比其他产业集群出现的用工荒现象，优势非常明显。

前期基础建设完备。在产业园建设初期，当地政府投入了大量资金用于基础建设，园区规划、道路修建、绿植覆盖等方面都已完备。

公司化运作，按市场规则配置资源。产业园的招商工作由香港家私协会与湖北福茂香港国际家居产业园有限公司共同承担。不仅负责与当地政府沟通、为园区带来自有资源，而且可以按照市场需求，合理配置资源，给落户或即将落户的企业带来极大便利。

中国中部（清丰）家具产业园——清丰

一、基本概况

1. 地区基本情况

清丰县位于河南省东北部，冀鲁豫三省交界处，总面积 828 平方千米，辖 8 镇 9 乡，503 个村，72 万人口，是全国文明城市提名城市、国家园林城、国家卫生城。清丰区位独特、交通便捷，是中原经济区对接京津冀"首都经济圈"的桥头堡。

2. 行业发展情况

清丰素有"木工之乡"的美誉，家具制作是传统产业。经专家调研论证，2008 年，清丰县委、县政府确立发展家具主导产业，2009 年建立家具产业园。通过招商引资，先后抢抓住三波产业转移历史机遇，分别是 2010 年以南方、全友、双虎和好风景为代表的四川家具龙头企业，2016 年以来以福金、亚达金鹰、皇甫世佳、谊木印橡为代表的京津冀实木家具企业和以广立、立凡、俞木匠、华堃为代表的珠三角实木家具企业，已落地实木家具企业 248 家，建成承接家具产业转移园区 9 个，占地 1 万余亩，政府标准化厂房 29 万平方米，形成了国内重要的实木家具产业专业园区，被中国家具协会授予"中国中部（清丰）家具生产基地""中国家具新兴产业园区""中国家具行业突出贡献单位"等荣誉称号。2018 年以来，连续三年成功举办"中国·清丰实木家具博览会"。清丰县产业集聚区荣获河南省 5A 级最具投资价值营商环境集聚区"金星奖"，是全省 30 个百亿级产业集群之一。

3. 公共平台建设情况

累计投资 28 亿元，完善基础设施，实现了园区"六通一平"。河南省家具质量监督检验中心、清丰会展中心、企业服务中心、人才培训中心等服务平台，清丰国际家居博览交易中心、大明宫建材家居·清丰店、申新泰富家具商贸城、万隆家具材料城、三棵树美术馆等配套设施已在投入运营；家居研发设计中心、本土家居企业提升工程全面启动；神龙家具物流园、新南方国际文化创意产业园即将开始建设；全县已有清丰江西家具商会、清丰浙江家具商会两家外地家具商会，营商环境广受好评，以商招商成为主要招商引资方式。

二、经济运营情况

截至 2020 年底，全县共有超亿元家具企业 220 余家，年销售额 260 亿元，从业人员 3 万余人，已是全县第一主导产业。清丰县立足发展基础好、原材料充足、技术人员丰富的优势，加之周边 300 千米范围内没有大型家具产业基地的实际情况，优先发展家具产业，将从"中国中部家具产业基地"再出发，向"中国实木家具第一县""中国中部家具之都"目标奋力前进。

2018—2020 年清丰县家具行业发展情况汇总表

主要指标	2020 年	2019 年	2018 年
园区规划面积（万平方米）	14.46	14.46	14.46
入驻企业数量（个）	742	730	716
家具生产企业数量（个）	660	652	641
配套产业企业数量（个）	86	80	75
工业总产值（万元）	262000	253000	2400000
家具产量（万件）	225	220	210

三、品牌发展情况

清丰县持续加大家具品牌培育力度，对获得国家驰名商标、著名品牌的企业，分别给予奖励，激发争创名牌的积极性。设立技术创新基金，鼓励企业研发创新，引进先进技术设备，改造生产工艺，构建节能环保的现代产业体系。

坚持特色办展原则，精心筹备，广泛宣传推广，力争将"中国·清丰实木家具博览会"办成精品，使之成为扩大商贸规模、推动经济转型、促进高质量发展的重要推动力。

四、2020年发展大事记

1. 举行一季度集中签约仪式

3月31日，一批招商引资项目达成投资意向，签订正式合同。本次集中签约的有裕阳新型材料二期、大拇哥门窗制造等9个项目，总投资额28亿元，拟入驻县产业集聚区三大产业园集聚发展，均属"亩均效益"较高项目，对推动经济和产业发展、扩大财政税收具有重要意义。

2. 积极响应号召，进一步加快招商引资步伐

11月16—21日，河南省党政代表团沪苏浙战略合作和经贸对接活动结束后，清丰县委副书记、县长刘兵率队赴北京、天津、广东等地持续开展招商引资活动。

12月5—6日，总投资2亿元，占地65亩的广州傲胜人造草及体育设施配套项目完成洽谈，12月21日完成签约。清丰现代家居等主导产业的知名度和影响力不断攀升，集聚效应和发展潜力日益彰显。

3. 大明宫建材家居·清丰店隆重开业

6月24日上午，大明宫建材家居·清丰店开业庆典隆重举行，该项目位于家居博览交易中心北侧，总投资1.5亿元，建筑面积5万平方米，主体五层，是集建材、家具、电器、软装、设计于一体的高端建材家居城市综合体。大明宫集团是国内高端家居建材行业的领军企业，入驻清丰可进一步提升清丰家居商贸的整体水平，为濮阳及周边市县人民带来一站式、专业化的高端家购体验。

4. 万隆家具材料城举行招商启动仪式

9月16日上午，清丰县万隆家具材料城举行招商启动仪式。材料城总建筑面积近5万平方米，是集五金配件、油漆木材、布艺皮革等辅料批发零售为一体的大型家居商业综合体项目，不仅拉长了清丰家居产业链条，也为清丰商圈注入了全新的商业活力。

五、2020年活动汇总

9月17—20日，第三届中国·清丰实木家具博览会成功举办。本次展会以"实在品质、实在价格、清丰实木家居"为主题，展位面积4万余平方米，68家品牌家居企业及53家原辅材料企业参展，分会场展位200余个，面积12万平方米。北京、天津、广东等地专业经销商1万余人观展，现场观展人数逾5万人次，共签约经销商1800余家，新增订单18亿元。

展会期间，《家具行业绿色工厂评价导则》编制研讨会在清丰召开，商讨绿色工厂标准订制事宜。

六、面临问题

清丰县开放招商工作成效显著，但个别的问题也较突出。一是用地难，产业集聚区土地指标紧缺，出现项目等土地的现象。二是融资难，由于县产业集聚区建设标准高、起点高，政府和企业面临着后续投入跟不上需求的困境。三是品牌项目少，清丰县引进的家具项目中，知名品牌较少，在行业内影响力不够强。

七、发展规划

清丰县下一步将创新发展模式，以商贸带动制造，以制造助推商贸，生产链、供应链、销售链紧密结合发展，打造形成中国中部地区家居商贸物流中心；实施品牌计划，引导企业强化品牌意识和创新研发工作，引进新技术，开发新产品，引领市场潮流，扩大产业集群知名度。

中国（信阳）新兴家居产业基地——信阳

一、基本概况

1. 地区基本情况

信阳国际家居小镇位于信阳市羊山新区以北，距离市行政中心区 10 公里，总规划面积 15.16 平方千米，总概算投资 358 亿元，预计全部建成投产后可年创产值近 1000 亿元，实现税收约 51 亿元，提供就业岗位约 15 万个。

2. 行业发展概况

截至 2020 年，小镇已累计签约项目 84 个，落地 63 个，投产企业达 34 家，原辅料市场、商贸片区进驻商家 200 多户。

3. 公共平台建设情况

信阳国际家居小镇实施了九大平台（中心）建设。其中，信息中心（北斗安康云）、融资平台、技术服务平台（信阳家居学院）、用工平台（用工服务中心）已建成投用；喷涂平台、烘干平台、检测平台（省级木质家具检测中心）、物流平台（快捷物流园）已启动建设；商务服务平台将适时启动建设。随着这些平台（中心）的相继建成投入使用，将为家居小镇长远发展提供强劲支撑。

二、经济运营情况

2020 年全年，家居产业实现主营业务收入 31.6 亿元，实现工业产值 19.01 亿元，出口 4 亿元，在全球疫情形势严峻的情况下逆势增长；缴纳税收 0.97 亿元，提供就业岗位 4100 个，全年完成固定资产投资 12.3 亿元，总体发展趋势稳中向好。

2018—2020 年羊山新区家具行业发展情况汇总表

主要指标	2020 年	2019 年	2018 年
园区规划面积（万平方米）	1516	1516	1516
已投产面积（万平方米）	54.6	48.35	40.3
入驻企业数量（个）	105	104	96
家具生产企业（个）	61	59	48
配套产业企业（个）	6	5	3
工业总产值（万元）	190100	225000	200000
主营业务收入（万元）	316000	288000	260000
利税（万元）	9700	2650	2128
出口值（万美元）	6152	3639	2515

三、品牌发展及重点企业情况

碧桂园现代筑美绿色智能家居产业园，总投资 23 亿元，现代筑美绿色智能家居产业园项目一期已建成并于 6 月份投产，生产形势加速向好，2020 年实现产值 3.2 亿元，项目二期已经开始启动建设；永豪轩以 4 亿元的出口业绩实现年度倍增计划；永豪轩、富利源、天一窗业、权盛实业、恒达家居、格赛派等 6 家企业满负荷生产；百德木门、左右鑫室、优度家居、诺源涂料、中昊机械、瑞新定制、领克家居、顾氏家具、中亚海绵、哆旺包装、镁玻玻璃等 11 家企业基本达产；璞玉家具、天一木业、美亚兴达、德胜家居、刚辉包装、畅忆森家具、将相府家具、御檀香、摩根电梯、浩然雨露、中德美克、半风堂家具、柘泉宜居、誉阳轩等 14 家企业 2021 年将陆续达产达效。

截至 2020 年底，家居小镇已累计签约项目 84

个，落地63个，基本涵盖了从原辅料供应到生产制造、包装展销、物流配送的全产业链，特别是碧桂园现代筑美家居公司的入驻，带动一批产业链上的企业入驻，目前已有誉阳轩木塑、哆旺包装和镁玻玻璃3家落地。家居小镇现已有34家工业企业建成投产，其中13家入库规模以上工业企业，国内著名家居经销商红星美凯龙、居然之家，河南省内知名家居经销商欧凯龙落户小镇，实现了发展质量和品牌效益的双提升。

四、2020年发展大事记

碧桂园现代筑美按照"工业4.0"的标准打造的现代化木门、柜门、柜体生产线已投产，智能仓储项目正在建设；摩根电梯项目已投产运营；北斗智慧安康云项目加快推广应用；信菱信息科技项目通过人工智能、大数据、云计算等创新技术打造的"产业互联网应用引擎"，通过聚合生态，为家居产业小镇公共服务、工业互联网、数字城市建设提升创新力和服务力打造了更高平台；疫情期间，协调开通了信阳开往宁波舟山港的"海铁联运"专线，截至目前企业通过"海铁联运"专线运送463条货柜产品，共计价值1325万美元，助力企业复工复产、快产快销；京东物流与信阳兴家宜居合作的大方城京东物流项目落地；举办了"家居小镇及欧凯龙专场招商活动"，家具产业小镇的知名度、承载力不断提升，产业升级发展的步伐不断加快。

五、面临问题

一是达产达效的企业不多；二是产业链不完善，产业生态环境仍需优化，原辅材料供应仍是短板，包装、海绵、物流配送等企业建设需加快进度；三是受新冠肺炎疫情的影响，家居产业小镇部分企业受到影响，运行艰难。另外，企业融资难、融资贵的问题仍未根本解决。

六、发展规划

秉持将家居小镇打造成一个宜居宜业、宜创宜游的智慧、生态、人文特色产业小镇的工作理念，2021年拟重点推进以下工作：

1. 推动项目建设投产达产

2021年，商贸片区，欧凯龙全球家居直销中心二期、红星美凯龙7个建设场馆上半年正常运营；万家荟兴业家居体验中心二期工程5月份完成规划设计等前期工作并动工建设。物流片区，大中集团原辅料市场一期正在建设的4栋建筑5月份竣工，另外4栋启动建设，前期已竣工的5栋陆续开业运营；快捷快递物流园项目4月份动工建设，8月份完成主体工程，年底开始营业。工业片区，碧桂园现代筑美项目二期3月份开始建设，8月份开始试生产，同时力促广东天进新材料有限公司、雄华科技有限公司等企业加快跟进配套步伐，早日投产。到2021年底，力争新增投产企业及建成运营商业项目达到12家以上，规模以上企业达到20家以上。

2. 加大招商引资力度

一是紧盯招商区域。落实信阳市决策部署，继续紧盯京津冀、长三角、珠三角家居产业发达地区，实施定点招商、代理招商、以商招商，持续招大引强。二是完善招商政策。完善2021年招商优惠政策，对带动强的龙头企业还采取"一企一策"办法，注重招商质量，引进产业项目要满足环保要求，经济效益、社会效益，为后续发展留足空间。三是继续完善产业链。紧盯已签约意向企业，不断延链补链强链，力促签约项目早落地，落地项目早开工，开工项目早日投产达产。

3. 强化基础设施及公共配套项目建设

一是进一步延伸路网。2021年，纬北一路向经西大道延伸段年底建成通车，信茶大道五云段3月份建成通车，启动经北二路、北支五路、纬南一路、纬北四路西段、经南三路、纬北二路、经北八路建设；二是进一步推进配套和平台建设。推进110千伏变电站和配网建设完成；确保家具检测中心年内建成并投入使用；继续加快北斗安康云项目推广应用；积极推进智慧小镇项目建设；信阳家居学院正常开展招生培训工作；同时，推动公租房项目及邻里社区商业配套项目建设早日完成。三是进一步完善功能。加快产城互动融合步伐，规划建设好连心河生态湿地、沪陕高速带状公园等，使小镇功能更加完善。

4. 完善要素保障

一是继续落实"一企一人"等服务措施,做好企业工商注册手续办理、融资招工政策承诺兑现等工作。把服务好信阳现代筑美绿色智能家居产业园项目作为今年工作的重中之重,确保按期建成投产。二是继续为入驻企业融资提供服务,支持企业发展。

通过狠抓以上各项工作的落实,2021年家居小镇力争完成固定资产投资41亿元,完成工业投资30亿元,投产企业及建成运营商业项目达46家以上,规模以上企业达到20家以上,努力实现家居主营业务收入和工业企业总产值环比再翻一番。

中国兰考品牌家居产业基地——兰考

一、基本概况

1. 地区基本情况

兰考县是国家级扶贫开发工作重点县、国家新型城镇化综合试点县、国家普惠金融改革试验区、全国文明城市。兰考地处于河南、山东、安徽三角地带的中心部位,区位优势明显,距郑州仅 80 千米,1 小时可达新郑国际机场,4 小时可达世界不冻港连云港及原木进口港日照港;东临京九铁路、西依京广铁路,陇海铁路穿境而过,郑徐高铁已全面开通并设兰考南站,兰考至菏泽城际高铁、郑汴兰城际铁路即将开工建设。同时,兰考占据中原经济区、郑州航空港经济综合试验区、"一带一路"三大大国家战略。以兰考为中心,方圆 500 千米内涵盖 9 大省会城市,总人口 5 亿以上,是全国最为重要的消费市场。2020 年,全县生产总值 383.24 亿元,公共财政预算收入 26.2 亿元,规模以上工业企业增加值同比增加 5.3%。

2. 行业发展情况

通过几年的转型发展,兰考将传统木制品加工产业精准定位为品牌家居产业,并致力打造全国唯一的产业地标。目前,已有索菲亚、喜临门、江山欧派、大自然、曲美、皮阿诺 6 家入驻兰考,TATA 木门、万华禾香、艺格木门、郁林木业、立邦油漆、鼎丰木业等一线品牌企业也相继入驻兰考。2017 年 12 月中国家具协会授予"中国兰考品牌家居产业基地"称号。兰考也是国家级出口木制品质量安全示范区、泡桐及其制品生态原产地保护单位,全县木材加工企业多达 1700 余家,规模以上企业 230 余家,熟练工人达 8 万人。2020 年,家居及木制品加工产业总产值达 336 亿元,目标为千亿级产业集群。

现已初步形成"多园"分布的立体式发展格局。

以恒大家居产业园为引领,推动地产行业和家居行业融合的变革式发展,吸引国内一线品牌企业集中入驻,打造亚洲规模最大、标准最高的综合性家居产业园区。并融合周边凤鸣湖、泡桐主题公园等现有资源,打造全国首个家居特色小镇。

以 TATA 木门、江山欧派木门、大自然木门、艺格木门为引领,推动全国木门企业集聚,并整合本地企业资源,实现协同发展,进而形成全国最大木门产业集群。

以同乐居家居产业园为引领,承接全国家居企业转移,形成中高档家居产业集群。

以兰考县中小企业孵化园为引领,推动小微企业扩规提质,促小升规,形成企业孵化集群。

以上海敦乐器、中州乐器为引领,扩大兰考民族乐器产业发展优势,以堌阳乐器小镇为依托,打造全国规模最大、质量最好、品种最全的民族乐器产业集群。

按照"龙头企业在城区,配套企业在乡镇"的发展思路,建立东坝头乡、南彰镇、闫楼乡、红庙镇等 4 个品牌家居配套产业园,全面承接家居产业链配套企业集中转移,推进产业链深度融合。目前,色萨利、弘浪纺织等 30 余家企业已入驻园区。

3. 公共平台建设情况

成立企业服务中心,有效推进行政体制改革,在主要职能部门选拔 10 个审批科长,代行局长审批权限,打破部门间职权壁垒,简化流程,全面降低企业办事成本，基本实现了两个"零见面"，即审批时不与部门见面，建设时不与群众见面。成立由县级领导牵头的重点项目服务组，实行"周例会、月通报、季观摩"制度，每个项目的时间节点都建立工作台账，实现从项目签约、征地拆迁、开工建设到投产达效全程跟踪服务，以实际工作推动项目建设，体现"兰考速度"。由国检集团投资建设具有国家级检测资质的"兰考家居建材检测中心"投入运营。

二、品牌发展及重点企业情况

1. 恒大家居产业园

兰考恒大家居产业园项目立足于"中国兰考品牌家居产业"新定位，于2016年5月12日正式签约，总投资100亿元，由恒大集团统一规划、统一建设，其中一期投资40亿元，总建筑面积100万平方米，以股权投资的方式吸引曲美、索菲亚、喜临门、江山欧派、大自然、皮阿诺等6家家居上市企业首批入驻，开启"地产+家具+家电+建材+旅游"的全新商业模式，为客户提供一站式的购买服务。

2. 万华禾香

万华禾香板业（兰考）有限责任公司由万华禾香板业有限责任公司投资建设。该项目总投资30亿

2018—2020年兰考县家聚行业发展情况汇总表

主要指标	2020年	2019年	2018年
企业数量（个）	1294	640	534
规模以上企业数量（个）	232	192	155
工业总产值（万元）	7830497	6140974	5117478
家居主营业务收入（万元）	3366344	3060313	2354087
出口值（万美元）	13503	12276	10230
内销额（万元）	3271819	2974581	2285546
家具产量（万件）	243	203	159

恒大家居产业园

兰考 TATA 免漆门厂区

鼎丰木业

郁林木业

河南恒大欧派门业厂区

元，项目分为两个模块：模块 A 计划总投资 10 亿元，总用地规模约 400 亩，分两期建设，其中一期建设年产 25 万立方米零醛生态板项目，二期建设年产 800 万平方米贴面板项目；模块 B 计划总投资 20 亿元。

3. TATA 木门

兰考闼闼同创工贸有限公司隶属于北京闼闼同创工贸有限公司。兰考 TATA 生产基地总投资 5 亿元，占地 280 亩，主要从事实木复合门的研发与生产，日产达到 1700~2200 套，二期免漆木门项目正在建设中。项目全部建成后，年产量将达到 100 万套，年产值达到 10 亿元，提供就业岗位 1600 余个，税收可达 5000 余万元。

4. 艺格木门

艺格木业项目由河南艺格木业有限公司投资建设，该项目占地 447 亩，总投资 50000 万元，年产门 100 万樘，家居 1 万套项目。总建筑面积约 30.3 万平方米，计划全部投产后年产值 5 亿以上，年交工业税收 1500 万元以上，带动约 1000 余人就业。

5. 立邦油漆

立邦油漆项目占地面积 113 亩，一期总建筑面积 28000 平方米，总投资 1.8 亿元。该项目规划年产能 14.1 万吨辐射固化、高固体份涂料及水性木器漆等环境友好型系列产品、配套生产涂料需要的年产 6 万吨合成树脂系列产品，包括醇酸树脂、PE 不饱和树脂、UC 树脂等，全部投产后年产值可达到 5 亿以上，年交工业税收 1500 万元以上，带动约 1000 余人就业。

三、2020 年发展大事记

4 月，时任河南省省长尹弘考察兰考品牌家居产业发展。6 月，国检集团兰考家居建材检测中心正式入驻恒大家居产业园。8 月，梦天木门最大配套企业润鹏世家签约入驻。

四、面临问题

2020 年，新冠肺炎疫情对家居行业冲击较大，消费停滞使得企业订单普遍下滑 50% 以上。近年来，兰考立足传统、锐意创新，在构建品牌家居产业体系这一细分领域取得成功，家居及木制品加工已成长为兰考县第一大产业，但产业的快速发展也对各方面配套措施提出了挑战，这也是兰考品牌家居产业体系必须弥补的短板。

中国家具产业集群
——综合产区

家具行业按原材料种类、原材料性能、使用场所等分类，品种繁多，互有交叉。因此，根据各个集散地的不同，中国家具产业集群的命名类型多样。除前述 6 类外，还有主营校用家具、软体家具、金属家具等产区；集原辅材料、家具生产和商贸流通于一体的综合产区；或主营电商家具的产区，这些产区统一在本章中展示。这几类产区基本涵盖了我国家具及上下游产业的大部分产品及业务类型，家具产业集群的形成，推动了我国家具产业形成分工细化、专业生产的发展模式。

广东 / 龙江

龙江享有"中国家具设计与制造重镇、中国家具材料之都"的美誉。拥有较为完整的家具产业链，全产业链规模产值近 1000 亿元。辖区内家具制造企业 4254 余家，家具原辅材料商户超过 8000 家。2020 年，龙江镇家具电商协会搭建了"龙江电商直播学院"平台，孵化成立了"顺德家协品牌联盟"，不断完善公共平台建设；8 月，成功举办第 39 届国际龙家具展览会和第 29 届亚洲国际家具材料博览会，参展人数创历届之最。

江西 / 樟树

金属家具产业是樟树市支柱型产业，特色产品在国内市场占有率为全国同行业之首。人文殡葬产品是樟树市金属家具产业的分支产业，已成为国内同行业规模最大、市场占有率之首的产业集群。10月，樟树正式发布《骨灰存放架》等五个系列团体标准，填补了国内同行业团体标准空白。2020年，樟树家具产值达到162.24亿元，利税17.96亿元。

河北 / 胜芳

胜芳镇共有特色定制家具企业4100余家，上游原辅材料企业950余家。2020年，胜芳家具产出超过12100万套，产值近779亿元，占全国同类家具总量的75%；总出口额31.1亿美元，同比增长9.89%。分别于6月、9月成功举办第23、24届中国（胜芳）全球特色定制家具国际博览会，率先打响全国经济整体复苏阶段下家具行业的"第一枪"。

山东 / 周村

软体家具为周村区六大支柱产业之一，软体家具流通市场在全国同行业中名列前茅。周村家具市场属于典型的"生产基地＋市场"类型，以本地产品批发为主，具有其他市场所缺少的价格优势。2020年9月，举办第六届家居采购节暨原辅材料展及第五届中国软体家具创新发展论坛；举办"梦舒然杯"第2届大学生软体家具设计大奖赛；召开山东家具品牌推介会，加速山东家具企业的品牌推广。

中国家具设计与制造重镇、中国家具材料之都——龙江

一、基本概况

1. 地区基本情况

龙江镇位于拥有"国家外贸转型升级基地（家具）"之称的广东顺德，享有"中国家具设计与制造重镇""中国家具材料之都""国家家具电子商务示范基地"之称。发展40余年，是中国最早的民营家具产业集群发展的地区，已形成了完善的产业带，产值近1000亿元。辖区内家具制造企业4254余家，覆盖民用、办公、酒店等领域，产品品类齐全。家具原辅材料商户超过8000家，材料专业市场达11个，经营面积约500万平方米，材料交易额超过400亿元。

2. 行业发展情况

2020年龙江家具行业呈现先抑后扬的状态。上半年受疫情影响整个行业处于完全停滞状态，龙江家具企业齐心投入抗疫防疫战线；下半年，随着国内疫情的有效控制，各大国内展会恢复举办，龙江家具企业迎来了订单恢复性增长的态势，同时，也面临了因疫情产业工人回流复工数量骤减、原辅材料价格暴增等困境。为寻求发展出路，在顺德家协会的牵头下，龙江家具企业抱团发展，开展了"阳光集采项目"，通过优化供应链管理，降低原辅材料采购的综合成本，搭建供应链管理集采平台。

3. 公共平台建设情况

2020年，龙江家具行业公共服务平台建设方面，佛山市顺德区市场采购贸易服务中心的建设运营，为企业提供了便利的外贸服务。龙江镇家具电商协会搭建了"龙江电商直播学院"平台，为企业提供电商及直播的培训服务，帮助企业迅速适应变化的市场环境。同时，2020年孵化成立了"顺德家协品牌联盟"，凝聚知名品牌家具企业，抱团开拓市场渠道，搭建了企业与全国家具物业卖场对接沟通的公共服务平台。

二、经济运营情况

近三年，龙江家具产业发展呈现稳步发展的状态，家具制造企业数量：2018年3836家，2019年3923家，2020年4254家。其中规模以上企业数量：2018年98家，2019年116家，2020年141家。工业总产值：2018年8553000万元，2019年9166000万元，2020年10000135万元。

三、品牌发展及重点企业情况

近年来，龙江家具产业乘着村级工业园升级改造的东风，为良性发展的优质企业腾出了发展空间，助其做大做强。同时，后疫情时代激发的市场新需求，让家具企业纷纷创新变革商业模式及营销模式。

顺德家协品牌联盟成立

佛山市尚怡家具有限公司旗下乐雅轩品牌，推出了"艺术家居全安服务"项目，整合家具、家装领域的上下游供应链，打破传统的家具企业营销模式，创新商业模式，重新定义了企业的发展定位："一个有工厂的设计公司"。佛山市前进家具有限公司于2020年正式由二代顺利接班，在扎实经营原有品牌的基础上，推出了更适合年轻人风格的实木家具品牌"MEET·美"，寓意前进之路遇见美，企业经营进入传承与创新的新阶段。

四、2020年发展大事记

7月18日，龙江成立"顺德家协品牌联盟"，充分利用数字化转型优势，帮助企业在后疫情时代中更好走出去。

7月19日，中国家居产业名镇顺德龙江迎来一个里程碑事件——米兰汇家居展贸中心盛装启航。家具产业加速转型升级，米兰汇家居展贸中心成功开业，顺德龙江从此拥有一座展贸一体的家居产业新高地。

五、2020年活动汇总

8月19—22日，成功举办第39届国际龙家具展览会和第29届亚洲国际家具材料博览会，参展人数创历届之最。

7月27—30日，龙江组织企业抱团参展第45届中国（广州）国际家具博览会，并以特装展位展出"顺德家具·龙江智造"品牌馆。

9月8—11日，龙江组织企业抱团参展第46届中国（上海）国际家具博览会，并以特装展位展出"顺德家具·龙江智造"品牌馆。

9月8—12日，龙江组织企业抱团参展第二十六届中国国际家具展览会，并以特装展位展出"顺德家具·龙江智造"品牌馆。

7月18日，龙江组织"新谋定·大未来"——2020顺德家具产业峰会，家具产业精英、政府部门、经济学家、设计大师共聚一堂，共话蓝图，碰撞火花，凝聚行业力量，提振企业信心，共谋产业发展。

参展第二十六届中国国际家具展览会

参展第45届中国（广州）国际家具博览会

第39届国际龙家具展览会开幕式

2020顺德家具产业峰会

中国特色定制家具产业基地——胜芳

一、基本概况

1. 地区基本情况

胜芳镇地处北京、天津、雄安新区黄金三角中心，北距北京 120 千米，东距天津 35 千米，西距雄安 130 千米，迅速接轨环京津、环渤海经济圈，112 国道毗邻胜芳，津保高速公路和津保高铁在胜芳设有出口，交通便捷。全镇下辖 1 个社区和 39 个行政村，户籍人口 9.9 万余人（截至 2018 年），区域面积 97.01 平方千米。2014 年以来，胜芳镇先后被确定为"全国重点镇""国家级经济发达镇行政管理体制改革联系点""省级新型城镇化试点镇"。

2. 行业发展情况

改革开放以来，胜芳人民乘天时、借地利、造人气，续写了一个又一个辉煌。1985 年胜芳镇成为河北省第一个亿元镇；1989 年胜芳镇东升街成为河北省第一个亿元村。2005 年，胜芳成为家具业全国第六个区域性特色基地——"中国金属玻璃家具产业基地"。先后荣获"中国产业集群 50 强、中国乡镇综合实力 500 强、全国全民创业示范镇（十强）、中国十大最具魅力特色古镇"等国家级荣誉称号。

胜芳目前拥有各类工商企业 5600 余家，其中，钢铁生产加工和特色定制玻璃家具制造行业是全镇的

胜芳镇区位示意图

主导产业，并由此派生形成了钢铁、家具、玻璃、板材等九大重点行业和完整的特色定制家具产业链条。胜芳家具产业经过近30年的发展，模式成熟，客源稳定增长，已具有一定规模。目前胜芳镇共有特色定制家具企业4100余家，上游原辅材料企业950余家，完整的特色定制家具产业链条，使全镇家具生产形成原材料、加工、销售一条龙的产业运作模式。

二、经济运营情况

近年来，胜芳镇家具产业发展迅速，2020年全镇现有家具企业4100余家，比2005年的355家增长1054%；2020年家具产出超过12100万套，产值近779亿元，比2005年的51亿元增长1427%，占全国同类家具总量的75%。胜芳家具产品行销全国各地，并出口欧美、日韩、东南亚和非洲等130余个国家和地区，2020年总出口额31.1亿美元，比2005年2.19亿美元的出口额增长1320%。

三、品牌发展及重点企业情况

近年来，家具行业作为胜芳的支柱产业，无论从规模和层次上均得到了全面提升，胜芳家具行业目前已整体处于转型升级阶段，把结构调整作为主攻点，一二三产业协调发展，由外贸拉动转到内需拉动，由资源型的产业企业向能力型的产业企业转变，已初见成效。通过各大展览活动和宣传，不仅使胜芳家具赢得美誉，同时还增加了家具出口额。尤为突出的是其中已连续举办24届的胜芳国际家具博览会，为扩大胜芳家具知名度、赢得更大的国内

外市场份额，作出了极大贡献。

依托胜芳独有的特色定制家具产业优势，2005年11月，全球最大的特色定制家具单体卖场——中国胜芳全球特色家具国际博览中心应运而生。项目总投资50多亿元，占地650亩，包括胜芳家具材料城、胜芳国际家具博览中心成品展馆A、B、C馆和正在建设的五星级酒店、公寓及商务写字楼等相关配套。目前已有超过三分之二的胜芳家具企业入驻，入驻商家超过2600家，年成交额超过550亿元。目前经营产品涵盖两厅家具、休闲家具、户外家具、校用家具、办公家具、酒店家具、套房家具、小件家具八大家具品类的8万多种家具单品，是国际性的展示平台和展贸平台。

博览中心自建成以来深受家具企业和采购商们的好评，是"河北省最具影响力的十大市场"之一。中国胜芳全球特色家具国际博览中心不仅在华北、东北、华中、西北等地市场覆盖面积广，营销网络已遍及欧洲、美洲、日本等地，被誉为一座集市场交易、商务会展、科研开发、信息交流、物流配送于一体的家具博览航母。

为提高家具材料企业的发展速度，促进胜芳家

2018—2020年胜芳镇家具行业发展情况汇总表

主要指标	2020年	2019年	2018年
企业数量（个）	4103	3730	3362
规模以上企业数量（个）	1969	1827	1680
工业总产值（万元）	7789000	7081000	6380000
出口值（万美元）	311000	283000	255000
家具产量（万件）	12100	11050	10000

中国金属玻璃家具产业基地授牌

胜芳国际家具博览中心

具行业整体的健康稳定，2016年，胜芳国际家具材料城应运而生。材料城一经推出便得到了众多材料企业的大力支持，现已全部预租完毕。材料城立足本土，辐射全国，整洁规范化的展厅为其提供了一个更好地集中展示平台，上档升级，指日可待。

四、2020 年发展大事记

1. 产业升级

之前胜芳家具只接受成品采购；如今，胜芳家具不仅成品销售火爆，不少厂家更是接受来样定制及依需设计，销路大大拓宽。

2. 知识产权保护措施

由胜芳国际家具博览中心牵头，定期组织产品创新奖大赛，使胜芳企业知识产权意识大大增强，众多企业开始注重知识产权保护，不少企业专利可达上百件，知识产权保护意识强烈。

3. 节能减排、环境保护

根据国家政策及要求，胜芳镇委镇政府积极号召企业配套节能减排设备及环保设备，以保持可持续发展。

五、2020 年活动汇总

1. 第 23 届中国（胜芳）全球特色定制家具国际博览会

6 月 16—19 日，第 23 届中国（胜芳）全球特色定制家具国际博览会暨第 10 届胜芳国际家具原辅材料展于河北胜芳隆重举行。此届展会率先打响了全国经济整体"复苏"阶段下家具行业的"第一枪"。展会上客商齐聚，防疫、安检、签到、逛展、餐饮、班车各项工作推进有条不紊，同时，为带动专业买家观展消费，展会上还进行了众多促销抽奖活动。此次展会也是胜芳国际家具博览中心为推动复工防疫时期的家具行业发展做的系列活动之一。

2. 第 24 届中国（胜芳）全球特色定制家具国际博览会

9 月 16—19 日，第 24 届中国（胜芳）全球特色定制家具国际博览会暨第 11 届胜芳国际家具原辅

材料展于河北胜芳隆重举行。此次展会在疫情防控的同时，为采购商朋友们提供多样化配套服务，服务内容包括提供免费火车接站、酒店班车、展会服务车等贴心服务；展会上，不仅成品家具展位销售火爆，家具原辅材料展也是精彩纷呈，众多展商纷纷展出最新产品，琳琅满目的原辅材料和科技感十足的木工机械又一次碰撞出和谐的复工乐章。同时，展会现场举办的美食节、胜芳庙会及参展展

胜芳国际家具材料城

位各项活动，更让客商朋友感受到高潮迭起的采购氛围。

3. 系列促销活动

11月11日，在胜芳广大家具企业的强烈要求下，胜芳国际家具博览中心举办了"双11"商铺秒杀等一系列活动。博览中心展位商铺让利于胜芳家具企业，此次活动中，众多展位商铺被瞬间抢购一空，抢购成功的商户在获得8.5折商铺优惠同时，还获得了博览中心总计价值16000元的公众号宣传及实体广告位推广。

中国（胜芳）全球特色定制家具国际博览会现场

中国金属家具产业基地——樟树

一、基本情况

1. 地区基本情况

樟树地处赣中,隶属江西省宜春市。全市形成了以药、酒、盐、金属家具制造四大支柱产业为支撑,工业经济独具特色、产业集群发展的格局。2020 年生产总值比上年增长 4.2%;实现财政收入 62.89 亿元,比上年增长 3.7%;规模以上工业增加值比上年增长 4.8%;引进国内市外资金 98.81 亿元,比上年增长 8%;外贸出口 2.19 亿美元,比上年增长 25%;实现社会消费品零售总额 95.1 亿元,比上年增长 2.2%。樟树在全国县域经济与县域综合发展百强中的位次逐年提升,列 69 位;入选中国县级市全面小康指数百强榜,位列第 80 位;获评中国城市高水平全面建成小康社会和高质量发展优秀城市,为江西省唯一获奖城市。

2. 行业发展情况

樟树市金属家具制造产业,从 1973 年起步,由 2 家乡村手工作坊企业,发展为集科研、设计、生产、销售、施工、服务为一体的现代高新技术型产业集群,拥有生产及产业链配套企业 160 余家。规模大、品种齐全、创新能力强,形成了军地安防设备、档案管理设备、图书管理设备、殡葬精藏设备、制冷设备、空气净化设备、校具设备、医疗器械、户外广告设施、户外停车设施、护栏设备、智能系统等 12 大系列 600 多个品种。产品销售覆盖全国 31 省(自治区、直辖市),部分产品销往港、澳地区,东南亚地区和欧美国家。特色产品在国内市场占有率为全国同行业之首,产业集群列为江西省重点支持产业。

2018—2020 年樟树市家具产业发展汇总表

主要指标	2020 年	2019 年	2018 年
企业数量(个)	70	67	63
规模以上企业数量(个)	52	48	45
工业总产值(万元)	1622458	1406454	1319481
主营业务收入(万元)	1622291	1421150	1282720
利税(万元)	179637	155139	136948
出口值(万美元)	700	1952	880
内销额(万元)	—	1419000	1276500

二、品牌发展及重点企业情况

樟树市委、市政府对发展金属家具产业高度重视,将金属家具产业列为樟树市支柱产业,由常务副市长任金属家具产业链链长,主抓产业发展。在发展思路上,突出以市场为导向,完善产业链体系建设,以科技创新促产业升级,大力推进企业从加工型向科技型转变,促进了产业的快速发展,涌现了一批重点企业。

1. 江西金虎保险设备集团有限公司

公司在企业发展过程中,大力实施管理创新、技术创新、营销创新战略,加大研发投入力度。产品质量在国家发改委联合中宣部等 8 部委举办的"云上 2020 年中国品牌活动"中,以品牌强度 883、品牌价值 15.93 亿元荣登中国品牌价值评价信息榜;2020 年,在第三届江西省井冈质量奖和提名奖中被评为"江西省井冈质量奖提名奖";被工信部评定为"国家绿色工厂"称号;荣获江西省智能制造标杆企业、江西省管理创新示范企业、江西省首批先进制造业和现代服务化融合发展试点企业和江西省首批企业标准领跑者。企业经济效益稳步增长，2020 年实现销售收入 267358 万元，同比增长 9.93%；实现利税 52933 万元，同比增长 17.79%。

2. 江西远大保险设备集团有限公司

公司历经 20 余年的潜心发展，坚持创造卓越精品。以企业技术中心、工程研究中心、博士后创新实践基地、工业设计中心四大技术平台为基础，产品质量不断优化升级，被评为全国和江西省制造业单项冠军示范企业；2020 年被评为江西省民营企业 100 强企业。企业经济效益逐年增长，2020 年实现销售收入 166473 万元，同比增长 14.20%；实现利税 15593 万元，同比增长 4.73%。

3. 江西卓尔金属设备集团有限公司

公司在企业发展中，大力实施管理创新、技术创新、品牌培育，以打造名牌产品为基础，实现了管理、技术装备、产品同步优化升级的目标，市场竞争力不断增强。2020 年被评为江西省守合同重信用企业称号。2020 年实现销售收入 102046 万元，同比增长 13.63%；实现利税 16060 万元，同比增长 3.01%。

4. 江西远洋保险设备实业集团有限公司

在始终坚持质量第一，诚信为本的发展理念，产品质量不断升级。2020 年公司荣获全国质量检验信誉保障产品，是全国消费者质量信得过产品、全国质量诚信标杆企业、全国百佳质量诚信标杆企业、全国产品和服务质量诚信示范企业等荣誉。企业经济效益逐年增长，2020 年实现销售收入 165210 万元，同比增长 16.62%；实现利税 7265 万元，同比增长 2.8%。

5. 江西阳光安全设备集团有限公司

公司在全国金属家具行业中率先运用智能数据化、模具化生产的企业，实现了产品升级，2020 年荣获全国百佳质量诚信标杆企业、江西省管理创新示范企业。2020 年实现销售收入 54433 万元，同比增长 24.53%；实现利税 2916 万元，同比增长 3.2%。

6. 江西光正金属设备集团有限公司

公司始终坚持管理升级、质量第一、诚信为本的发展战略，产品质量逐年升级，市场占有率不断提升。2020 年荣获江西省名牌产品（密集架、书架），是江西省专业化小巨人企业、江西省优秀 IT 产品及服务商、江西省守合同重信用 AAA 企业。2020 年实现销售收入 12393 万元，同比增长 16.99%；实现利税 1676 万元，同比增长 14.28%。

四、2020 年发展大事记

1. 转型升级，政策扶持

为引导企业转型升级、创新驱动发展，樟树市政府出台《关于实施创新驱动人才支撑战略促进企业发展的若干意见》《关于鼓励企业"走出去"、积极开拓市场的实施意见》《金融支持企业发展"十二条意见"》《关于促进机器智能化应用推动产业转型升级的实施意见》《樟树市金属家具产业扶持方案》等帮扶政策。2020 年，樟树市金属家具行业享受各类政策扶持资金 5000 余万元，有力推进了企业转型升级质量，增强了企业发展后劲。

2. 团体标准建设

樟树市人文殡葬产品是樟树市金属家具产业的分支产业，产业发展 20 余年来，已成为国内同行业规模最大、市场占有率之首的产业集群。为进一步提高产品质量、提高标准话语权、提高市场竞争力，根据殡葬产品目前无国标、行标的情况，樟树市金属家具行业协会率先组织行业 11 家殡葬产品制造企业起草骨灰存放架、智能骨灰存放架、太平柜、水晶棺、瞻仰台 5 个产品团体标准，在江西省标准化研究院的指导下，通过筹备阶段、立项阶段、编制培训阶段、起草阶段、征求意见、专家技术审查等六个程序，专家技术审查组认为《骨灰存放架》等 5 个系列团体标准制订目标明确、结构完整、技术指标领先、试验方法科学可行、符合 GB/T 1.1 的编写要求和相关法律法规要求，具有实用性、科学性、创新性和可操作性，一致通过技术审查，并于 2020 年 10 月 28 日在全国团体标准信息平台发布，填补了国内同行业团体标准空白。

人文产品团体标准技术审查

人文产品团体标准编制培训班

财务业务培训班

企业老板财务管理知识培训班

五、2020 年活动汇总

4月27日，樟树市金属家具行业协会组织人文殡葬产品企业技术人员，举办专场团体标准编制业务培训班，为提高团体标准编制人员的业务水平打下了坚实的基础。

5月15日和7月19日，樟树市金属家具行业协会组织60余家会员企业120余财务人员，举办两场财税业务培训，为提高企业财务人员业务水平、规避企业财务风险发挥了有力推动作用。

9月8日，樟树市金属家具行业协会组织70余家企业董事长、财务负责人160余人，举办企业老板财务系统管理知识培训班，为提高企业老板财务管理水平、完善财务系统管理方略、降低企业经营成本、化解财务风险奠定了坚实的基础。

六、面临问题

樟树市金属家具产业的主要问题有：产业链体系不够完善，高端人才缺乏，产业平台建设不完善。

七、发展规划

以现代家具产业链中原材料供应、加工制造、产业配套、市场营销、要素保障、公共服务为重点，科学谋划，精准施策，加快推动家具产业链优化升级，实现樟树市传统制造向智能制造转型、全链生产向专业生产转型、产品经营向品牌经营转型、经营国内市场向经营国内、国际市场转变，奋力打造"现代家具产业大市"。

中国软体家具产业基地——周村

一、基本概况

1. 地区基本情况

周村，素有"天下第一村"之称，是著名的鲁商发源地。区域总面积约为216平方千米，人口约29万。周村地处鲁中腹地，是连接省会经济圈和半岛城市经济圈的重要枢纽，同时也处在京沪、京福快速通道的辐射半径范围之内。周村服务业繁荣发展，鲁中商贸物流集中区初具规模，沙发家具、不锈钢、轻纺、汽车四大专业市场年交易额突破260亿元。

2. 行业发展情况

周村家具产业从20世纪80年代末开始发展，经过30多年的发展，形成了以金周沙发材料市场、木材市场为源头，以周村家具市场为龙头，以周村、邹平的4000余家原材料加工、沙发家具制造业户为主体，产、供、销一条龙的完整产业链条，成为周村区重要的就业渠道、富民产业和支柱产业，2008年被山东省轻工业办公室授予"山东省家具产业基地"称号，2010年被山东省质量强省及名牌战略推进工作领导小组评为"山东省优质软体家具产品生产基地"称号。

周村软体家具流通市场在全国同行业中名列前茅。随着红星美凯龙国际家居博览中心项目、山东五洲国际家居博览中心、山东寰美家居广场等项目的投入使用，市场面积达到120万平方米以上，年交易额突破70亿元。

周村家具市场属于典型的"生产基地+市场"类型，以本地产品批发为主，具有其他市场所缺少的价格优势。近年来，周村区不断加大品牌建设力度，先后培育出5个中国驰名商标、8个山东省著名商标，并涌现出了一批软体、原辅等龙头骨干企业。

3. 公共平台建设情况

周村区依托资源优势，在发展实体经营的同时，加快信息技术的推广应用，集中建设了方达电子商务园、淄博家具村电子商城、福王电子商务园等电商平台等项目，家具电商在周村区得到蓬勃发展。为加大网络经营的培育力度，又建立了家具村电商平台、华奥电商家具网等网络平台，为周村家具的线上销售实现了一条龙服务。目前家具村已经有近200家企业进入该电商平台，其中山东福王家具有限公司加入家具村后，一个季度网销额就达到了200万元。华奥电商家具网上线运行，打通周村家具生产厂家与全国家具经销商的在线交易模式。同时，方达创业园也为家具电商的发展提供了空间。由此，逐步形成了线上线下共同发展的良好格局。

2018—2020年周村区家具行业发展情况汇总表（生产型）

主要指标	2020年	2019年	2018年
企业数量（个）	2030	2100	1900
规模以上企业数量（个）	30	30	25
工业总产值（亿元）	117	160	120
主营业务收入（亿元）	25	32	24
出口值（万美元）	2200	4500	3000
内销额（亿元）	110	156	117
家具产值（万件）	90	110	100

2018—2020年周村区家具行业发展情况汇总表（流通型）

主要指标	2020年	2019年	2018年
商场销售总面积（万平方米）	160	160	160
商场数量（个）	23	23	23
入驻品牌数量（个）	4000	4000	4000
销售额（亿元）	280	300	295
家具销量（万件）	550	600	590

二、品牌发展及重点企业情况

1. 山东凤阳集团

公司是淄博市市属企业集团，公司成立于1962年，现为中国家具协会副理事长单位、周村区家具产业联合会名誉会长单位，是中国软体家具特大型骨干企业、中国驰名商标，生产能力为年产床垫20万件，年实现销售收入28亿元。2004年被评为国家免检产品，2005年凤阳牌床垫被评为中国名牌产品，2007年凤阳牌沙发被评为中国名牌产品，凤阳集团成为中国家具行业为数不多的拥有双中国名牌的企业。

2. 山东蓝天家具

公司成立于1986年，产品涵盖沙发、软床、床垫。工业园建设面积20万平方米，生产能力年产家具10万件，年实现销售收入25亿元。产品销售、服务网络覆盖全国各地，同时出口欧美、中东、东南亚等40多个国家和地区。蓝天家具全面推进企业信息化、自动化战略，引入美国IBM、德国SAP-ERP管理系统，美国Gerber全自动裁床设备，实现了从产品研发设计、采购、生产制造、物流、销售，到顾客售后服务的信息化集成管理。

3. 山东福王家具

公司组建于1988年，现有员工800余人，生产沙发、床垫、红木家具、红木工艺礼品。公司引进德国进口的先进生产设备，现代化工业厂房6万平方米，拥有11000平方米的福王家居广场和15000平方米的福王红木博物馆。目前，公司已成为在省内家具行业综合实力排名前五位的中型企业，生产能力为年产家具12万件，年实现收入26亿元。2012年，"福王"商标荣获中国驰名商标、中国环境标志产品认证，是中国红木家具标准起草单位、国务院发展研究中心资源与环境研究所重点跟踪扶持单位。

4. 山东仇潍家具

公司占地面积20余亩，建筑面积1000平方米，年产家具3000余件，年实现销售收入1500万。荣获中国驰名商标，是山东名牌企业。"仇潍"牌红木家具以总经理仇潍之名冠名注册。主要使用产于东南亚的红木，包括印度紫檀、越南黄花梨、老挝大红酸枝（交趾黄檀）、花枝（奥氏黄檀）、缅甸花梨等稀有珍贵木材。所有产品由仇总亲自设计画图，秉承只做精品的制作理念，保证木材及做工表里如一。

5. 山东康林家居

公司创建于1993年，是一家综合型家具沙发制造企业，占地33000平方米，工人200多名。公司注册商标"康林"牌，拥有软体沙发、实木套房、软床、床垫、卡舒顿五大主导系列。康林工业园的建立，增加了就业岗位和员工收入，带动了周边地区的经济发展。康林家居还荣获中国绿色环保品牌、质量信得过产品、中国优质名牌产品等众多殊荣。

6. 山东恒富金属

公司建于2005年，现有厂区面积30000多平方米，建筑面积达21000平方米，现有职工160名。公司目前已具有床垫钢丝、床垫弹簧、布袋弹簧、弹簧床网，并以"恒富"商标注册。公司年产钢丝35000吨、床垫弹簧7000吨、弹簧床网500000件，是山东凤阳、山东吉斯、西安福乐、河北蓝鸟、河南新南方等大型床垫生产厂家的合作伙伴。公司在新加坡与埃塞俄比亚都建有分厂，为公司占有东南亚和非洲市场打下了坚实的后盾。2017年12月，在周村区政府支持下，与齐鲁股权交易中心签署战略合作，在齐鲁股权交易中心挂牌上市。

三、2020 年发展大事记

1. 第六届家居采购节暨原辅材料展

2020 年 9 月 16 日上午,以"家居新时代·周村购精彩"为主题的"凤阳杯"第 6 届中国(周村)家居采购节暨原辅材料展在山东凤阳家具城广场隆重开幕。周村区政府的领导及嘉宾、各地市的家协领导、部分论坛嘉宾、采购商代表等出席本次开幕式。

2. 第五届中国软体家具创新发展论坛

第五届中国软体家具创新发展论坛成功举办。此次论坛主题为"设计引领·创新营销"。会议分析交流 2020 年疫情对家居行业的冲击及如何应对发展;并特邀两位行业营销讲师大咖为家居终端细拆营销结构、梳理营销逻辑,从终端开发、业绩提升,到产品定位、竞争分析、销售新思路为广大从业者提供全套家居营销方案。

3. "梦舒然杯"第 2 届大学生软体家具设计大奖赛

"梦舒然杯"第 2 届大学生软体家具设计大奖赛共收到来自省内 6 个院校的近 346 份参展作品,最终选出优秀作品 10 个、铜奖作品 6 个、银奖作品 3 个,原创家具类和室内设计类金奖作品各 1 个。大赛还通过网络投票方式评选出家具类和室内设计类人气奖各 1 名。本届大赛组委会通过校企合作沟通会,对金、银、铜奖作品进行企业认领,将作品进行实物转化制作成型。大赛的成功举办为本地家具企业及当地高等学院深入了解起到了媒介作用,更为后期专业人才本土化及校企深度合作奠定了基础。

4. 山东家具品牌推介会

2020 年山东家具品牌推介会在淄博周村红星美凯龙召开,来自省内各大家居卖场负责人及家具企业等生产企业代表 40 余人参加。本次推介会在生产企业品牌扩张和流通商城招商布局上均起了积极性的推动作用,进一步加深了生产企业与流通企业的直接沟通与交流,加速山东家具企业的品牌推广和市场升级的步伐。

四、面临问题

一是现本土企业缺少家具设计及线上营销等相关专业性人才,严重影响产业集群健康持续发展。二是家具产业是周村区支柱性经济产业,历经 30 余年发展,生产企业众多且规模参差不齐,传统家庭式作坊工厂约占企业总数 20%,由于品牌意识薄弱且生产成本低,受传统经营模式影响,该部分小型生产企业习惯性以低价冲击家具市场,造成外界对周村家具产业低端标签化。

-08-
行业展会
Industry Exhibition

编者按：2020年，受新冠肺炎疫情影响，我国家具会展服务业在上半年基本处于停滞状态，从6月起，展会活动才逐步开展起来。据不完全统计，2020年全国各地举办的家具展会主要集中在7—9月，中国国际家具展览会、中国（广州）国际家具博览会、深圳国际家具展、国际名家具（东莞）展览会、中国沈阳国际家博会等几大国际型家具展会在疫情平稳后成功举办。国际方面，由于疫情在海外的蔓延，米兰、科隆、高点等国际大型家具展会都相继宣布取消，国际会展经济压力加大。本篇合计收录16场国内各省市重点展览会的基本情况，包括举办时间、地点、2020年展会情况、官方网址等信息。重点介绍了中国国际家具展、中国（广州）国际家具博览会以及中国沈阳国际家具博览会三大展会在2020年的举办情况。

2020年国内家具及原辅材料设备展会一览表

月份	举办时间	展览名称	地点	展会介绍
7月	7月6—9日	第17届青岛国际家具展	青岛红岛国际会议展览中心	本届展会继续秉承家具全产业链的展示特色，包含了实木家具、定制家具、实木半成品家具、木工机械、原辅材料等产业链上下游内容 官方网址：www.qiff.net
	7月8—11日	第22届中国（广州）国际建筑装饰博览会	广交会展馆A、B、C区	中贸展与红星美凯龙共同举办中国国际建筑贸易博览会（上海）与中国国际家具博览会（上海），展出面积40万平方米，展览涵盖定制家居、室内装饰、门窗、卫浴、建筑五金、机械展，展会3天接待60905名观众参观。该展会是华东地区独一无二的全屋高端定制平台 官方网址：www.cbd-china.com/
	7月15—17日	2020国际绿色建筑建材（上海）博览会	上海新国际博览中心	该展会是全面提供绿色建筑整体解决方案的国际建筑建材专业类贸易博览会。参展企业贯通家居市场上下游，涵盖全屋定制、定制家居、家具、橱柜衣柜、门窗、地板、生产设备及配件辅料等大家居概念的全题材产品
	7月27—30日	第43届中国（广州）国际家具博览会	广州琶洲·广交会展馆/保利世贸博览馆	该展会展览规模近30万平方米，参展企业1607家，是"新品首发、商贸首选"的全功能平台，集中力量打造高品质展会，筛选优质品牌企业参展，吸引优质买家观众到会参观采购，紧扣行业当前形势，进一步凸显内销功能，发布行业趋势和前沿设计，努力为行业企业疫后复工复产蓄能赋能 官方网址：www.ciff-gz.com
8月	8月15—17日	第20届中国国际济南家具博览会	山东国际会展中心	该展会展出面积10万平方米，参展企业800余家，参观观众12万人次，展会在展览展示、行业高峰论坛、"一对一"供需对接、国际客商洽谈等方面进行全方位升级，以全新的面貌轰动环渤海湾商业圈，在家具行业内、企业心目中树立一个崭新的品牌烙印，共同打造环渤海顶级家具盛典，展会旨在为展商与买家提供一个交流洽谈、合作共赢的信息交流平台 官方网址：www.jn-ff.com/index.html
	8月19—22日	第39届国际龙家具展览会和第29届亚洲国际家具材料博览会	佛山市前进汇展中心	该展会产品更注重绿色制造、智能制造等新理念，确保生产环境绿色、选材绿色、辅料绿色，同时，跨界融合发展大家居方向，展会吸引省内外近400家品牌企业，展示产品超过数千款，展品包括家具包覆材料、家具填充材料、家具五金配件、家具基材、家具化工产品、家具包装、家具生产设备、家具半成品、家具成品、电子商务等十个领域 官方网址：www.qianjin.com/indexl.aspx

续表

月份	举办时间	展览名称	地点	展会介绍
8月	8月18—22日	第43/44届国际名家具（东莞）展览会	广东现代国际展览中心	该展会每年两届，本届展会规模77万平方米，参展商共1000余家，5天展期，共接待国内外专业观众152811人。本次展会聚消费方式之变，聚行业格局之变，成品+定制+整装深度融合，线上线下互动 官方网址：www.gde3f.com/Home.html
	8月20—23日	2020深圳时尚家居设计周暨35届深圳国际家具展	深圳国际会展中心	该展会自1996年开始，迄今为止已成功举办了35届。展会坚持"设计导向、潮流引领、持续创新"，以设计为纽带，与城市文化共融的深圳国际家具展，日益成为全球家具和设计界认识深圳的窗口，也成为"国际设计资源与中国制造连接"及"中国制造寻找国际、国内市场"的战略平台 官方网址：www.szcreativeweek.com/
9月	9月8—10日	第46届中国（上海）国际家具博览会	上海虹桥国家会展中心	本届展会得到行业鼎力支持，参展企业近1000家，展览面积近25万平方米，规模继续保持领先。专业观众入场总人数达118409人，受疫情影响较上届有小幅回落 官方网址：www.ciff-sh.com
	9月8—12日	第26届中国国际家具展览会	上海新国际博览中心	该展会以出口导向、高端内销、原创设计、产业引领的宗旨，成为全球采购成品家具、材料配件、设计家饰最重要的贸易平台之一，其与摩登上海时尚家居展以及上海家居设计周的紧密结合，为全球业内想要找寻和体验新生活方式的买家和观众建立一个确实的、持续发展的贸易平台 官方网址：www.furniture-china.cn
	9月10—13日	第12届苏州家具展览会	苏州昆山花桥国际博览中心	该展会以苏州家具产业基地为基础，立足蠡口流通集散地，逐渐成为了华东地区乃至全国极具影响力的专业B2B展会平台。精准定位、一站式采购平台、严格防控安全办展、产业基地独立成馆、多元业态布局，是本届展会的5大关键词。4天展会，7大展馆，8万平方米展览规模，吸引600余家展商，97633人/次的专业观众 官方网址：www.szjjzlh.com
	9月11—13日	第12届中国沈阳国际家博会	沈阳国际展览中心	该展会以沈阳为平台，辐射东北、内蒙古、华北，以及俄罗斯、蒙古、日本、韩国、朝鲜等东北亚国际市场。本届展会总规模达到12万平方米，近千家企业参展，套房家具、软体家具、两厅家具、办公家具、门品定制、全屋定制、装饰建材、吊顶卫浴、木工机械、原辅材料及原创设计等11大品类，璀璨绽放 官方网址：www.jj999.com/index.html
	9月17—20日	第19届西安国际家具博览会	西安国际会展中心	该展会4天累计参观观众58842人次，其中经销商和专业买家28523人次，现场达成交易额8000多万，意向交易额预计2.9亿元人民币 官方网址：www.xajjzh.com
10月	10月21—23日	2020中国北方全屋整装定制及木工机械博览会	石家庄国际会展中心（正定新区）	该展会以打造"中国北方首屈一指的整装定制展"为目标，已经连续举办3年。本届展会汇聚了全屋整装、整体衣柜橱柜、木门及整木定制、智能家居、木工机械、五金板材等家具材料、软装、智能软件等产品，参展企业200多家，参展品牌300多个 官方网址：www.sjzjbh.cn/
	10月25—31日	中国（赣州）第7届家具产业博览会	江西赣州市南康区家居小镇	本届家博会以"中国·南康——实木之都、家具之都、家居之都"为主题，活动为期7天。本届家博会设置1个主会场和4个分会场。主会场设在南康家居小镇，在赣州国际陆港、佳兴木工机械城、赣南灯饰城及300万平方米的家具城线下市场等设立分会场
12月	12月22—24日	第9届上海国际智能家居展览会	上海新国际博览中心	本届展览以"智能创新，改变生活！"为主题，通过完美展示智能家居领域产业链和智能技术与产品，为企业提供展示交流机会，使得参展商能透过展会找到高质量的采购商，并成为众多采购商的潜在供应商 官方网址：sh.smarthomeexpo.com.cn

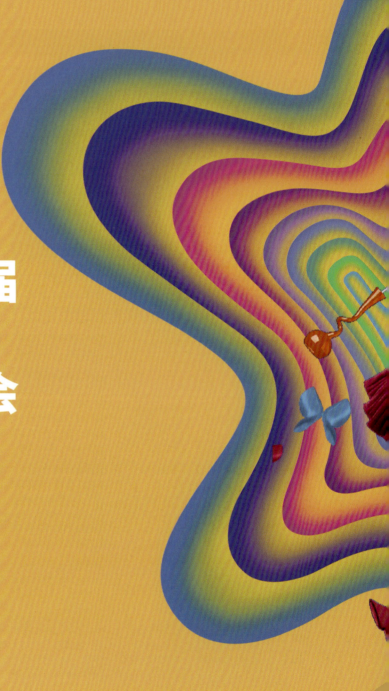

FURNITURE CHINA 2021

第二十七届
中国国际
家具展览会

2021
上海新国际

第 26 届中国国际家具展 & 摩登上海时尚家居展

一、展会概况

2020 年 9 月 12 日，第 26 届中国国际家具展（以下简称"家具展"）在上海浦东新国际博览中心圆满收官。同期举办的 2020 年摩登上海时尚家居展（以下简称"摩登展"），也于 9 月 11 日在世博展览馆落下帷幕。据统计，新国际博览中心共计接待 124953 人次，世博展览馆则有 38011 人次，超出预期。家具展展期 5 天，摩登展展期 4 天，双展联动一次性释放中国家具和原创设计活力与精粹，17 场专业论坛密集展示面向未来的行业洞察和产业趋势。与此同时，以"出口内销双循环，线上线下新零售"重新定义了家具展览会，提供 B2B、B2P、B2C 全方位服务。来自全球各地、四面八方的专业买家和普通观众，再次共享了一场高规格、高品质、高颜值的家具家居设计盛会。

二、观众分析

国内观众逆势增长，海外线上观众成倍递增。国内观众到场净人数 111511 人，较 2019 年增长 4.8%，相对集中于华东地区，以长江三角洲地区观众为主，且沿海地区观众尤为密集。疫情之下，双展线上线下海外观众共达 11268 人，来自 141 个国家和地区——DTS 线上展览会注册订阅 9446 人，海外浏览量已超过 38.6 万，比 2019 年同期海外站浏览量增长近 60 倍。其中，亚洲占比 49.25%、美洲 20.84%、欧洲 14.79%、非洲 12.36%、大洋洲 2.33%、其他 0.43%。在入境困难的情况下，线下展会海外观众到场 1822 人。

三、展会观察

中国国际家具展自成立以来，一直和中国家具产业共同进步，共同成长。扎根上海，依托无可比拟的资源优势，中国国际家具展览会已成功举办了 26 届，并从纯 B2B 线下贸易平台转型为出口内销双循环、B2B2P2C 线上线下相结合的全链路平台、原创设计展示平台及"展店联动"的贸易和设计盛宴。

2020 年是家具行业"线上化、数字化"加速转型的一年。在此背景之下，中国国际家具展站在"引领产业、面向未来"的高度之上，以"出口内销双循环，线上线下新零售"重新定义家具展

2019—2020 年中国国际家具展展后数据统计表

主要指标	2020 年	2019 年	同比增长率
展会面积（万 / 平方米）	30	35	-14.2%
展商数量（个）	2000	3500	-42.8%
观众人次（万）	124953	117678	6.2%
国内观众人次（万）	111511	106403	4.8%

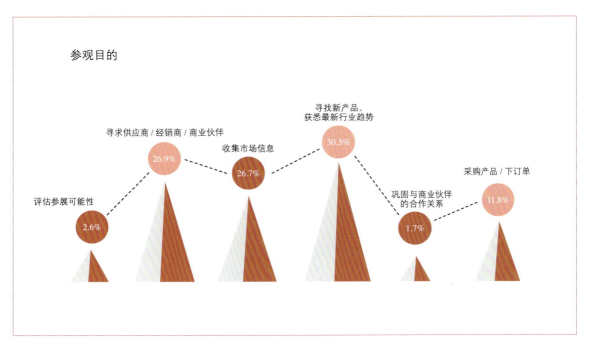

览会。展期由4天延长至5天，提供B2B、B2P、B2C全方位服务，推出三大创新举措——DTS线上展览会、家具在线采购通、中国国际家具展天猫旗舰店，在线上线下融合、革新零售、稳外贸扩内需、设计驱动贸易等方面实现了引领产业的多层级创新。

四、现场活动

2020年家具展最重磅的论坛当属"家居新生态产业峰会"，为期4天的峰会汇聚了30+行业大咖，涉及房地产、家具家居、材料、设计、互联网等领域，多视角解读了国内国外双循环、家具出口、

 2020 首届房地产家居产业赋能大会

 "新渠道 新思潮" 数字化时代下的家居渠道变革

创新及工具驱动下的新链接力

未来家——家的安全感与可持续

家居新生态产业峰会

面对精装房和数字化时代带来的家居渠道大变革，为期4天的家居新生态产业峰会站在"打通上下游，助力产业链新势能"的高度之上，探讨了房地产赋能，电商加持，设计变革，材料新作为等热门议题。

出席嘉宾包括房地企业代表：绿地、蓝城、阳光城等；家居企业代表：陆家居、柏丽、卫诗理等；家具材料企业代表海蒂诗、展辰、Urufor、拓普速力得等；知名电商媒介天猫、抖音、二更、美间等；设计师代表腓力圃·叶、何人可、杨明洁、吕永中、刘太燕等。30+ 行业大咖齐聚，共探家居新生态产业的未来。

摩登商学院

2020 摩登上海时尚家居展的摩登商学院论坛再次成为展会亮点，本届论坛共邀请到 64 位行业大咖与设计师，针对 12 个全产业链的热点话题进行了细致且深度的分享。从中国整装发展、购物中心家居新零售模式、家居买手经济，到智能互联、直播电商、家居消费趋势，论坛现场人气满满、反响热烈。

此外，所有摩登商学院的论坛内容都开通了直播通道，单场最高观看人次超过 2.9 万人。

REARD 第二届女性商业创新论坛

摩登上海设计周之家居买手集结号论坛

阿里巴巴躺平与中国国际家具展览会共建家居商品供应链及集合店进入购物中心合作论坛

RED Digital 尺·度设计师论坛

电商赋能、设计变革、材料供应链等当下热门话题。同时为上下游产业，甚至是跨行业之间互相赋能提供了面对面交流沟通的机会，促进和开拓了更多新商机和新渠道。其中金点奖评审团还首次以主题论坛形式，与现场观众一起畅谈了未来家的发展趋势和国际前沿视野下的中国家居设计。

摩登展人气板块"摩登商学院"邀请 64 位行业大咖与设计师打造了 12 个全产业链主题论坛，以极具前瞻性的观点为现场观众传递价值。从整装发展、购物中心家居新零售、家居买手经济到智能互联、直播电商、家居消费趋势，论坛现场人气满满、反响热烈。同步开通的摩登商学院线上直播，单场

阿里巴巴躺平与中国国际家具展览会
共建家居商品供应链及集合店进入购物中心合作论坛

联合中国百货商业协会和中国家具协会，从供应链角度深度解析了家居商品进入购物中心和躺平（阿里巴巴旗下家装电商平台）的运作模式。

上海博华国际展览有限公司创始人、董事王明亮先生在论坛中表示，"中国国际家具展览会将顺应时代发展，与参展企业共进退，规划彻底转型新零售，建立起一个高效的供应链生态圈的新起点。"

中国百货商业协会会长
范君女士

中国家具协会副理事长
张冰冰女士

国际购物中心协会
市场调查委员会亚太区委员
上海海希艾迪营销策划有限公司
执行董事
王玮先生

上海博华国际展览有限公司
创始人、董事
王明亮先生

阿里巴巴资深运营专家
阿里巴巴躺平直营业务负责人
季青女士

零售终端代表
山东德百集团副总经理
栾郁女士

最高观看人次超过2.9万。

阿里巴巴躺平与中国国际家具展览会共建家居商品供应链及集合店进入购物中心合作论坛，联合中国百货商业协会和中国家具协会，从供应链角度深度解析了家居商品进入购物中心和躺平（阿里巴巴旗下家装电商平台）的运作模式。上海博华国际展览有限公司创始人、董事王明亮在论坛中表示，"中国国际家具展览会将顺应时代发展，与参展企业共进退，规划彻底转型新零售，建立起一个高效的供应链生态圈的新起点。"而由躺平与上海博华、《ELLEDECO家居廊》共同策划的未来家居新体验场，用有形的线串联起诸多家居好物，打造了一场超真实的"线上"家居创意展览，以全链路的数字化为基础，从扫码了解商品详情，到下单、收货，全程无须接触销售人员，重构了线下逛展采购的新体验，成为2020年摩登展的人气聚集地。

五、展会亮点

在2020年特殊大环境下，中国国际家具展展览面积虽略有下降，但设计馆人气丝毫未减，迪信、亚振、艾宝、墨器、科默等品牌展厅出现"爆馆"现象；此外，UFOU、Lepōs、钦航家居等年轻品牌也在不断涌入；更有不少国际品牌克服重重困难，如约而至——扎根中国已久的法国六大品牌成团出道，Ligne Roset、Sifas、Gami、Galipette、Temahome、Fermob齐站C位。另也有Asiades、Marria Yee、Boori等来自荷兰、美国、澳大利亚的品牌纷纷抢镜。

中国家具高端制造展（FMC China 2020）形成了更系统的展馆设置，以产业优势布局家具业，聚焦新材料和新配件，打造材料精品馆、家具皮革馆、家具五金馆、板材表面装饰及化工馆、乳胶家居和材料馆、软装布艺馆等强势版块，促进行业精细化发展进程，加速中国家具产业迈向高端制造4.0之路。

摩登展依然"惊艳"。超过300家参展商共同打造了美轮美奂的潮流家居和创意生活场景，10余场丰富多彩的设计活动让观众们流连忘返。4天展会共计接待观众38011人次，"沪上首屈一指的生活方式大展"名副其实。秉承"设计创造价值"的Design of Designers 中国国际设计师作品展示交易会（简称"DOD"）迎来第9年，并成为金点奖、创新奖获奖大户，吱音、等等几木、立风、素然、一忽、觉一等均榜上有名。特别是REd设计展，以五轴数控技术突破家具设计与制造的边界，包揽金点奖 5 个奖项——3 个单品奖、1 个设计师奖、1 个组委会年度金奖，连续 3 年成为金点奖收割机。

8 月启动 DTS 线上展览会，以"云看展 + 实体展会"双平台运营模式，为家具外贸企业搭建多品类线上展示平台，促进跨境贸易供采高效对接。其中，与浙江省商务厅联合举办的 12 场浙商专场活动，更是敢为人先，为拓宽线上家具外贸新航道做出了有益的贡献。3 月线上展期，DTS 共获得来自 141 个国家和地区的 12675 名专业买家订阅，浏览量近 150 万，线上展厅与产品获得 974251 次访问，产生 1175 条询盘，为 312 家家具企业赢得了跨境贸易商机。

作为与展会深度融合的线上采购平台，2019 年上线的家具在线采购通已成为企业拓内需的有力渠道。目前，家具在线采购通小程序商城入驻企业超过 500 家，产品数量 10000+。在私域流量价值凸显的当下，家具在线采购通还组建了上百个微信社群，社群人数超过 2 万，专业买家占比接近 100%，每周询盘量超过 300 条。

除了自建家具在线采购通平台，9 月中国国际家具展还与阿里巴巴展开线上线下深度合作，受邀加入天猫开设同名官方旗舰店，成为入驻天猫的国内首家展会，携手家具品牌共同尝试 B2C 战略拓展，开创了国内先河，向革新零售迈出更加坚实的一步。上线仅 3 个月，中国国际家具展览会天猫旗舰店浏览量超过 30 万，GMV 近百万。

六、展会预告

一切过往，皆为序章。上一个 365 天的圆满结束，也是下一个 365 天的崭新起点。当今世界正在经历百年未有之大变局，经济全球化遭遇逆流，中美分歧与博弈加剧，全球供应链、产业链遭遇明显冲击。在双循环背景下，家具业也在向数字化、线上化加速转型。为此，浦东家具家居双展确立了全新的 14 字战略方针——出口内销双循环，线上线下新零售，一方面巩固 27 年来形成的外贸护城河，另一方面加大力度拓展广阔的国内消费大市场，以线上化、数字化驱动双循环，实现 B2B2P2C 深度共建。

既往不恋、纵情向前。第 27 届中国国际家具展将于 2021 年 12 月 28—31 日重新起航，与同期举办的 2021 摩登上海时尚家居展双展联动，以海纳百川的包容力、敢为人先的创造力、求新求变求发展的生长力，在上海黄浦江畔之东继续书写"引领产业，面向未来"的新篇章。

 第49届中国（广州）国际家具博览会
THE 49ᵗʰ CHINA INTERNATIONAL FURNITURE FAIR (GUANGZHOU)

设计引领
内外循环
全链协同

广州·琶洲　广交会展馆/保利世贸博览馆

用家具展　2022.03.18-21
公环境展　2022.03.28-31
备配料展　2022.03.28-31

第45届中国（广州）国际家具博览会

第45届中国（广州）国际家具博览会于2020年7月27—30日盛大举办，是疫情以后国内首个超大型、全产业链的家具展会，展览规模近30万平方米，参展企业1607家，展会4天盛况如潮，入场观众人数145363人，为促进行业和企业后疫情时代重启发展，保障家具行业供应链和产业链稳定，发挥了内销和外贸皆强、"新品首发、商贸首选"全功能平台的积极作用。面对疫情带来的冲击，家博会着力优化展会布局，紧扣当时形势，进一步凸显内销功能，发布行业趋势和前沿设计，以四大亮点为全球家具行业的进一步发展贡献智慧和力量。

一、以保持较大规模、较高品质、全产业链题材的家博会，助推产业提质升级

中国家博会是涵盖全产业链题材的家具博览会，虽然受到疫情的些许影响，但第45届中国家博会（广州）依然保持近30万平方米的超大规模，家

展会现场

2030+ 国际未来办公方式展

居行业各细分题材的头部品牌企业积极参展，同时还保持较完整的产业链，是2020年国内首个超大型全产业链家具博览会。使用广交会展馆A、B、C三区，盛大展出民用家具、饰品家纺、户外家居、办公商用及酒店家具、家具生产设备及配件辅料等大家居全题材产品，实现展会一站式采购。民用家具、办公家具和设备配料各题材同台展示，全方位打通上下游产业资源，助力参展企业实现流量最大化。

家博会以强大的"新品首发、商贸首选"功能，助力行业的复苏与发展。一方面，展会现场众多行业龙头品牌携新品登场，百家企业在展会举办新品首发活动，集中展示行业前沿的新设计、新工艺、新技术和新理念，引领行业在后疫情时代加速转型升级。另一方面，为响应国家扩大内需政策，顺应国内家居市场需求，家博会优化内销热点题材，以设计、智能、健康、养老、阳台定制等当下行业热点与风口为抓手，汇集一批行业领先的智能办公企业，引入多家智能电动床产品、互联网床垫电商等企业，更好地满足市场不断升级的消费需求。

二、以聚焦原创、引领未来的设计展示和活动，助力行业构筑交流新生态

围绕"创新驱动、设计引领"的发展战略，第45届中国家博会（广州）使用A区二层1.2~5.2馆作为展会重点打造的设计展区，其中3.2馆是由策展老师团队精心策划的"CIFF设计之春当代中国家具设计展"。"CIFF设计之春当代中国家具设计展"倡导艺术、设计、生活三位一体，由"品牌盟""有间书房""Yuan艺术设计博物馆""设计新生""三人行""四校联展""EDIDA奖中国区回顾展""大家茶馆·春之声论坛"八大亮点内容组成，将我国40多个一线家具设计师品牌、200多个一线艺术家、设计师融合在10000平方米的展览空间中，充分展现品牌、文化、艺术、设计的美好力量，成为我国首个100%原创设计的家具展！开幕即盛况空前，吸引了大量来自全国各地的专业观众和媒体。

此外，第45届中国家博会（广州）现场还重磅打造"2030+国际未来办公方式展""'携手世界、共荣共兴'2020全球家具行业趋势发布会""设交圈"系列活动等内容。

"2030+国际未来办公方式展"由中国对外贸易中心（集团）与中国家具协会联合主办。短短几天，展览立足当前科技与创新，溯源过往经验成绩，面对步履紧促、即将抵达的"未来"，积极展望、重启洋溢活力的"办公新纪元"：不仅突破了商业展览格局，也为完整呈现行业趋势与探索发展方向开辟全新的视野。

"'携手世界、共荣共兴'2020全球家具行业趋势发布会"于7月27日在第45届中国家博会（广州）隆重举行。中国家具协会理事长徐祥楠、中国对外贸易中心（集团）副总裁徐兵、中国家具协会副理事长兼秘书长张冰冰、中国家具协会副理事长屠祺等嘉宾出席发布会，立足中国，放眼全球，共同探讨解读展览业和家具展会发展趋势。

展会现场还举办"设交圈"系列活动，包括"湾区城市设计展""我的爸爸是设计师""这届年轻人的家——家居生活及消费趋势巡展""CIFF设计师材学工作营"等，汇聚业界知名设计师及新锐设计师，充分发挥了趋势引领的展会功能，为广大设计师与参展企业搭建直接高效的沟通渠道，建立起专属于设计师的互动交流生态圈。

三、以深化展会数字化功能，助力行业企业线上线下齐突围同发展

中国家博会（广州）突破空间限制，联动多家流量平台，利用短视频、移动端、PC端三大线上流量入口布局线上展览，打造高流量、强互动、多福利的"云看家博会"云展，通过云直播、云推介、云展厅、云喊话、云论坛等多种形式，联动线下展会为虎添翼。展会短短4天，家博会联合巨量引擎打造的"DOU看家博会"线上云展点击率超450万；依托CIFF微信小程序打造的云展厅上线超3000家展商，访问量超78万，为全行业创造了更时尚新颖、丰富多样的参展观展体验。

四、以科学防疫和精细化服务，为企业观众打造安全无忧的参展观展体验

作为展览业的国家队，中国家博会按照各级政府部门有关展览活动疫情防控工作要求，制订了严密的防疫工作方案，从严落实各项防疫要求，大力开展线上观众实名预约登记，扎实做好展会全流程

2020 全球家具行业趋势发布会

"设交圈"系列活动

安全管控和现场服务保障工作，为与会人员营造了健康有序、安全无忧的展览环境。展会还进一步优化展会观众登记、环境布置与导向、酒店落地服务、穿梭巴士和电瓶车等展会配套服务，力争安全优先、流程简化，为展商和观众提供安全便捷的展会体验。同时，中国家博会（广州）持续推进数字化转型、绿色办展理念，不断创新管理和服务模式，以更多更好的服务，不断提升参展观展获得感、安全感、幸福感。

第 49 届中国家博会（广州）将于 2022 年 3 月 18—21 日、28—31 日在广州琶洲举办，敬请期待！

CSYFF SINCE 2012
2022沈阳家博会春季展
CHINA SHENYANG FURNITURE FAIR

2022.4.9—11

沈阳国际展览中心 沈阳市苏家屯区会展路9号

全国唯一国家级区域展
拓展东北内蒙、东北亚家居市场的高效平台

2022　春季展 4/09 - 4/11
　　　秋季展 8/19 - 8/21

组委会联系电话 024-22733380

2020 中国沈阳国际家博会

一、展会概况

沈阳家博会于 2012 年开始在沈阳国际展览中心举行，沈阳家博会以沈阳为中心，辐射东北、华北及东北亚国际市场，是涵盖各类家具、定制家居、居室门品、集成吊顶、陶瓷卫浴、地板、灯饰、家居饰品、装饰装修材料、木工机械及原辅材料等家居全产业链的行业盛会。

2018 年开启春秋双展，即每年 3 月下旬、8 月上旬举行。

2019 年，沈阳家博会春秋双展总规模达到 15 个展馆，21 万平方米，1500 家参展商，展会接待来自国内外专业人士达 20 万人次，成为中国家具行业交流合作的一个高效平台，被业界称为"后起之秀"，与中国上海国际家具博览会、中国广州国际家具博览会等大型国际化展览会共同打造了和谐有序、互惠共赢的展览会新格局。

2020 年，受疫情影响，第 12 届沈阳家博会三次延期，最终于 9 月 11—13 日在沈阳国际展览中心成功举办。展会共有 8 个展馆，总规模为 12 万平方米，1000 家参展商，设有 11 大品类展区，展会接待来自国内外专业人士达 24 万人次，远高于上

入场盛况

一届，比历史最好的 2019 年春秋双展还增加 20%。对全行业提振市场信心、撬动实体经济、促进复工复产起到了积极作用。

二、数据分析

2020 年第 12 届沈阳家博会参展企业分别来自北京、上海、天津、广东、浙江、四川、山东、河南、河北、辽宁、黑龙江、吉林、内蒙古 13 个省（自治区、直辖市）。其中东北三省、河北和内蒙古企业占 50% 以上。与会专业买家占比达到 89%，观众的观展目的性较强，主要为订货、寻求合作和了解市场发展新趋势。

展会展出产品中，75% 以上是企业首次投放市场的新产品，琳琅满目，丰富多彩，让人耳目一新，流连忘返。

展会现场交易洽谈火热，展馆外参观企业，车接车送，川流不息，呈现疫情防控常态化形势下，家具需求复苏、购销两旺的新局面。95% 以上的参展商企业表示满意，他们得到了下半年或更长时间的生产订单；70% 参展企业预订了 2021 年沈阳家博会的展位。

三、展会亮点

1. 国家协会、地方政府高度重视，提振行业信心

沈阳国际家博会一直以来深受行业和社会各界高度关注。展会开幕前，沈阳市政府副市长李松林与专程来沈与会的中国家具协会理事长徐祥楠、中国家具协会副理事长兼秘书长屠祺等举行会见，就做大做强沈阳家博会，助推家具业持续稳定发展，为东北经济全面全方位发展做贡献等事宜，进行了交流和探讨。这给沈阳家博会组委会和家具行业企业以巨大的鼓舞和信心，尤其是对夺回今年疫情造成的损失，产生巨大动力和积极影响。

开幕第一天，沈阳市政府副市长李松林、中国家具协会理事长徐祥楠、中国家具协会副理事长兼秘书长屠祺等领导与嘉宾，在辽宁省家具协会会长祖树武、常务副会长兼秘书长白红的陪同下，一同参观展会，见证了疫情防控常态下的沈阳家博会的非凡盛况。

2. 首开"沈阳家博会线上云展厅"，线上线下齐动，提升展会功能

本届展会首开"沈阳家博会线上云展厅"，成为大会主要突出特点。针对疫情对实体店的冲击和影响，组委会投资开发"沈阳家博会线上云展厅"，实现线上线下齐动，提升展会功能，帮助企业开辟拓展市场的新渠道，收到良好效果。

云展厅有 572 家企业上线，126915 人访问浏览，发布信息 2300 多条，网友留言 11229 条，2569 家经销商约谈。展会期间线上线下互通互联，线上直播秀、在线论坛和及时的展会信息播报、采购指南、同步最新展品发布等，满足了无法来展会现场客户的各种需求，受到广泛好评。

3. 打造中国北方家居全产业链大平台

展品品类涵盖套房家具、软体家具、两厅家具、办公家具、全屋定制、门品定制、装饰建材、吊顶卫浴等全产业产品及木工机械、原辅材料。新材料和智能设备、工具不断涌现，琳琅满目，可广泛适用于家庭、宾馆、酒店、办公、医用、轮船、火车等各种环境需求。

4. 再现中国北方定制家居新高地风采

2012 年首届沈阳家博会上确定的家居全屋定制为沈阳家博会的特色内容，在疫情防控常态下再现需求亮点。2020 年第 12 届沈阳家博会吸引了更多的定制家居企业参展，全屋定制、全卫定制、家居单品定制生产企业超过 300 家，展出定制品类占总展出面积的三分之一。

5. 延续"设计·优物展"，推动原创设计理念

疫情中，沉寂半年之久的东北、华北地区具有代表性的优秀设计师的原创作品，在展会上得到释放，实现设计与生产企业的无缝对接，有力地促进了企业创新发展，满足人们家居需求新趋势，受到业界广泛称赞。

四、现场活动

本届家博会现场活动，以"精准对接、细分品

领导合影

领导视察

类、小型化举办"为原则，既有利于疫情防控，又有益于行业发展。如"2020家居设计思考"主题论坛、"盛京杯"家居设计大赛、"优物设计展解读"等，精细化的会间活动，让与会者感到丰富多彩，收获多多。

本届展会严格落实执行国家、省市政府有关防控疫情、发展经济要求，在政府有关部门指导下，制订了科学有效的疫情防控方案和应急处置预案，并进行了演练。会场配备防疫、安保人员，对所有入馆人员进行测量体温，验码入场；展馆、展厅入口、参展企业均免费配备消毒液、洗手液、口罩等防疫用品；对公共区域的设施定时进行消毒处理，确保展会安全有序进行。

五、展会预告

展会名称：2021中国沈阳国际家博会春秋双展
展会时间：春季展4月9—11日
　　　　　秋季展（展会延期）
展会地点：沈阳国际展览中心（沈阳市苏家屯区会展路9号）

展馆内俯瞰

展馆内盛况

沈阳家博会展馆鸟瞰图

— 09 —

行业大赛
Industry Competition

编者按：2020 年，中国轻工业联合会、中国家具协会、中国就业培训技术指导中心、中国财贸轻纺烟草工会全国委员会联合主办国家级二类竞赛"2020 年全国行业职业技能竞赛——第四届全国家具职业技能竞赛"。2020 年 10 月 31 日—11 月 2 日，大赛总决赛在浙江东阳举办，得到了东阳市人民政府的大力支持。本次竞赛从筹备至今历时近一年，覆盖全国 10 大省份 12 个赛区，成为行业展示技艺、选拔人才、弘扬文化的重要平台，为提升行业影响力，增强行业凝聚力发挥了重要作用。

2020年全国行业职业技能竞赛
——第四届全国家具职业技能竞赛总决赛成功举办

2020年10月31日—11月2日，由中国轻工业联合会、中国家具协会、中国就业培训技术指导中心、中国财贸轻纺烟草工会全国委员会主办，东阳市人民政府承办的2020年全国行业职业技能竞赛——第四届全国家具职业技能竞赛总决赛在浙江东阳举办。

一、总决赛开幕

11月1日，2020年全国行业职业技能竞赛——第四届全国家具职业技能竞赛总决赛开幕式在浙江东阳中国木雕城举办。出席总决赛的领导嘉宾有：竞赛组委会主任、中国轻工业联合会党委副书记、中国家具协会理事长徐祥楠，竞赛组委会副主任、中国财贸轻纺烟草工会全国委员会分党组成员、副主席郭振友，东阳市人民政府副市长黄阳明，竞赛监审委员会主任、中国家具协会副理事长张冰冰，竞赛组委会副主任、中国家具协会副理事长兼秘书长屠祺，以及全国各赛区的政府、协会、企业代表和各地的109位选手、16名裁判员等。开幕式由屠祺主持。

徐祥楠理事长在开幕式上致辞。他强调，技能人才是国家的宝贵资源，是促进产业升级、推动高质量发展的基础，对支撑制造业发展，推动创新创造有着深远意义。他介绍，全国家具职业竞赛已成功举办三届，今年的赛项开设了手工木工和家具设计师两个工种，将从家具产业链源头和高品质产品制造方面提升行业整体水平，希望本届竞赛成为展示技能风采、提升技能水平、推动行业发展的高效平台。

郭振友副主席在致辞中表示，技能人才是实施人才强国战略、就业优先战略和创新驱动发展战略

总决赛开幕

2020 年全国行业职业技能竞赛——第四届全国家具职业技能竞赛总决赛合影

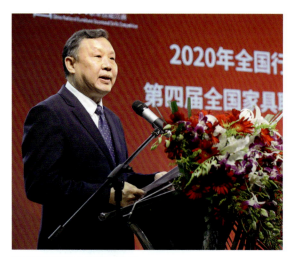
徐祥楠理事长为开幕式致辞

郭振友副主席为开幕式致辞

屠祺副理事长兼秘书长主持开幕式

黄阳明副市长为开幕式致辞

裁判员代表陆光正宣誓

选手代表林晓坪宣誓

不可或缺的宝贵人才资源，开展职工职业技能竞赛是提升职工技能素质、培养高技能人才的重要途径，相信本届大赛将成为一次特色鲜明的高水平赛事，为推动家具行业高质量发展和职工成长成才搭建重要平台。

黄阳明副市长在致辞中介绍，浙江东阳目前共有木雕红木家具企业 1300 余家，其中规上企业 57 家，龙头骨干企业 15 家，红木家具专业市场 120 万平方米；工艺美术大师国家级 11 人、省级 48 人，市级 124 人。他表示，作为总决赛承办地，东阳将努力将本次大赛办成有深度、有质量、有特色的赛事。

开幕式上，手工木工裁判组组长、中国工艺美术大师陆光正和家具设计师组选手林晓坪分别代表裁判员和参赛选手庄严宣誓。

二、总决赛表彰大会

11 月 2 日，由中国家具协会、东阳市人民政府主办，东阳市木雕红木家居产业发展局、东阳中国木雕城协办的第二届中国红木家具展览会盛大开幕。开幕式上举行了 2020 年全国行业职业技能竞赛——第四届全国家具职业技能竞赛总决赛表彰大会。

十二届全国人大内务司法委员会委员、中央编办原副主任、中国轻工业联合会党委书记、会长张崇和，中国家具协会理事长徐祥楠，中国财贸轻纺烟草工会全国委员会分党组成员、副主席郭振友，中国家具协会副理事长张冰冰，中国家具协会副理事长兼秘书长屠祺，东阳市委书记傅显明，东阳市委副书记、市长楼琅坚，东阳市副市长黄阳明等领导嘉宾，以及各赛区负责人、裁判员、选手等出席开幕式。

徐祥楠理事长在开幕式上致辞，他指出，伴随社会进步和消费升级，东阳红木产业朝着专业化、规模化、精细化的特征持续转型，迈上传承与创新相结合的发展新路。红木家具是传统文化的重要载体，是家具行业的历史呈现。职业竞赛是传承优秀传统文化、弘扬宝贵工匠精神、培养优秀技能人才的重要平台。"第四届全国家具职业技能竞赛总决赛"于 10 月 31 日—11 月 2 日在东阳成功举办，大赛得到了全国 10 个省份 12 个家具重要产区的政府、协会和相关部门的高度重视与大力支持，来自全国的 108 名手工木工和家具设计师选手，集中展示了各区域的产业积淀和人才优势，技艺精湛，创意丰富，体现了家具行业技能人才的专业性和高水准。此次竞赛在行业里掀起了崇尚技能、重视人才的良好氛围，弘扬了锲而不舍、精益求精的工匠精神，加强了区域间组织协调、交流合作的自信和力量，为提升行业影响力、增强行业凝聚力发挥了重要作用。我们要秉承初心，砥砺前行，以红木家具人锐意改革、永立潮头的责任使命，推动家具行业在高质量发展的道路上稳步前行！

屠祺副理事长兼秘书长主持表彰大会并宣读《关于授予 2020 年全国行业职业技能竞赛——第四届全国家具职业技能竞赛总决赛优秀选手和先进单位荣誉称号的决定》。

傅显明书记在致辞中表示，东阳是"中国红木（雕刻）家具之都"，中国红木家具展览会是首个国家级红木家具专业展会。红木家具产业的杰出代表齐聚东阳，共商行业发展大计，对推进红木家具文化的传承和创新，推动东阳红木、木雕产业的转型发展具有重大意义。未来，东阳将做好抓规范护生态，善创新促提升，建平台强支撑，育人才蓄能量等四方面的工作，实现东阳红木家具产业的新发展。

楼琅坚市长主持了展览会开幕式。

黄阳明副市长作《中国（东阳）木雕红木产业发展报告》，他介绍了东阳红木家具产业的发展情况，并表示东阳将重点实施产业提升工程、人才培养工程、技术攻关工程、品牌创建工程、文化创新工程、平台建设工程等六大工程，进一步打响"世界木雕·东阳红木"品牌影响力，推动木雕红木产业高质量发展。

三、总决赛过程回顾

开幕式前一天下午，总决赛召开了裁判员工作会议，竞赛组委会主任、中国家具协会副理事长兼秘书长屠祺，竞赛组委会副主任、中国家具协会专家委员会原副主任刘金良和来自全国的 16 名裁判员参加会议。会议宣读了总决赛裁判员名单。竞赛组委会聘任竞赛手工木工裁判陆光正为组长，田燕波为副组长，曹静楼、杨波、王泽林、梁培根、刘晓红、余继宏、姜恒夫为组员。家具设计师组

总决赛表彰大会现场

张崇和会长、徐祥楠理事长向东阳市人民政府市长楼琅坚颁发特殊贡献奖

徐祥楠理事长在总决赛表彰大会上讲话

屠祺副理事长兼秘书长宣读优秀选手和先进单位的决定

傅显明书记在总决赛表彰大会上致辞

楼琅坚市长主持展览会开幕式

黄阳明副市长介绍东阳红木家具产业发展情况

张崇和、徐祥楠、郭振友、张冰冰、屠祺、刘金良、陈君梁参观竞赛作品

徐祥楠、郭振友、屠祺、黄阳明参观竞赛作品

张崇和、徐祥楠、郭振友、张冰冰、屠祺、刘金良参观竞赛作品

沈宝宏为组长，侯正光为副组长，吴智慧、陈宝光、陈春华、陈能信、袁媛为组员。会议强调了总决赛裁判员的工作纪律和守则，讨论并通过了《技能竞赛技术文件（评分标准）》，介绍了理论考试的工作要求，签署了裁判员保密守则，颁发了裁判员证书。

10月31日晚，全体裁判员和选手召开了技术说明会。选手抽取了比赛工位号，发放了竞赛图纸，公布了竞赛技术文件和竞赛注意事项和评分标准，并就参赛选手提出的相关技术细则进行了答疑。会后，参赛选手参加了总决赛理论考试。

第四届全国家具职业技能竞赛包含手工木工与家具设计师两个赛项，其中手工木工选手55名，家具设计师选手54名。手工木工竞赛选手来自全国12个分赛区选拔或推荐，内容以《手工木工》国家职业技能标准中的高级技工（国家职业资格三级）为基准，包括理论考试和技能竞赛两部分，选手们须使用手工木工工具和木料，按照家具图纸现场独立制作一件家具；家具设计师竞赛分为职工组和学生组，包括理论考试和技能竞赛，选手们需要进行现场竞赛，比拼设计创意、绘图技能，同时也带来他们选拔赛设计图纸的打样作品，在总决赛期间进行展示。裁判员根据理论考试、选拔赛图纸、实物作品和现场技能竞赛多方面进行评审裁判。11月1日上午9:30，总决赛技能竞赛正式开始，总决赛获得前三名的选手，将报请人力资源和社会保障部授予"全国技术能手"荣誉称号，取得其他名次的选手获得"全国轻工行业技术能手""中国家具行业技术能手""中国家具行业工匠之星"等荣誉称号。

11月1日13点10分，家具设计师组技能比赛结束。18点，手工木工组技能比赛结束。设计师组54名选手全部完成了画图，手工木工组44名选手完成了平头案组装制作，总决赛全体裁判员在选手离场、工作人员对所有参赛作品打乱顺序重新编号后进入评审工作。经过近3个小时的裁判评审和复核确认，最终评审出选手的作品成绩。

11月2日早，总结表彰大会之前，所有裁判员

技能竞赛现场

技术点评现场

和参赛选手召开了总决赛技术点评会。手工木工裁判员对44件手工木工竞赛作品的技术标准、工艺水平、完成程度等方面进行了点评,家具设计师裁判员对54件设计师作品的创新性、实用性及设计理念进行了点评。裁判员表示,大赛考验了选手在传统榫卯结构家具制作方面的技艺水平,考察了家具设计师的职业素质和创新能力。

本次竞赛是疫情防控常态化下,家具行业举办的首场全国性职业技能竞赛。竞赛的举办,让全行业形成了崇尚工匠精神,提升技艺水平的良好氛围,为推动家具行业技能人才队伍建设发挥了重要作用,为行业高质量发展奠定了坚实的人才基础。

2020 年全国行业职业技能竞赛
——第四届全国家具职业技能竞赛总决赛获奖名单

工匠之星·金奖 / 全国技术能手

姓 名	性 别	单位名称
陈李强	男	浙江磐安金茂富士工艺品有限公司

工匠之星·银奖 / 全国技术能手

姓 名	性 别	单位名称
于忠圣	男	海安县富丽红木艺雕家私厂
张兴保	男	东阳市御乾堂宫廷红木家具有限公司

工匠之星·铜奖 / 全国轻工行业技术能手

姓 名	性 别	单位名称
李皋生	男	古业轩古典家具厂
李永强	男	涞水县珍木堂家具制造有限公司
蒋东阳	男	东阳市南市珍木居家具厂
王均火	男	浙江中信红木家具有限公司
任长胜	男	涞水县万铭森家具制造有限公司
林国平	男	福建仙游怀古木业有限公司
徐力频	男	江门市新会区大泽镇奕鑫红木家具厂
汪顺标	男	苏州吴中区光福苏福红木工艺厂
朱卫新	男	南通市崇川精典红木艺术家具厂
黄华祯	男	新会区会城家顺古典家具厂
顾文华	男	常熟市东方红木家俱有限公司
何耀明	男	东阳市城东兴艺古典工艺家具厂

工匠之星·优秀奖 / 中国家具行业技术能手

姓　名	性　别	单位名称
孙庆镇	男	山东木言木语家居有限公司
傅玉坤	男	福建省琚宝古典家具有限公司
潘成柱	男	广州广作工艺家具有限公司
陈金国	男	仙游县龙虎山古典家具有限公司
林　涛	男	浙江卓木王红木家俱有限公司
邱海平	男	广州市番禺永华家具有限公司
莫高忠	男	谊木印象
黄　峰	男	通州区兴仁镇南横轩工艺品经营部
叶江法	男	江门市卢艺家具有限公司
王志国	男	广州市番禺永华家具有限公司
王德飞	男	江西省嘉美瑞家具有限公司
郁林全	男	福建省鲁艺家居有限公司
郑文渊	男	仙游县龙虎山古典家具有限公司
姚帮庆	男	广州市番禺永华家具有限公司
罗夕华	男	中山市东成红木家具有限公司
陶锦成	男	港闸区成双工艺品经营部
褚志恒	男	河北易联升古典家具公司
温珍干	男	中山市红古轩家具有限公司
唐建英	男	四川省创新家具有限公司
刘红刚	男	明珠家具股份有限公司
袁建华	男	江西红香阁红木家具有限公司
蓝东红	男	江西团团圆家具有限公司
黄　健	男	成都市棠德家具有限公司
贾晨旭	男	涞水县万铭森家具制造有限公司
徐志勇	男	中山市伍氏大观园家具有限公司

工匠之星奖 / 中国家具行业工匠之星

姓　名	性　别	单位名称
马高强	男	美松爱家
董旭涛	男	济南驴木匠工艺品有限公司
吴云生	男	福建思鹭工艺品厂
郑敏华	男	江西伊利斯达家具有限公司

设计之星·金奖 / 全国技术能手

姓　名	性　别	单位名称
温建良	男	顺德职业技术学院

设计之星·银奖 / 全国技术能手

姓　名	性　别	单位名称
潘质洪	男	中山职业技术学院
苏国演	男	佛山市优比创意设计有限公司

设计之星·铜奖 / 全国轻工行业技术能手

姓　名	性　别	单位名称
刘　晴	女	北京金隅天坛家具股份有限公司
王士超	男	浙江理工大学
季坤荣	男	南通禾众堂家具艺术工作室
吴韦翔	男	广东省佛山市顺德龙江职业技术学校
刘敏仪	女	佛山市顺德区达希家具有限公司
谭亚国	男	广东轻工职业技术学院
田霖霞	女	浙江横店影视职业学院
陈正民	男	中山市简至繁中饰设计有限公司
刘　萍	女	江西分寸家具有限公司
林晓坪	男	广东省中山市潘质洪家具设计工作室
陈惠华	女	东莞职业技术学院
古伟洪	男	中山市简至繁中饰设计有限公司

设计之星·优秀奖 / 中国家具行业技术能手

姓　名	性　别	单位名称
封　宇	女	顺德职业技术学院
刘云文	男	东阳市御乾堂宫廷红木家具有限公司
柯华柳	男	中山市红古轩家具有限公司
秦春亚	男	亚振家居股份有限公司
邱林国	男	中山市红古轩家具有限公司
傅　慧	男	江西文塔家具有限公司

续表

姓名	性别	单位名称
李沅阳	男	深圳市择造设计有限公司
唐运穆	男	广西金鼎家具集团
刘文杰	男	中山市红古轩家具有限公司
龙韦名	男	赣州众策家居设计
江功南	男	东莞职业技术学院
罗德宇	男	温州职业技术学院
陈双明	男	广州市番禺永华家具有限公司
黄慧芳	男	江门市老雁家具有限公司
邓仁春	男	江西富龙皇冠实业有限公司
曾欢	男	中山市红古轩家具有限公司
蒋佳志	男	中山职业技术学院红木家居学院
马树棠	男	雅鼎家具
蔡景宁	男	中山市简至繁中饰设计有限公司
徐超霖	女	东阳市荣轩工艺品有限公司
许钇龙	男	江西宽尚家具有限公司
薛锋	男	赣州市南康区慧邦品牌策划有限公司

青年设计之星·金奖

姓名	性别	单位名称
黄健飞	男	龙岩学院

青年设计之星·银奖

姓名	性别	单位名称
张雨	男	龙岩学院
李静	女	北京林业大学

青年设计之星·铜奖

姓名	性别	单位名称
洪朝皇	男	龙岩学院
周慕贞	女	顺德职业技术学院
代炎弘	男	顺德职业技术学院

青年设计之星 · 优秀奖

姓 名	性 别	单位名称
陆郸	男	广州市轻工技师学院
马华桢	女	顺德职业技术学院
刘拓宇	男	中南林业科技大学
邓忠府	男	广州市轻工技师学院
邱伟铭	男	龙岩学院
李涵芝	女	中山职业技术学院
孙胜玉	男	东北林业大学
高洁	女	河南工业大学
李静	女	东北林业大学
陈功迟	男	东北林业大学
鲁成	男	中南林业科技大学

2020年全国行业职业技能竞赛
——第四届全国家具职业技能竞赛总决赛作品展示

木工组

金奖

陈李强，男，汉族，1975年出生，浙江磐安人，1993—1995年拜王广多为师学习木工手艺，曾先后在浙江慈溪、江苏苏州红木家具厂工作担任木工组长，2007年回乡在浙江磐安金茂富士工艺品有限公司工作任木工车间主任，工作期间一直任劳任怨、勤勤恳恳，专注于家具设计和审美，榫卯结构工艺和制作。多次参加职业技能培训和比赛，曾获得手工木工技师职业资格、"工匠之星·金奖"、"中国家具行业技术能手"等奖项和称号。

银奖

银奖

于忠圣，男，1962年5月25日出生，江苏海安人，18岁开始从师学艺，20岁出师独自去上海谋生计。从学徒到独闯，再到带徒弟，他一直从事于手工木工制作，不怕苦不嫌脏，靠着一双手和对木工的热爱，一干就是近40载。从小件凳椅、床头柜、茶几到大件高低柜、沙发、成套组合家具，手艺在苦练钻研中日趋精湛，"心灵手巧"是他的标签，"精益求精"是他的追求，"热爱传承"是他的信念。数十年如一日，他在手工木工这条道路上走出自己的"速度和激情"，小小木匠演绎出精彩人生。

张兴保，男，汉族，1978年出生，18岁跟随师傅学习传统木工手艺，"肯吃苦，善动脑"是师傅对他的评价，技术比别人学得快、学得好。21岁出师单独接活、带徒，在这个行业一干就是24年，在广东中山、福建仙游、浙江东阳等知名厂家担任木工主管、技术总监。"把每一件产品做好""一件好的产品是每一道工序做到位"，这是他做事时所秉行的理念。他严格要求做好的产品、做收藏的家具，在他的带领下，厂里产品的质量越来越好。他不仅木工技术出众，还是家具修复、材料研究、设计造型等方面的行家。现为东阳市御乾堂宫廷红木家具有限公司技术总监。

设计组·职工

金奖

温建良，男，1978年生，广东顺德人，来自顺德职业技术学院。2001年毕业于广州美术学院；2010年获得中南林业科技大学木材科技与技术（家具设计）专业硕士学位；2001年加入顺德职业技术学院，先后担任装潢艺术设计专业负责人，家具艺术设计专业负责人。曾获得一级/高级技师（广告设计师），第四届广东省高校设计作品学院奖双年展三等奖；个人累计发表论文8篇、作品2篇、著作1本。

2008年开始，陆续兼任家具企业的设计要职。2008—2017年兼任顺德优越豪庭家具有限公司设计总监、副总经理；2014年被评为顺德职业技术学院家具设计专业行业标准开发的企业专家；2017—2019年兼任鹤山住有家具有限公司设计总监；2019年至今兼任OOD高端全屋定制品牌设计顾问。

十几年的设计教育与家具设计生涯，一直专注于家具产品研发、家具品牌策划领域。经过多年的刻苦钻研，已成为了一名能结合理论研究与实践探索、兼容设计教育与设计实践的家具人。

银奖　　　　　　　　　　　　　　　　　　　银奖

潘质洪，男，1977年12月生，博士，副教授，高级工艺美术师，中山职业技术学院艺术设计学院副院长兼红木家居学院院长，广东省技术能手，广东省技能大师工作室主持，广东省家具设计委员会副主任委员，中山市高层次人才，中山市工艺美术大师，中山市工艺美术大师工作室主持，全国轻工职业教育教学委员会家具设计专业指导委员会委员，教育部艺术设计类专业教学指导委员会委员，手木工国家裁判员。完成国家级项目2项、省级项目4项，市级项目6项，发表家具设计类论文15余篇，在全国家具设计大赛中获得金、银、铜及优秀奖30余项。指导学生在全国家具大赛中获奖30余项。申请发明专利4项、实用新型专利1项、外观专利20项。创立自主原创"尚质生活"家具品牌，担任主创设计师，产品销往全国各地。

苏国演，男，1998年生，广东湛江人，2016—2019年就读于广东轻工职业技术学院，在校期间专攻家具设计专业，学习家具设计理论知识、家具设计流程、效果图制作。2019年5月就职于西纳维思生活用品有限公司，担任家具设计师，期间跟进产品打样、学习制作工艺，为家具设计事业奠定了基础。到2019年9月就职于佛山市优比创意设计有限公司工作至今，担任家具设计师。

———————— 设计组·学生 ————————

金奖

黄健飞，男，1998年生，福建长汀人，2017年进入龙岩学院传播与设计学院产品设计专业学习，开始大学了生活，学习过程中对家具产生了兴趣浓厚，因此确定家具设计为专业方向，以此为目标不断学习、进步，并熟练掌握家具设计和家具生产的各个流程。学习期间还获得2019"Alberta杯"设计优秀奖等奖项。

银奖

银奖

李静，女，1999年生，安徽芜湖人，2017年于北京林业大学攻读木材科学与工程（家具设计与制造方向）学士学位，2020年保送本专业研究生。期间学分积排名专业第二，以优异成绩通过了CET-6，连续三年获得校级优秀奖学金，以主持人身份参与大学生创新创业项目一项。三年的潜心学习为其打下了扎实的专业基础，培养了良好的专业素养和创新能力，更加深了其对家具行业的热爱。因此选择留在本专业读研深造，将自己的青春奉献给家具行业，志向做一名可从事设计、技术管理，产品开发与营销等工作的高级工程技术人才，在家具行业中发光发热，为中国家具行业的发展贡献自己的一份力量。

张雨，男，1999年生，福建福州人。产品设计专业，就读于龙岩学院。作为一名青年设计师在校期间专注于自身设计风格的探索，多次参加设计类专业竞赛，锻炼自身设计能力。坚信设计是对自我想法的一种表达，从设计中体现时尚性，致力于弘扬中国优秀文化，使其紧跟潮流。让产品具有思想深度与深远影响，不失为一种弘扬传统文化的独特解决方案，这能让更多的年轻人产生文化自信与文化认同，而这正是我一直努力的方向！

Lianle mattress

Healthy sleeping

好人好梦　联乐一生

全国服务热线　400-027-1999　　网址：www.lianle.com.cn
地址：湖北省武汉市武昌友谊大道联盟南路联乐工业园

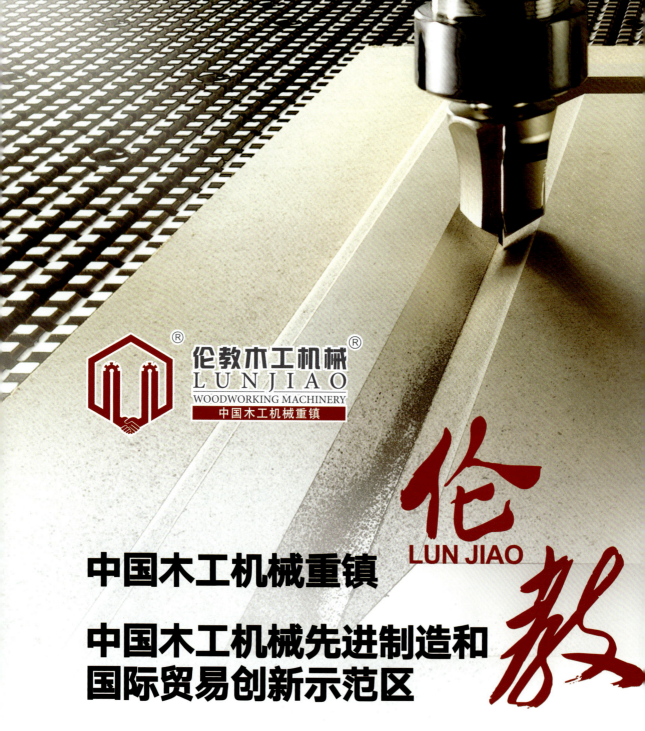

中国木工机械重镇

中国木工机械先进制造和
国际贸易创新示范区

TOWN OF CHINA WOODWORKING MACHINERY, LUNJIAO, CHINA.

CHINA WOODWORKING MACHINERY ADWANCED MANUFACTURING AND
INTERNATIONAL TRADE INNOVATION DEMONSTRATION ZONE.

佛山市顺德区伦教木工机械商会

地址：广东省佛山市顺德区105国道伦教段30号4楼
电话：0757-27881303　23629988　传真：0757-23620025
邮箱：sd23629988@126.com　网址：www.ljwmcc.org.cn

伦教木工机械 集体商标
LUNJIAO WOODWORKING MACHINERY COLLECTIVE TRADEMARK

为提升"中国木工机械重镇"和"中国木工机械先进制造和国际贸易创新示范区"的品牌影响力，鼓励行业优质制造，加强行业自律，提升行业的市场竞争力，由顺德区市场安全监管局伦教分局、顺德区伦教街道经济和科技促进局以及伦教木工机械商会共同组建"集体商标管理委员会"（简称"管委会"），指导、规范与管理集体商标的各项工作。评委会由质检机构、科研机构、高等院校、企业专家等人员组成，负责对申请单位的经营管理，技术创新和质量管理等情况是否符合使用集体商标的要求进行评审。

获准使用"伦教木工机械"集体商标的产品，代表该木工机械设备及服务在品质、性能等方面具有一定的先进性及稳定性，为优先推荐产品。

第一批获准使用"伦教木工机械"集体商标的产品有：

1、广东先达数控机械有限公司：全自动数控裁板锯、推台锯、智能木工钻铣加工中心、直线封边机。
2、广东博硕涂装技术有限公司：自动喷漆机。
3、佛山豪德数控机械有限公司：排钻、精密推台锯。
4、佛山市顺德区新马木工机械设备有限公司：数控榫槽机、双端数控榫头机。
5、佛山顺德区骏泓成机械制造有限公司：卧式带锯机。
6、佛山市昊扬木工机械制造有限公司：数控开料机。
7、佛山市顺德区普瑞特机械制造有限公司：滚涂机。
8、佛山市林丰砂光科技有限公司：宽幅异型面砂光机。
9、佛山市顺德区集新机械制造有限公司：双端数控榫头机、榫头加工中心、数控榫槽机。
10、广东富全来恩机械有限公司：推料升降机。

第22届中国顺德（伦教）国际木工机械博览会

2021.12.10-13

地点：广东·顺德·伦教展览馆
Address: Lunjiao Exhibition Hall, Shunde District, Guangdong City.

主办单位：伦教木工机械商会
荣誉主办：中国林业机械协会
指导单位：伦教经济和科技促进局 / 顺德区伦教新民股份社
协办单位：佛山市顺德区华欣龙物业管理有限公司
承办单位：广东顺德中富盈展览服务有限公司

—— 邀请函

22ND CHINA SHUNDE (LUNJIAO) INTERNATIONAL WOODWORKING MACHINERY FAIR

INVITATION

 國靖家具 KUOCHING FURNITURE

LIFE & WO
humanity healthy
台湾精
始于19

有闲趣
休闲办公空
让你爱上上班乐
提升员工的归属
提高员工的工作效

广州市家具行业协会
GUANGZHOU FURNITURE ASSOCIATION

服务 团结 协调 推介

扫码关注

地址：广州市越秀区沿江中路323号临江商务中心18楼
电话：020-61262888
传真：020-61262999
E-mail：gzjjxh@126.com
网址：http://www.gzfacn.com

懋隆
MARCO POLO

　　懋隆（MARCO POLO），始创于上世纪初，是京城最早经营古玩、古典家具、瓷器、字画的洋行。上世纪50年代起，懋隆作为专业国有外贸企业，代表国家从事旧货家具及其他各类传统工艺品、珠宝首饰的进出口业务。

　　上世纪80年代起，懋隆开始重点经营清代宫廷制式仿古家具，选用材质均为黄花梨、紫檀、红酸枝、花梨木、乌木等各类名贵木材，制作工艺涵盖嵌珐琅、嵌玉、漆嵌结合、纯木雕等各种古典家具的制作技法，其中不乏雕漆、百宝嵌等传统非遗工艺精品。

　　懋隆宫廷仿古家具用材考究、制式规范、工艺精良、式样繁多，受到中外客商的广泛赞誉。电影《火烧圆明园》、《垂帘听政》、《红楼梦》以及电视剧《还珠格格》、《甄嬛传》等剧组多次租用懋隆家具作为剧中布景；2018年，懋隆家具赴美国北卡罗莱纳州参加大型工艺品展，引起轰动，为中国传统工艺的传承与传播做出了杰出贡献。